Der DESERTEC-ATLAS

Weltatlas zu den erneuerbaren Energien

Herausgegeben von der Deutschen Gesellschaft CLUB OF ROME e.V. in Kooperation mit der DESERTEC Foundation

Bearbeitet von Christoph Kronabel und Sabine Jungebluth

Mit einem Vorwort von Prinz El Hassan bin Talal von Jordanien

CEP Europäische Verlagsanstalt

Der DESERTEC-Atlas wurde unterstützt von

Der Druck und das verwendete Papier erfüllen die derzeit strengsten Umweltstandards. Die Umschlag-
und Innenseiten sind auf 100 % recyceltem, chlorfreiem Altpapier gedruckt, das mit dem Blauen Engel
zertifiziert ist. Der Druck erfolgte **klimaneutral°** (www.climatepartner.com) mit umweltgerechter
Technologie und unter Verwendung mineralölfreier Öko-Druckfarben auf pflanzlicher Basis (nach-
wachsender Rohstoff). Zur Kompensation der ausgestoßenen Treibhausgase in Höhe von 27.706 kg
CO_2-Äquivalenten wurden zertifizierte Klimaschutzmaßnahmen im Rahmen einer Investition in das
Gold Standard Klimaschutzprojekt „Windenergie in Prony und Kafeate", Neukaledonien, gefördert.
ClimatePartner Zertifikat, IKS-Nummer 072-53160-0911-1263

Herausgeber: Deutsche Gesellschaft CLUB OF ROME e.V., Hamburg
               (www.clubofrome.de) in Kooperation mit der gemeinnützigen
               DESERTEC Foundation, Hamburg (www.desertec.org/de)
Produktion: Sandra Ernestus
Design: Susanne Schmidt
Druck: Druck und Werte GmbH, Leipzig

ISBN 978-3-86393-012-7

Danksagung

Dieser Atlas ist in vielerlei Hinsicht ein Gemeinschaftswerk. An ihm haben fünfzehn ausgewiesene Autorinnen und Autoren aus dem In- und Ausland unentgeltlich mitgewirkt und ihr jeweiliges Fachwissen einfließen lassen.

Die Koordinierung und redaktionelle Begleitung der Autorinnen und Autoren oblagen Christoph Kronabel und Sabine Jungebluth. Die organisatorischen Fäden liefen bei Jürgen Schäfer zusammen. Stephan Krüger sorgte sich um die Finanzierung des Buches.

Für die Produktion zeichnete Sandra Ernestus verantwortlich, für das Design des Atlasses Susanne Schmidt. Andreas Huber, Maria Waldvogel, JUNGMUT Communication (Köln), Hannah Schäfer, Oliver Adria sowie Kevin Wolfgang Heibei unterstützten die Erstellung des Werkes.

Das Zustandekommen des Atlasses als Gemeinschaftswerk ist wie ein Abbild des DESERTEC-Konzepts selbst: auch dessen Verwirklichung ist nur als ein Gemeinschaftswerk möglich. Allen Beteiligten danken wir als Herausgeber in besonderer Weise. Wir verbinden diesen Dank mit der Hoffnung, die jeden Autor an- und umtreibt: dass ihm das Kostbarste der medialen Welt geschenkt werde – die Aufmerksamkeit einer breiten Leserschaft.

Inhalt

Vorwort

Fossile Brennstoffe, seit mehr als zwei Jahrhunderten treibender Motor der sozialen und wirtschaftlichen Entwicklung, stellen inzwischen die größte Bedrohung für zukünftiges Wachstum und Sicherheit auf dem Planeten dar.

Geringe Kosten und scheinbar unendliche Verfügbarkeit ließen die fossilen Brennstoffe zu einer tragenden Komponente in einem nicht nachhaltigen Wirtschaftskreislauf werden. Dies führte dazu, dass ihre Nutzung in vielen Ländern schnellstmöglich immer weiter ausgebaut wurde. Heute erkennen die Menschen, dass sie damit einen wichtigen Wendepunkt ihrer Geschichte erreicht haben, an dem Wachstum wie bisher nicht möglich ist, ohne die Tragfähigkeit des Planeten Erde zu überschreiten. In der Tat ist die Menschheit an einem Punkt angekommen, an dem die Herausforderungen, die sich aus dem globalen Klimawandel ergeben, der durch die Energieversorgung der Zivilisationen mit fossilen Brennstoffen verursacht wurde, beispiellos schnell fortschreiten und die Anpassungskapazitäten der ökologischen und gesellschaftlichen Systeme übersteigen. Es lässt sich heute nicht länger bestreiten, dass sowohl soziale als auch ökologische Systeme gefährdet sind – und zwar nicht nur in einzelnen Sub-Regionen oder Gesellschaften, die unter Trockenheit oder extremen Wetterbedingungen leiden, sondern überall.

Professor Manfred Max-Neef von der Universidad Austral de Chile hat meiner Meinung nach ein besonders dienliches Konzept entwickelt, um die Einwirkungen verschiedener Gemeinschaften und Nationen auf die Biosphäre der Erde zu verstehen. Statt diese nur anhand der Bevölkerung und des Pro-Kopf-Einkommens zu berechnen, untersucht Professor Max-Neef den „Energie-Etat pro Kopf" und prägte dafür den Begriff „Ecoson" bzw. „die ökologische Person". Er will verstehen, wie Kultur, Entwicklung und Produktivität zu Unterschieden in den Energieverbrauchs- und Entsorgungsmustern von Gesellschaften führen. So wird die tatsächliche Größe des eigenen ökologischen Fußabdrucks und der anderer, bezogen auf die Energienachfrage und die Tragfähigkeitsgrenzen unserer Biosphäre, klar erfassbar.

Mit Blick auf die wissenschaftlichen Erkenntnisse der Klimafolgenforschung ist die Menschheit gezwungen, nicht nur Innovationen weiterhin zu generieren, sondern auch Wege einzuschlagen, um voranzukommen bei der Bewältigung der allumfassenden Bedrohung der Natur und der zukünftigen Entwicklung der Menschheit. Obwohl die Welt nicht länger eine „Welt im Krieg" ist, ist diese Bedrohung dennoch von Menschenhand geschaffen. Jede zusätzliche Temperaturerhöhung führt zu einer stärkeren Veränderung des Weltklimas und vermindert die lokalen sowie regionalen Überlebenspotenziale ganzer Ökosysteme, inklusive jener der menschlichen Nahrungskette. Dabei darf man nicht vergessen, dass die verschiedenen Ökosysteme der Erde erst im Zuge sehr langer Evolutionsprozesse entstanden sind.

Ist es also möglich, auf einem Planeten mit einer Weltbevölkerung von nahezu 10 Milliarden Menschen mit immer größer werdenden wirtschaftlichen Bedürfnissen das Gleichgewicht zwischen der modernen Zivilisation und der Natur wiederherzustellen? Um dieses Gleichgewicht zurückzugewinnen, bedarf es einer Energieversorgung, die die natürlichen

Lebensräume nicht beschädigt und ihre Belastbarkeit berücksichtigt. Erneuerbare Energien, und allen voran die Solarenergie, können den Bedarf für eine gerechte Fortentwicklung der Menschheit decken. Ausreichend Energie für Privathaushalte und die Industrie sowie frisches Wasser mit Hilfe der Meerwasserentsalzung stünden zur Verfügung, ohne der Umwelt Schaden zuzufügen.

Solarenergie ist mittlerweile wirtschaftlich rentabel und auch auf naturverträglichem Wege nutzbar. In einigen Regionen der Welt ist sie die kosteneffizienteste aller erneuerbaren Energiequellen und rangiert gleichauf mit der Atomenergie. Dabei sollte im Hinterkopf behalten werden, dass unter Annahme des Szenarios eines weiter fortschreitenden Klima-wandels traditionelle Ansätze des Ausbaus der erneuerbaren Energien, wie beispielsweise der Bau großer Staudämme zur Nutzung der Wasserkraft oder der groß angelegte Anbau von Energiepflanzen zur Herstellung von Biobrennstoffen, in Zukunft möglicherweise nicht mehr mit den veränderten lokalen Umweltbedingungen vereinbar sein werden.

Wie kann die Menschheit erneuerbare Energien aus sauberen Quellen umweltfreundlich nut-zen, und zwar in einer Größenordnung, die sowohl dem heutigen als auch dem Energiever-brauch der Zukunft Rechnung trägt? Eine Schlüsselrolle haben die Wüsten dieser Erde. Tag-täglich erreicht die Wüsten der Erde ca. 700-mal mehr Sonnenergie, als die Menschen derzeit an fossilen Brennstoffen verbrauchen. Wüsten weisen die besten Einstrahlungsverhältnisse auf; die Umweltauswirkungen der installierten Solarkollektoren auf die Biosphäre sind mi-nimal. Es ist möglich, mit Hilfe von solarthermischen Kraftwerken in den Wüsten der Welt saubere Energie zu produzieren, um jeglichen denkbaren Energiebedarf zu decken und sie mit geringfügigen Verlusten mittels der Hochspannungs-Gleichstrom-Übertragung (HGÜ) an mehr als 90 % der Weltbevölkerung zu verteilen. Zusammen mit vielen anderen nutzbaren Formen erneuerbarer Energien bieten die Wüsten die Möglichkeit, aus der Nutzung fossiler Energien stufenweise auszusteigen und somit der Umweltzerstörung durch den Treibhaus-effekt zu einem großen Teil entgegenzuwirken.

Um das DESERTEC-Konzept in großem Umfang zu allseitigem Nutzen realisieren zu können, müssen Wüstenländer, Länder mit hohen bzw. unerfüllten Energieansprüchen und Länder, die über sehr großes technologisches Know-How verfügen, zusammenarbeiten. Dieses ist eine günstige Gelegenheit, eine Gemeinschaft für Energie-, Wasser- und Klimasicherheit der europäischen Mittelmeerländer, des Nahen Ostens sowie Nordafrikas (EUMENA) zu bilden – ähnlich der vor 60 Jahren gegründeten Europäischen Gemeinschaft für Kohle und Stahl –, die eine prosperierende und friedliche Zukunft verheißt.

Auch wenn diese Vision groß und komplex sein mag und eines abgestimmten Vorgehens vieler Beteiligter bedarf, so ist doch auf einen Präzedenzfall hinzuweisen. Vor mehr als 40 Jah-ren wurde das Apollo-Programm aus der Taufe gehoben, um den alten Menschheitstraum von der Mondlandung zu verwirklichen. Heute erfordert die Verwirklichung des Traums von der Wiederherstellung des Gleichgewichts zwischen den Menschen und ihrem Planeten die gemeinsame Anstrengung aller Menschen. Mit dem nötigen politischen Willen könnten die EUMENA-Länder erneut ein Spitzentechnologieprogramm auf die Beine stellen, das sogar weit größere Auswirkungen auf die Menschheit hätte. Das „EUMENA-DESERTEC-Programm", das Wüsten und Technologie zusammenbringt, um Energie-, Wasser- und Klimasicherheit zu schaffen, wäre ein wichtiger Schritt hin zu einer zukunftsfähigen Modernisierung und Entwicklung der Welt.

Um die Klima-, Entwicklungs- und Technologieherausforderungen einer breiten Bevölkerung zugänglich zu machen, beschreibt dieser Atlas umfassend das ganzheitliche Konzept, das sich hinter dem Namen DESERTEC verbirgt. Dabei stellt er das Potenzial der aus den Wüsten gewonnenen Solarenergie (CSP) als eine der besten Strategien zur Absicherung der sozialen, wirtschaftlichen und ökologischen Zukunftsfähigkeit des Planeten Erde heraus. Ich hoffe, dass die Fachbeiträge der Autorinnen und Autoren zur Weiterentwicklung des Konzeptes beitragen und politische Entscheidungen beschleunigen, die auf regionaler und bi-regionaler Ebene gebraucht werden, um die DESERTEC-Vision zu verwirklichen.

Seine Königliche Hoheit Prinz El Hassan bin Talal von Jordanien
Ehemaliger Präsident des CLUB OF ROME und Mitgründer der DESERTEC Foundation

Liebe Leserin, lieber Leser!

Das vor Ihnen liegende Buch widmet sich einem der umfassendsten und faszinierendsten Ansätze zum Umgang mit dem Energieproblem und zur Stabilisierung des Weltklimas: Dem DESERTEC-Konzept. Erstmals beschreibt eine Gruppe internationaler unabhängiger Experten die vielschichtigen Aspekte dieses einzigartigen Vorhabens. Der DESERTEC-Atlas ist also kein „Parteiprogramm" oder eine verbindliche Anleitung, wie im einzelnen vorzugehen ist. Er ist als Sammelband konzipiert und „offen" angelegt. Er möchte über das Grundkonzept und die Breite der mit dem Konzept verbundenen Aspekte informieren und gleichzeitig anregen, an der Umsetzung des DESERTEC-Konzepts selbst kraftvoll mitzuwirken.

Es sind im wesentlichen zwei Dinge, die das DESERTEC-Konzept von vielen anderen Vorschlägen unterscheidet, die gegenwärtig bei der Bewältigung der weltweiten Energieversorgung sowie bei der Bekämpfung des Klimawandels diskutiert werden. Erstens: DESERTEC beschreibt ein konkretes Lösungskonzept und zeigt auf, wie die Menschheit unter Einsatz aller erneuerbaren Energien es schaffen kann, bis 2050 den Ausstoß von CO_2 um über 80 % zu reduzieren, um die Erwärmung der Erde auf maximal +2°C im Verhältnis zum Industrialisierungsbeginn zu begrenzen – und zwar mit Technologien, über die die Menschheit heute bereits verfügt. Zweitens: DESERTEC ist ein ganzheitlicher Ansatz. Das Konzept beinhaltet im Gegensatz zu vielen anderen Vorschlägen Problemlösungsansätze in mehreren Sektoren: Das Ausbremsen des Klimawandels, die Schaffung von Energiesicherheit, die Gewinnung ausreichender Mengen von Trinkwasser für Landwirtschaft und den täglichen Bedarf von Menschen in ariden Regionen, die Reduzierung von Konflikten um Öl und Wasser und damit verbunden eine Verminderung von Wanderungsströmen (Migration).

Allerdings: Die Menschheit ist noch immer ungeübt, Problemstellungen über Themen- und National-Grenzen hinweg zu erkennen und zu lösen. Und das, obwohl bereits Anfang der 70er Jahre der CLUB OF ROME den Bericht „Grenzen des Wachstums" (Originaltitel: Limits to Growth) der Weltöffentlichkeit präsentierte. Eine der wesentlichen Aussagen des Buchs ist: Wenn die Menschen weiterhin ihre Erde so behandeln wie bisher und deren natürliche Regenerationsfähigkeit wie bisher geschehen überstrapazieren, würden sie im Jahre 2050 drei Planeten vom „Typ Erde" brauchen.

So hat die Natur in den vergangenen vier Jahrzehnten viel „eingesteckt". Die Folgen des Überschreitens ihrer Belastbarkeitsgrenzen aber werden jetzt überall spürbar: Ein dramatischer Anstieg der Treibhausgase, das Vordringen der Wüsten, die Dezimierung der Waldbestände, die Übernutzung der Böden und die Überfischung der Weltmeere – um nur einige zu nennen. Eine der bereits heute zu beobachtenden bedrohlichen Konsequenzen sind neue kriegerische Konflikte. Wenn Menschen in ihren angestammten Siedlungsgebieten nicht mehr leben können, weil diese immer häufiger überflutet werden oder austrocknen, machen sie sich in der Hoffnung auf den Weg, an einem anderen Ort besser überleben zu können. Dabei stoßen sie in einer Welt der permanent zunehmenden Bevölkerung auf Siedlungsräume anderer Menschen – es kommt zu Konflikten.

Die Aufgabe, die vor der Menschheit liegt, ist gewaltig: Die Menschen müssen schnellstens dazu kommen, mit ihrer Erde so umzugehen, dass sie mit einem einzigen Planeten auskommen – und das im Jahr 2050 mit über 9 Milliarden Menschen. Eine Welt in Balance – das ist das Thema, dem sich der CLUB OF ROME mit seinen 30 nationalen Gesellschaften, seiner internationalen Gesellschaft und seinen weltweit 1400 Mitgliedern seit seiner Gründung in Rom im Jahre 1968 verschrieben hat. Er hat seinerzeit eine gewaltige Debatte über Nachhaltigkeit angestoßen, die gegenwärtig aktueller denn je ist. Die Deutsche Gesellschaft CLUB OF ROME wirkt durch die von ihr mitinitiierten und unterstützten Projekte daran mit, die Welt wieder in ein Gleichgewicht zu bringen: mit seinem Einsatz für die Global Marshall Plan Initiative, den CLUB OF ROME Schulen, dem Schülerprojekt Plant-for-the-Planet und seiner Unterstützung der Arbeit der DESERTEC Foundation.

Doch jeder von uns ist aufgerufen, seinen Beitrag für die Realisierung der DESERTEC-Idee zu leisten: Durch seine Wahl des Stromanbieters oder durch eigene Effizienzmaßnahmen unterschiedlichster Art oder durch die Veränderung seines Verhaltens. Die Frage ist nämlich nicht, ob das eine oder das andere zu tun sei. Vielmehr müssen alle sinnvollen Strategien gleichzeitig ergriffen werden, denn die Zeit zum Umsteuern ist knapp. Das Gleiche gilt für die Debatte, ob man zentrale oder dezentrale Energieerzeugungsstrukturen bei den erneuerbaren Energien aufbauen sollte. Auch hier ist beides gleichzeitig zu tun. Nur dann hat die Menschheit die reelle Chance, den gewaltigen Umbau ihrer Energielandschaft auch schnell genug zu bewerkstelligen.

Der DESERTEC-Atlas gibt Antworten auf viele Fragen, die immer wieder gestellt werden: Wie entstand die Idee? Wie funktionieren die einzelnen Energiegewinnungsmethoden? Wie verändert sich unser Energiemix? Welchen Klimabeitrag kann DESERTEC leisten? Warum und wo entstehen Konflikte, wenn der Mensch nichts unternimmt? Werden Länder abhängiger oder unabhängiger von Dritten? Die aktuelle Debatte kann darüber hinaus im Internet verfolgt werden: *www.DESERTEC.org*

Packen Sie, liebe Leserin, lieber Leser, die Aufgabe also mit Entschlossenheit an! Alle zusammen. Und warten Sie nicht darauf, dass jemand anderes den ersten Schritt macht – machen Sie Ihren ersten Schritt! In diesem Sinne wünsche ich viele neue Erkenntnisse beim Lesen – und viel Freude beim Umsetzen von DESERTEC: Beim Wählen, Einkaufen, Energiesparen, Geldspenden, Weitererzählen, Mitwirken – und beim Fassen an die eigene Nase.

Max Schön
Präsident, Deutsche Gesellschaft CLUB OF ROME und Mitgründer der DESERTEC Foundation

Teil 1

DESERTEC-Konzept

Thiemo Gropp/Gerhard Knies

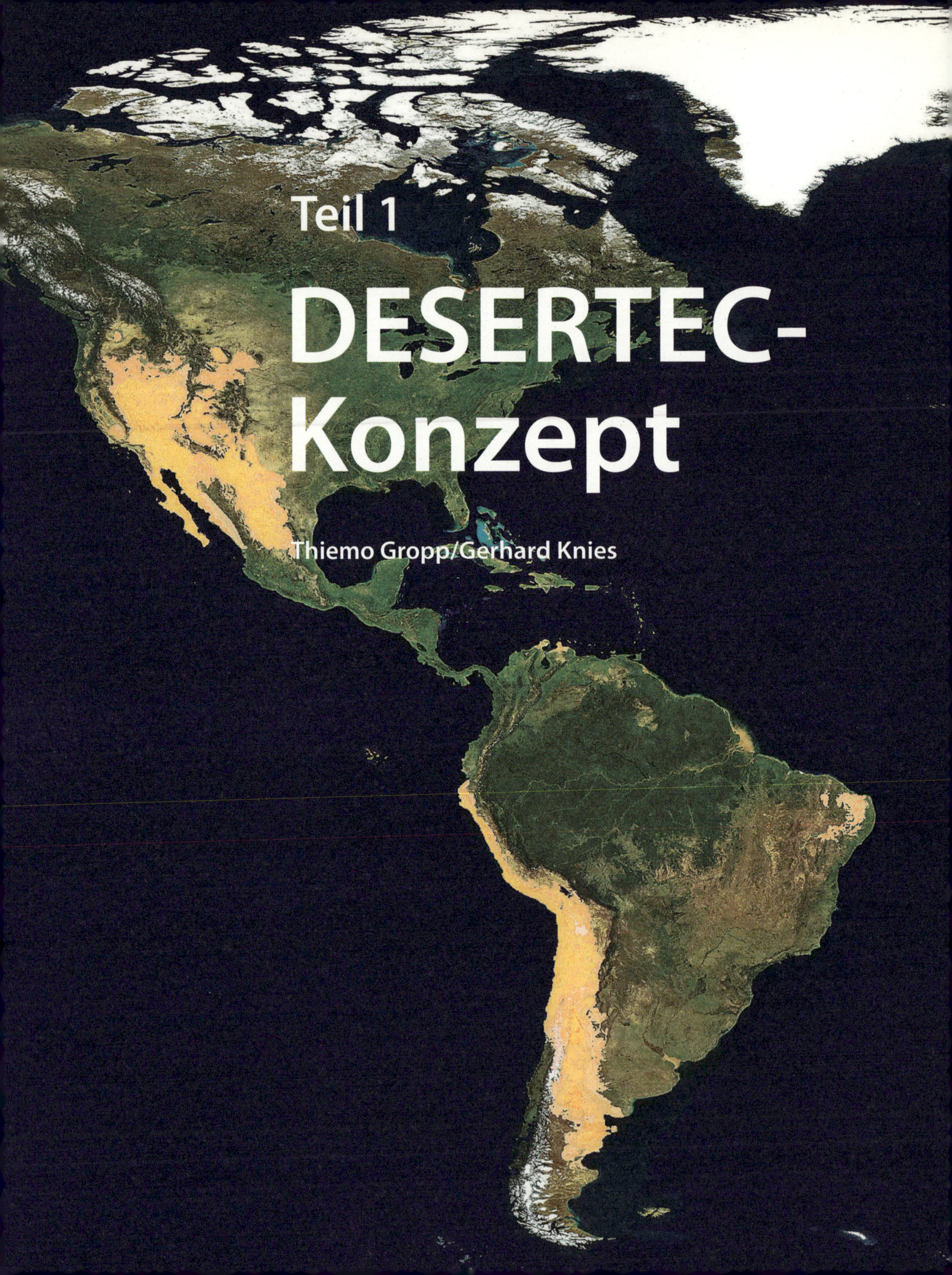

Bevölkerungswachstum und
Klimawandel zählen zu den
großen Herausforderungen
der Menschheit im 21. Jahrhundert. Eine entscheidende
Rolle bei der Bewältigung
spielt die Energieversorgung.
DESERTEC stellt ein weltweit
anwendbares, ganzheitliches
Lösungskonzept zur Gewin-
nung sauberen Stroms dar.

Verfährt die Menschheit weiter wie bisher, so wird sie bis 2050 3 Erden brauchen, um ihren Ressourcenverbrauch zu decken.

6,8 % 5,1 % 4,9 %

Nordamerika

Die Menschheit wird im 21. Jahrhundert mit vielen Herausforderungen konfrontiert, die ihr Überleben auf diesem Planeten betreffen. Die Weltbevölkerung wächst rapide, der Bedarf nach Energie, Wasser, Nahrung und Siedlungsfläche steigt. Andererseits ist die Trägfähigkeit der Erde begrenzt und nach Erkenntnissen zum Beispiel des Global Ecological Footprint Network schon überschritten. Die Menschheit lebt nicht mehr im Gleichgewicht. Gleichzeitig bedroht der Klimawandel das Ökosystem Erde in bisher nicht gekanntem Ausmaß. All dies lässt sich in der Frage zusammen fassen: Wie können auf diesem Planeten im Jahre 2050 mehr als neun Milliarden Menschen in weiterhin stabilen Klimaverhältnissen und ausreichend versorgt mit Energie, Wasser, Nahrung und Zivilisation friedlich leben? Einen entscheidenden Anteil zur Lösung dieses Problems kann das DESERTEC-Konzept leisten. Die menschlichen Lebensgrundlagen und der Klimaschutz sind eng mit ausreichend verfügbarer und sauberer, d.h. erneuerbarer Energie verknüpft. Energie wird benötigt, um aus Salzwasser Trinkwasser herzustellen, sie wird benötigt, um ausreichend Nahrung zu produzieren, um mobil zu sein, um Wohnräume zu heizen. Und nicht zuletzt hilft saubere Energie, den Klimawandel zu verlangsamen. Auf einer übergeordneten Ebene ist erneuerbare Energie daher auch der Schlüssel zu Bildung, sozialem Frieden, Wohlstand und letztlich auch zu einer Verlangsamung des Bevölkerungswachstums und trägt auf diese Weise zu friedlichen Lebensbedingungen bei.

Das DESERTEC-Konzept beschreibt, dass eine Vielzahl der nötigen Elemente für eine nachhaltige Zukunft mit erneuerbarer Energie bereits verfügbar ist. Die notwendigen Technologien im Bereich erneuerbarer Energie sind vorhanden, ebenso ausreichend Ressourcen wie z. B. Sonne, Wind,

Europa/Nordamerika

Die wirtschaftlich führenden Länder Europas und Amerikas sind im Zeitraum bis 2050 von einem Rückgang der Bevölkerung gekennzeichnet. Da die Geburtenrate pro Frau in den hochentwickelten Industrienationen sehr niedrig ist, reduziert sich der Anteil an der Gesamtweltbevölkerung, in Europa stärker als in den Vereinigten Staaten von Amerika. Europas Anteil an der Weltbevölkerung wird von 10,8 % im Jahr 2010 auf voraussichtlich 7,6 % im Jahr 2050 fallen. Die Vereinigten Staaten von Amerika sinken im gleichen Zeitraum von derzeit rund 5 % auf 4,9 % Anteil an der Weltbevölkerung.

6,6 % 8,5 % 8,0 %

Lateinamerika/Karibik

Wasserkraft oder Erdwärme. Um dies mit einem einfachen Symbol zu verdeutlichen, steht das rote Quadrat für DESERTEC. Dieses rote Quadrat symbolisiert eine Fläche von deutlich weniger als 1 % aller Wüstenflächen der Erde. Die auf diese Fläche einstrahlende Sonnenenergie entspricht der Energie, die die gesamte Menschheit in einem Jahr benötigt. Oder anders formuliert und nach der Zeit aufgelöst: Betrachtet man die Wüsten dieser Erde, so empfangen diese in sechs Stunden soviel Energie wie die Menschheit in einem Jahr verbraucht. Damit wird offenkundig: Die Nutzung der Sonnenenergie ermöglicht eine Gesamtlösung mithilfe erneuerbarer Energien. Die Wüsten sind für die Erzeugung von Elektrizität besonders geeignet, da die Sonne ganzjährig relativ zuverlässig und mit hoher Intensität scheint. Gleichzeitig ist die

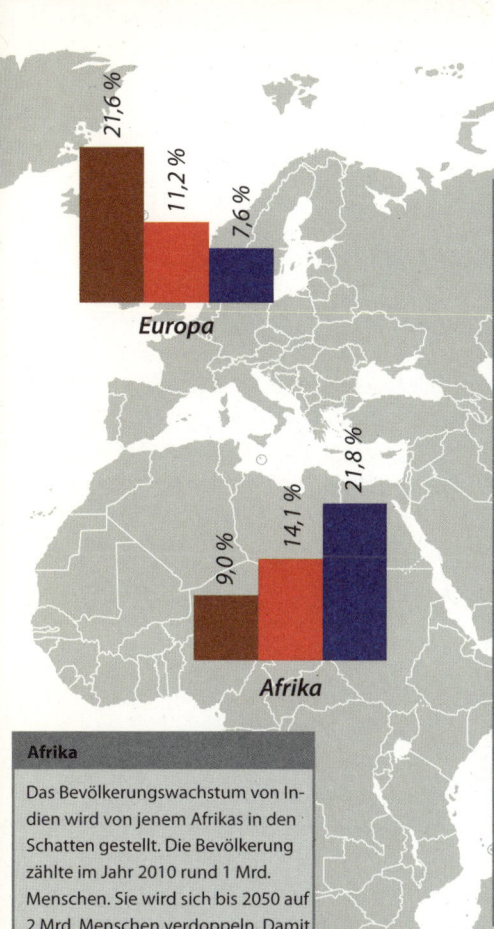

Europa
21,6 % (1950)
11,2 % (2005)
7,6 % (2050)

Afrika
9,0 % (1950)
14,1 % (2005)
21,8 % (2050)

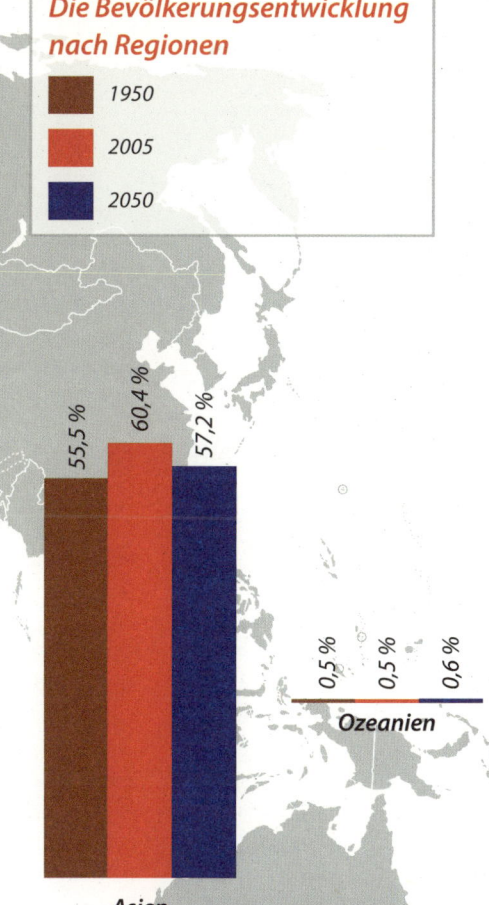

Asien
55,5 % (1950)
60,4 % (2005)
57,2 % (2050)

Ozeanien
0,5 % (1950)
0,5 % (2005)
0,6 % (2050)

Die Bevölkerungsentwicklung nach Regionen

- 1950
- 2005
- 2050

Asien

Auch in Zukunft wird der größte Teil der Menschheit in Asien leben. China ist mit gegenwärtig rund 1,4 Mrd. Einwohnern das bevölkerungsreichste Land Asiens. Bis zum Jahr 2050 wird es vermutlich auf 1,45 Mrd. Einwohner anwachsen. Knapp hinter China rangiert heute mit 1,2 Mrd. Einwohnern Indien. Dessen Bevölkerung wird im Jahr 2050 auf rund 1,75 Mrd. angewachsen sein. So wird Indien China voraussichtlich im Jahr 2030 von der Führung abgelöst haben. Eine wesentliche Ursache dafür ist die Ein-Kind-Politik Chinas. Sie führt zur Überalterung der chinesischen Bevölkerung. So sind laut der jüngsten Volkszählung in China (2010) mehr als 13 % der Chinesen schon heute über 60 Jahre alt. In der Folge könnte China langfristig auch seine Vormachtstellung als größte Wirtschaftsmacht Asiens einbüßen, denn es fehlt dort schon heute an Arbeits- und Fachnachwuchskräften.

Afrika

Das Bevölkerungswachstum von Indien wird von jenem Afrikas in den Schatten gestellt. Die Bevölkerung zählte im Jahr 2010 rund 1 Mrd. Menschen. Sie wird sich bis 2050 auf 2 Mrd. Menschen verdoppeln. Damit steigt der Anteil der afrikanischen Bevölkerung an der Weltbevölkerung von im Jahr 2010 rund 15,4 % auf 21,8 % im Jahr 2050.

Konkurrenz zu landwirtschaftlicher Nutzfläche und Siedlungsfläche kleiner als in anderen Regionen der Erde. Die Grundidee besteht darin, die Wüstenregionen der Erde mit den Technologieregionen zu verknüpfen (DESERT-TEC = DESERTEC). Dies erklärt die Wortschöpfung. Aber DESERTEC ist mehr als nur „Energie aus der Wüste". DESERTEC ist ein ganzheitliches Konzept. Ein Aspekt betrifft die umfassende Energieversorgung. Die zukünftige Energieversorgung wird sich aus einer Kombination verschiedener regenerativer Energieträger wie Sonne, Wind, Wasser oder Geothermie zusammensetzen. Mit dem Erreichen einer nachhaltigen, sauberen Energieversorgung ist dann auch der Weg geebnet vor allem für Trinkwasser, Nahrung, Mobilität, sozialen Frieden und Sicherheit.

Zahl der Menschen weltweit seit 1700 in Mrd.

2100 10,12 Mrd.
2083 10 Mrd.
2043 9 Mrd.
2024 8 Mrd.
2012 7 Mrd.
1999 6 Mrd.
1987 5 Mrd.
1974 4 Mrd.
1960 3 Mrd.
1927 2 Mrd.
1804 1 Mrd.

Jahr: 1700 1750 1800 1850 1900 1950 2000 2050 2100

Bevölkerungsentwicklung

Um ca. 1900 lebten etwa 1,6 Mrd. Menschen auf der Erde. Im Jahr 2000 waren es bereits mehr als 6 Mrd., damit hat sich die Weltbevölkerung innerhalb von 100 Jahren beinahe vervierfacht. Das Wachstum findet künftig nahezu ausschließlich in den Entwicklungs- und Schwellenländern statt.

DESERTEC·

Migration

Weltweit lebten im Jahr 2010 ca. 214 Mio. Menschen in Staaten, in denen sie nicht geboren sind. 2000 waren es ca. 179 Mio. und 1990 etwa 156 Mio.. Die ökonomisch entwickelten Staaten wiesen in dem Zeitraum von 1990 bis 2010 einen überproportionalen Anstieg von 55 % auf. Auf Europa entfiel 2010 ein Drittel aller Migranten weltweit (70 Mio.), Asien beherbergte 29 % (61 Mio.) und Nordamerika 23 % (50 Mio.). Bis 2050 wird die Nettozuwanderung in die ökonomisch entwickelten Staaten bei 96 Mio. liegen, also durchschnittlich 2,4 Mio. Migranten pro Jahr.

Zudem ist DESERTEC auch eine Reaktion auf den Klimawandel, insbesondere auf den vom Menschen verursachten Anteil. Es gibt eine Vielzahl von Modellen und Vorhersagen, wie sich das Klima in den nächsten Jahren und Jahrzehnten entwickeln wird. Die überwiegende Mehrzahl der Wissenschaftler ist sich darin einig, dass es eine erhebliche, vom Menschen verursachte Komponente im Klimawandel gibt. Dies ist mittlerweile auch internationaler politischer Konsens. Die Schlüsselrolle beim Klimawandel spielen die sogenannten Treibhausgase, die wie CO_2 bei der Verbrennung von Kohle, Öl oder Gas entstehen und sich in der Atmosphäre anreichern. Das Ergebnis: Die Erde heizt sich wie ein Treibhaus auf. International wurde das Ziel vereinbart, die durchschnittliche globale Erwärmung seit Beginn der Industrialisierung auf weniger als 2°C zu beschränken und die Emission von Treibhausgasen entsprechend zu begrenzen. Von den 2°C hat die Menschheit etwa 0,8°C bereits „geschafft" und weitere 0,5°C bereits angelegt. Nur noch 0,7°C darf hinzukommen. 2°C klingt zwar wenig, die Auswirkungen sind jedoch enorm: Ausbreitung von Wüstenflächen, Verringerung nutzbarer landwirtschaftlicher Flächen, Zunahme von Naturkatastrophen wie Überflutungen oder Stürme wären die unausweichlichen Folgen. Die klimatischen Veränderungen würden zudem vermehrt Wanderungsbewegungen großer Teile der Bevölkerung in gemäßigte Regionen und Regionen mit Wasser und Nahrung nach sich ziehen. Konflikte und Kriege scheinen vorprogrammiert.

Möchte man dies verhindern, so muss Energie ohne Verbrennung fossiler Energieträger wie Öl, Gas oder Kohle hergestellt werden – z. B. durch Nutzung der Sonnenenergie. Saubere Energie ist daher der Schlüssel für die Grundversorgung und für den Erhalt der für den Menschen passenden Lebensbedingungen auf diesem Planeten. Studien des Deutschen Zentrums für Luft- und Raumfahrt für die Regionen Europa, Nordafrika und Naher Osten haben gezeigt, dass mit Hilfe des DESERTEC-Konzepts bis zum Jahre 2050 eine Reduktion der CO_2-Emissionen um bis zu 80 % aus der Stromerzeugung gegenüber einem konventionellen „fossilen Weg" möglich ist. Ähnliche Effekte können auch in anderen Teilen der Welt erzielt werden. Die Umsetzung des DESERTEC-Konzepts ermöglicht so die wirksame Begrenzung des Klimawandels.

Als ganzheitliches Konzept ist DESERTEC eine globale Vision für die langfristige Sicherung der menschlichen Lebensbedingungen auf diesem Planeten. Bei der Erstellung des Konzeptes haben Fachleute aus verschiedenen gesellschaftlichen Bereichen aus den Ländern Europas, Nordafrikas und des Nahen Ostens mitgewirkt. In vielen Ländern Nordafrikas und des Nahen Ostens wird das Konzept als Chance gesehen, die Entwicklung des Landes, Bildung und Wohlstand voranzubringen, indem die eigene Energie- und Wasserversorgung gesichert und darüber hinaus saubere Energie z. B. nach Europa exportiert wird. Diese Chancen werden mittlerweile auch in anderen Erdteilen gesehen, in Nordamerika zum Beispiel oder im asiatisch-pazifischen Raum. Die gelegentlich zu vernehmende Sorge und, daraus abgeleitet, der mitunter geäußerte Vorbehalt, mit DESERTEC geschehe eine neue Art der Kolonialisierung armer Länder durch die Industriestaaten, verkennen diesen bereits im Ansatz angelegten staatenübergreifenden Aspekt. Gleichwohl wird es eine bleibende Aufgabe aller DESERTEC-Beteiligten sein, hier entsprechendes Problembewusstsein wachzuhalten und zum Vorteil aller Beteiligten zu agieren.

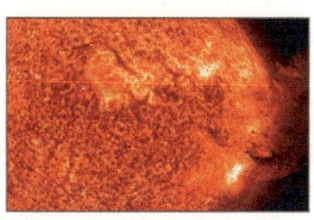

Energie
Erneuerbare und sichere Energie für eine Welt mit mehr als 9 Milliarden Menschen

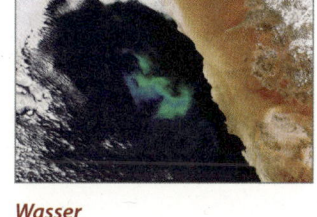

Wasser
Meerwasserentsalzungsanlagen für eine sichere Versorgung mit Frischwasser

Klima
Klimaschutz durch geringere CO_2-Emission, Einhaltung des 2°C-Ziels

Realisierung
Schritte zur Realisierung; Kooperation von Wüsten- und Technologie-Ländern zum Ausbau erneuerbarer Energien

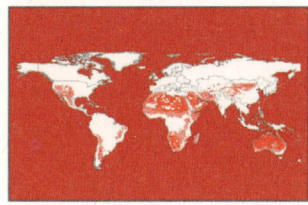

Soziale Implikationen
Armutsbekämpfung, regenerative Energie als Einkommensquelle; neue Möglichkeiten für Bildung, Ausbildung, Wirtschaft und Gesundheit

Sicherheit, Frieden und Gerechtigkeit
Gerechter Zugang für alle zu den Energieressourcen; internationale Zusammenarbeit und Nord-Süd-Kooperationen für mehr Entwicklungsgerechtigkeit

Ökonomie
Nachhaltige und ganzheitliche Strategie zu volkswirtschaftlichem Nutzen und mittelfristig zu betriebswirtschaftlich attraktiver Rendite

Eine Reduktion
der weltweiten
CO_2-Emissionen bis
2050 um bis zu

80 %

ist mit DESERTEC
möglich

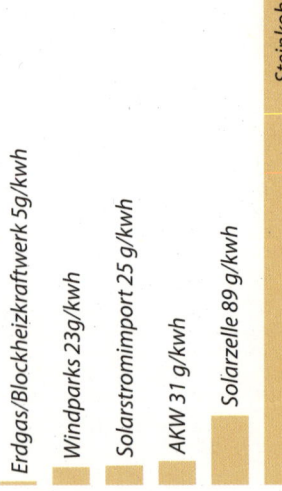

*CO_2-Bilanz ausgewählter Kraftwerks-
typen (2007), betrachtet über den
gesamten Lebenzyklus*

Um die Realisierung des DESERTEC-Konzepts zu beschleunigen und die wirtschaftlichen Rahmenbedingungen schneller herbeizuführen, wurden in den vergangenen Jahren in einer Vielzahl von Ländern verschiedene Instrumente bereits eingeführt. Ein Beispiel hierfür ist das erneuerbare Energiengesetz (EEG), welches von der deutschen Bundesregierung zur Förderung erneuerbarer Energien geschaffen wurde. Spanien und Frankreich folgten dem deutschen Beispiel und haben nationale Initiativen ins Leben gerufen, um erneuerbare Energien zu fördern. Auch die Europäische Union hat eine Reihe von Maßnahmen beschlossen, um langfristig im Euroraum Energie einzusparen, CO_2-Emissionen zu reduzieren und erneuerbare Energien auszubauen. Hier könnte ein transnationales EEG, das in der EU auf Importstrom aus Nordafrika angewendet wird, helfen. Überall auf der Welt sind Anlagen zur Energiegewinnung aus erneuerbaren Ressourcen bereits gebaut oder in Planung. So werden zum Beispiel in China derzeit Windkraftanlagen mit einem Leistungs-Äquivalent von etwa 10 Kernkraftwerken pro Jahr installiert.

Dennoch ist der derzeitige Wandel zu langsam. Die überwiegende Mehrheit der Wissenschaftler ist sich einig, dass bis ca. 2050 eine fast vollständige Umstellung der Energieerzeugung auf erneuerbare Energien stattgefunden haben muss, will die Menschheit unumkehrbare klimatische Änderungen mit gravierenden Folgen verhindern. Um diesen globalen Wandel zu erreichen, müssten für die nächsten 30 Jahre jeden Tag auf der Welt Solar- und Windkraftwerke mit einer Gesamtkapazität von etwa 2 Gigawatt installiert werden. Dies zeigt, wie groß die Aufgabe für alle Beteiligten ist, insbesondere auch für die Politik und Wirtschaft. Für eine erfolgreiche Realisierung dieses Zieles hat

deshalb ein Umdenken in der Gesellschaft stattzufinden. Akzeptanz und Verständnis für dieses Konzept müssen geschaffen werden. Junge Menschen auf der ganzen Welt müssen in Schule und Studium auf eine Zukunft mit erneuerbarer Energie vorbereitet werden. DESERTEC steht daher auch für Ausbildung, Forschungsaustausch, Technologietransfer – und das mit transnationaler Perspektive. Vor allem spielen Bildung und Ausbildung in Ländern, die für die solare Energieerzeugung in Frage kommen, eine wichtige Rolle. Einige Initiativen in dieser Richtung gibt es bereits. Ein Beispiel hierfür ist das „DESERTEC University Network" (Universitäts-Netzwerk), welches im Herbst 2010 von der gemeinnützigen DESERTEC Foundation und 18 Universitäten aus Nordafrika und dem Nahen Osten gegründet wurde. Ziel des DESERTEC University Networks ist zum einen, mit Hilfe öffentlicher und privater internationaler Wissenschafts- und Forschungsinstitutionen zur Verwirklichung von DESERTEC beizutragen und zum anderen Fachleute in den Wüstenländern, die bald zu den größten Erzeugern erneuerbarer Energie gehören können, auszubilden. Dadurch soll der lokale Anteil der Wüstenländer an der Wertschöpfung möglichst schnell möglichst groß werden. Es ist geplant, solche Netzwerke auch in anderen Regionen der Welt zu bilden.

Die Zeit drängt. Erschöpfung der fossilen Ressourcen, Bevölkerungswachstum und Klimawandel gestatten kein „Weiter so". Gehandelt werden muss jetzt. DESERTEC bietet ein technologisch bereits jetzt umsetzbares, globales und ganzheitliches Konzept zur Lösung dieser Probleme an. Neuartig und schwierig in der Umsetzung ist das Weltumspannende dieser Problematik. Nur gemeinschaftliches Handeln aller Staaten und aller Betroffenen vermag den notwendigen Erfolg zu bringen.

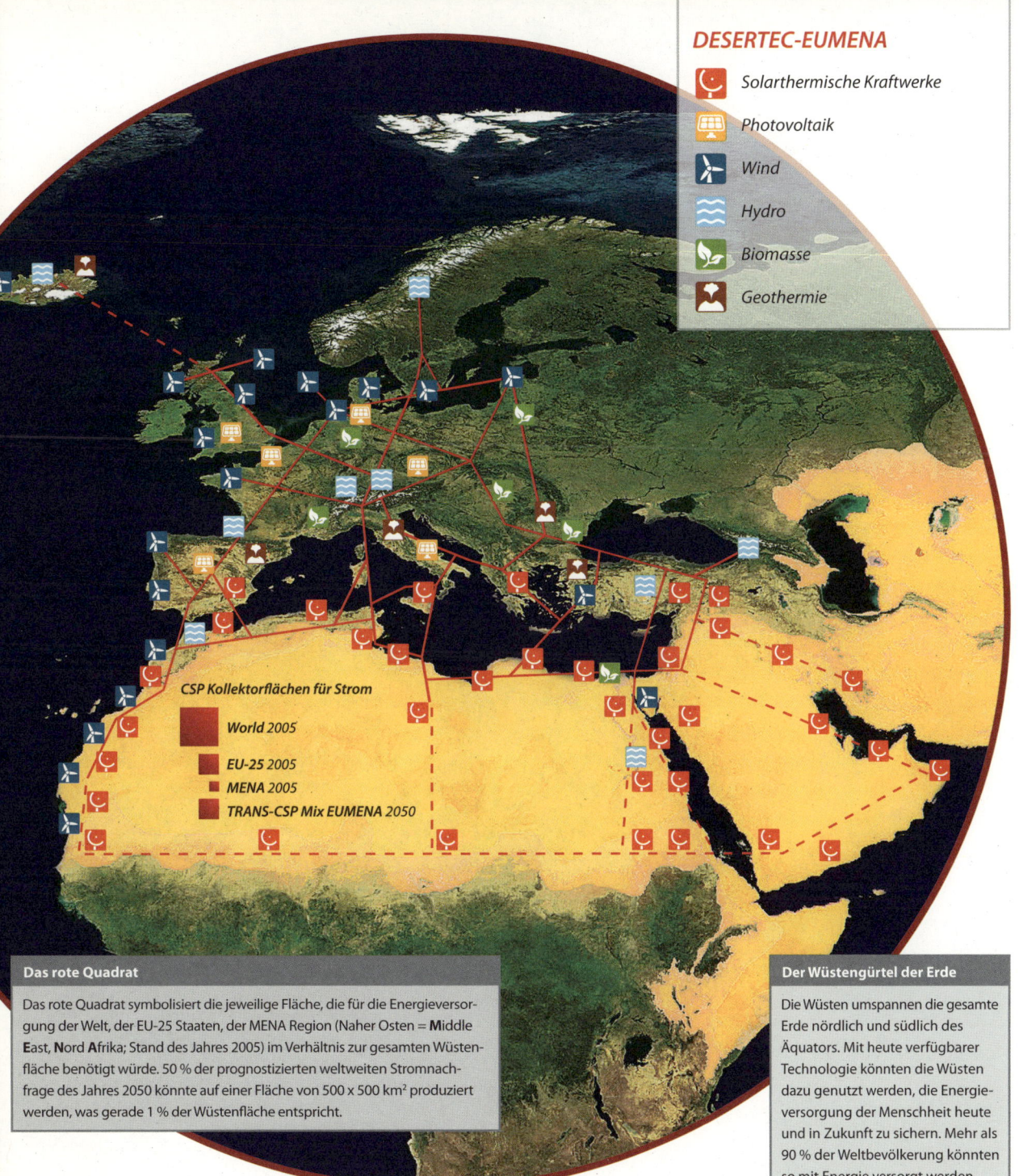

DESERTEC-EUMENA

- ☪ *Solarthermische Kraftwerke*
- ▦ *Photovoltaik*
- ✸ *Wind*
- ≈ *Hydro*
- ☘ *Biomasse*
- ⛰ *Geothermie*

CSP Kollektorflächen für Strom

World 2005

EU-25 2005

MENA 2005

TRANS-CSP Mix EUMENA 2050

Das rote Quadrat

Das rote Quadrat symbolisiert die jeweilige Fläche, die für die Energieversorgung der Welt, der EU-25 Staaten, der MENA Region (Naher Osten = **M**iddle **E**ast, **N**ord **A**frika; Stand des Jahres 2005) im Verhältnis zur gesamten Wüstenfläche benötigt würde. 50 % der prognostizierten weltweiten Stromnachfrage des Jahres 2050 könnte auf einer Fläche von 500 x 500 km² produziert werden, was gerade 1 % der Wüstenfläche entspricht.

Der Wüstengürtel der Erde

Die Wüsten umspannen die gesamte Erde nördlich und südlich des Äquators. Mit heute verfügbarer Technologie könnten die Wüsten dazu genutzt werden, die Energieversorgung der Menschheit heute und in Zukunft zu sichern. Mehr als 90 % der Weltbevölkerung könnten so mit Energie versorgt werden.

Das rote Quadrat von DESERTEC steht für einen gangbaren Lösungsweg, für eine Zukunftsvision, die von einer wachsenden internationalen Gemeinschaft getragen wird. Es symbolisiert, dass die Lösung bei aller Komplexität in der technischen, politischen und gesellschaftlichen Durchführung einfach und für jedermann verständlich ist – ein einfaches rotes Quadrat, das Orientierung zum Handeln gibt.

Teil 2

Klima

Hartmut Graßl

Schmelzendes Gletschereis ist ein Indikator für den weltweiten Klimawandel. Der Klimawandel kann mit erneuerbaren Energien verlangsamt werden. Das größte Potenzial haben dabei die Sonne und mit Abstrichen der Wind.

Grundlagen

**Treibhausgase
machen
weniger als**

3

Tausendstel

der Masse der
Atmosphäre aus,
erwärmen aber die
Erdoberfläche um
mindestens 30°C

Klima bezeichnet den mittleren Zustand der Erdatmosphäre und die Wahrscheinlichkeit für Abweichungen von diesem Zustand. Es umfasst damit die wichtigsten natürlichen Ressourcen des Lebens wie Licht und Wärme von der Sonne oder Wasser vom Himmel und die davon abhängige Vegetation. Die genannten Größen sind denn auch die wichtigsten Klimaparameter. Wann immer sich also Klima ändert, hat das Folgen für alles Leben auf der Erde. Zentral in diesem Zusammenhang sind die sogenannten Treibhausgase. Für die Atmosphäre sind das nur kleine Beimengungen, die insgesamt weniger als drei Promille der Masse der Atmosphäre ausmachen. Zusammen mit den Wolken sind sie indes ursächlich dafür, dass etwa die Hälfte der angebotenen Sonnenenergie die Erdoberfläche erreicht. Gleichzeitig sorgen sie dafür, dass der größte Teil der Wärmeenergie aus oberen, recht kalten Atmosphärenschichten und nicht von der warmen Erdoberfläche in den Weltraum zurückgestrahlt wird. Sie machen als schützende Decke die Erdoberfläche mit im Mittel etwa 15°C so angenehm warm, dass sich über Milliarden von Jahren hinweg eine erstaunliche Vielfalt des Lebens entwickeln konnte. Ohne diese Gase wäre es an der Erdoberfläche im Mittel um etwa 33°C kälter. Wären also Wasserdampf als das eindeutig wichtigste Treibhausgas, Kohlendioxid, Ozon, Lachgas und Methan nicht in der Atmosphäre enthalten, bedeutete das wesentlich niedrigere Temperaturen. Die Erde wäre wahrscheinlich dauerhaft ein Eisball. Die Menschheit hat diese seit Jahrtausenden austarierte Zusammensetzung der Atmosphäre nachweislich verändert. Sie hat die Konzentration der drei langlebigen Treibhausgase Kohlendioxid, Lachgas und Methan seit Beginn der Industrialisierung

immer rascher nach oben getrieben und auch die Lufttrübung durch die sogenannten Aerosolteilchen – in der Luft schwebende flüssige oder feste Partikel von meist nur etwa 0,1 Mikrometer Durchmesser – erhöht. Damit ist die Menschheit selber zum „Klimamacher" geworden. Dieser anthropogene Einfluss auf das globale Klima führt zu zwei zentralen Fragen: zum einen, ob die Änderungsrate der Zusammensetzung der Erdatmosphäre weit über der bei natürlichen Klimaänderungen liegt und zum anderen, ob es durch alle vom Menschen ausgehenden Einflussfaktoren zu einer mittleren Erwärmung oder Abkühlung an der Erdoberfläche kommt.

F-Gase

Der Begriff F-Gase bezeichnet fluorierte und halogenierte Kohlenwasserstoffe und Schwefelverbindungen (SF_6). Sie werden ausschließlich von der Industrie als Treibgas, Kühl-, Reinigungs- oder Löschmittel hergestellt.

Lachgas

Der Hauptverursacher von Lachgas-Emissionen ist die Landwirtschaft. Lachgas-Emissionen entstehen beim Abbau von Stickstoffverbindungen durch Bakterien im Boden, so z. B. beim Abbau von stickstoffhaltigen Düngemitteln.

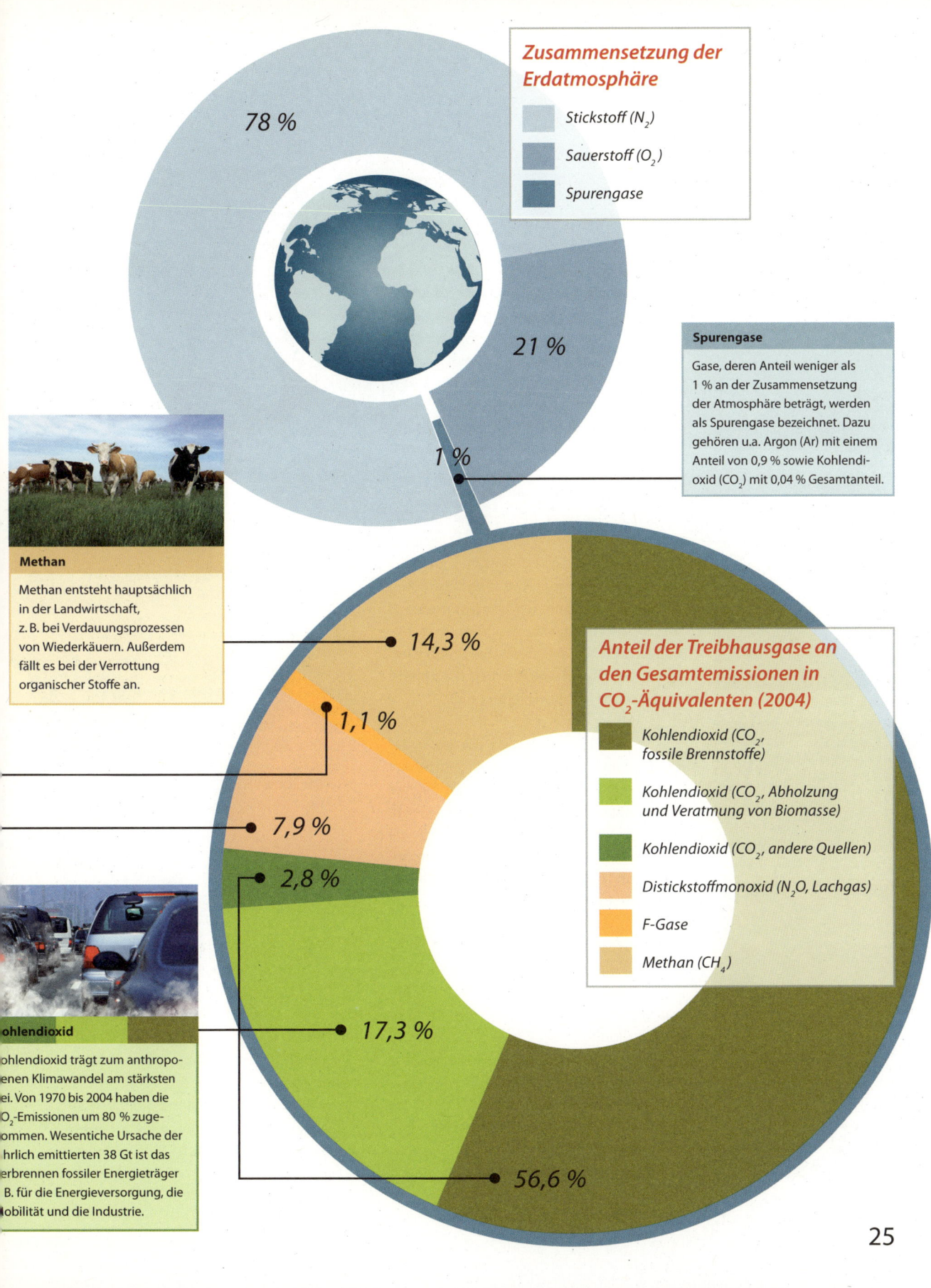

Zusammensetzung der Erdatmosphäre

- Stickstoff (N_2)
- Sauerstoff (O_2)
- Spurengase

78 %

21 %

1 %

Spurengase

Gase, deren Anteil weniger als 1 % an der Zusammensetzung der Atmosphäre beträgt, werden als Spurengase bezeichnet. Dazu gehören u.a. Argon (Ar) mit einem Anteil von 0,9 % sowie Kohlendioxid (CO_2) mit 0,04 % Gesamtanteil.

Methan

Methan entsteht hauptsächlich in der Landwirtschaft, z. B. bei Verdauungsprozessen von Wiederkäuern. Außerdem fällt es bei der Verrottung organischer Stoffe an.

14,3 %

1,1 %

7,9 %

2,8 %

17,3 %

56,6 %

Anteil der Treibhausgase an den Gesamtemissionen in CO_2-Äquivalenten (2004)

- Kohlendioxid (CO_2, fossile Brennstoffe)
- Kohlendioxid (CO_2, Abholzung und Veratmung von Biomasse)
- Kohlendioxid (CO_2, andere Quellen)
- Distickstoffmonoxid (N_2O, Lachgas)
- F-Gase
- Methan (CH_4)

ohlendioxid

ohlendioxid trägt zum anthropo-
enen Klimawandel am stärksten
ei. Von 1970 bis 2004 haben die
O_2-Emissionen um 80 % zuge-
ommen. Wesentiche Ursache der
hrlich emittierten 38 Gt ist das
erbrennen fossiler Energieträger
B. für die Energieversorgung, die
obilität und die Industrie.

Klimazonen

Der Globus lässt sich in fünf Klimazonen einteilen. Diese Zonen sind Gebiete, die sich durch ähnliche Klimabedingungen im Jahresgang auszeichnen. Klimaparameter für die Einteilung der Klimazonen sind unter anderem Sonneneinstrahlung, Temperatur, Wind- und Niederschlagsverhältnisse.

Polare Zone

Subpolare Zone

Gemäßigte Zone

Subtropen

Tropen

Zur ersten Frage ist folgendes zu sagen: Der rascheste globale und natürliche Temperaturanstieg der vergangenen 800000 Jahre ist der Übergang von einer intensiven Vereisung in eine Zwischeneiszeit, was bei 4 bis 5°C Erwärmung etwa 10000 Jahre dauerte. Dagegen zeigen Berechnungen, dass allein für die nächsten 100 Jahre bei ausbleibender global koordinierter Klimapolitik und einer weiterhin fast vollständig auf fossile Brennstoffe setzenden Menschheit bis zu 4°C mittlerer globaler Erwärmung eintritt und danach noch weiter anhält. Der anthropogene Temperaturanstieg ist also im 21. Jahrhundert unter den bestehenden Voraussetzungen bis zu hundert Mal schneller als unter natürlichen Bedingungen – ein Problem für die Anpassungsfähigkeit vieler Ökosysteme. Schon die sehr raschen natürlichen Klimaänderungen haben die Vielfalt der Baumarten z. B. in den west- und mitteleuropäischen Wäldern bei besonders schnellem Zurückweichen des skandinavischen Eisschildes stark vermindert.

Die zweite Frage ist bereits durch die Beobachtungen der vergangenen Jahrzehnte beantwortet. Seit 1900 lässt sich eine mittlere globale Erwärmung um etwa 0,8°C beobachten. An diesem Faktum ändert auch die bisweilen zu hörende subjektive Empfindung von „kältesten Wintern" nichts, denen regionale Betrachtungen zugrunde liegen. Die zu konstatierende globale Erwärmung ist primär Ergebnis des erhöhten Treibhauseffekts der Atmosphäre als Folge des Konzentrationsanstiegs der langlebigen Treibhausgase. Der kühlende Effekt durch erhöhte Lufttrübung und die dadurch modifizierten Wolken können die Erwärmung nicht ausreichend kompensieren. Tiefer gehende globale Analysen zur Empfindlichkeit des Klimasystems z. B. über die Auswirkungen einer Verdoppelung der Konzentration des Kohlendioxids bewegen sich zur Zeit noch

Wärmehaushalt der Erde

Die Abstrahlung der Wärmeenergie in den inneren Tropen (mit oft sehr hoher und dadurch kalter Bewölkung) ist geringer als in den äußeren Tropen und den Subtropen. Daher wird von dort viel Energie über die Ozeane und die Atmosphäre in Richtung der Pole transportiert. Die Wärmeabstrahlung wird sich mit Veränderung der Treibhauswirkung durch den Klimawandel verändern.

in vergleichsweise großen „Fehlerspannen" von 2,0 bis 4,5°C. Diese Fehlerbalken bei der Angabe der mittleren Empfindlichkeit des Klimasystems gegenüber Störungen sind nicht zuletzt der kühlenden Wirkung der erhöhten Lufttrübung geschuldet. In manchen Schwellenländern steigt sie stark an, in einigen Industrieländern ging sie zurück, verharrt aber immer noch auf relativ hohem Niveau. Insofern ist sie sehr schwer abzuschätzen.

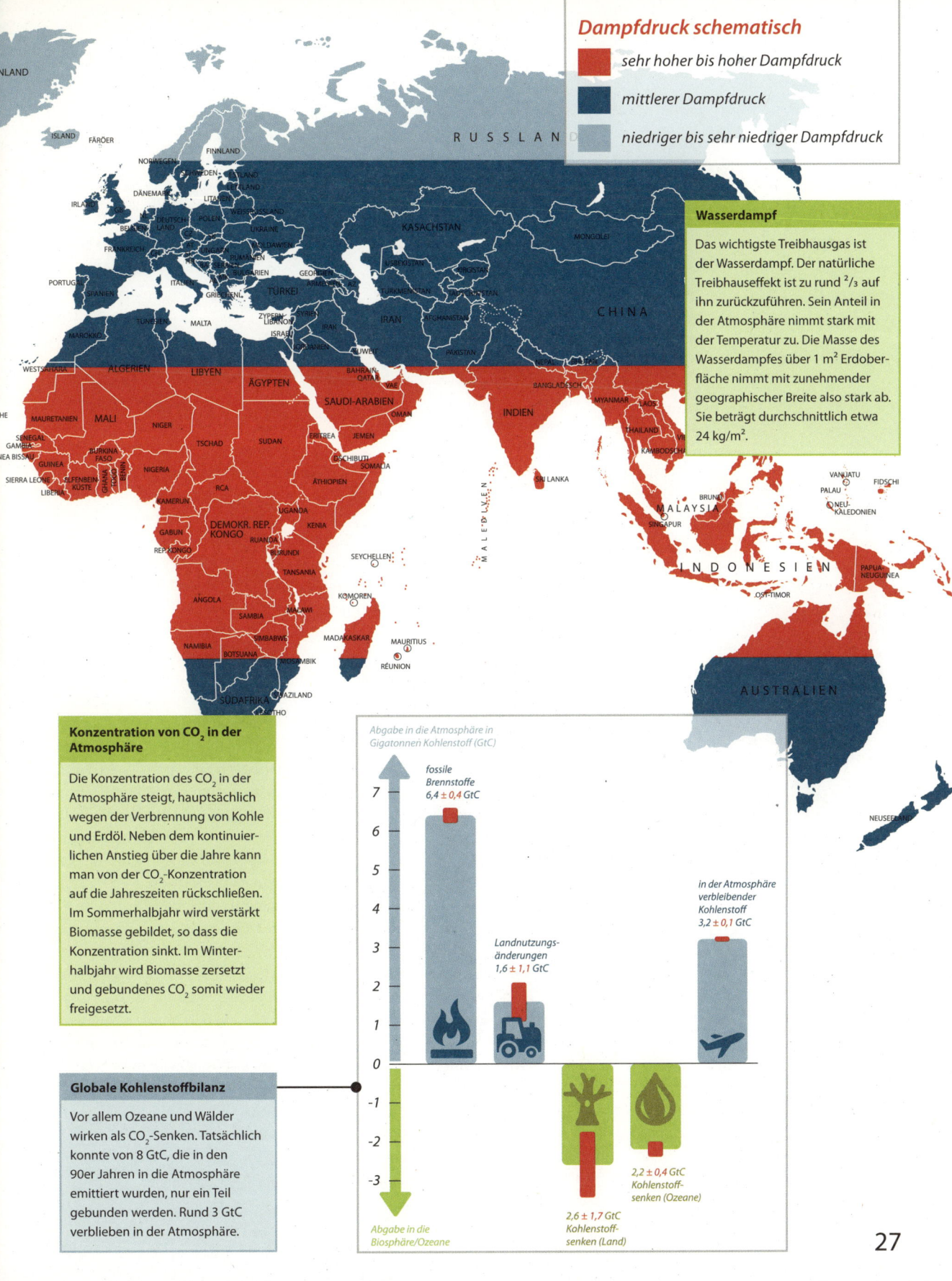

Dampfdruck schematisch

- 🟥 sehr hoher bis hoher Dampfdruck
- 🟦 mittlerer Dampfdruck
- ⬜ niedriger bis sehr niedriger Dampfdruck

Wasserdampf

Das wichtigste Treibhausgas ist der Wasserdampf. Der natürliche Treibhauseffekt ist zu rund $2/3$ auf ihn zurückzuführen. Sein Anteil in der Atmosphäre nimmt stark mit der Temperatur zu. Die Masse des Wasserdampfes über 1 m² Erdoberfläche nimmt mit zunehmender geographischer Breite also stark ab. Sie beträgt durchschnittlich etwa 24 kg/m².

Konzentration von CO_2 in der Atmosphäre

Die Konzentration des CO_2 in der Atmosphäre steigt, hauptsächlich wegen der Verbrennung von Kohle und Erdöl. Neben dem kontinuierlichen Anstieg über die Jahre kann man von der CO_2-Konzentration auf die Jahreszeiten rückschließen. Im Sommerhalbjahr wird verstärkt Biomasse gebildet, so dass die Konzentration sinkt. Im Winterhalbjahr wird Biomasse zersetzt und gebundenes CO_2 somit wieder freigesetzt.

Globale Kohlenstoffbilanz

Vor allem Ozeane und Wälder wirken als CO_2-Senken. Tatsächlich konnte von 8 GtC, die in den 90er Jahren in die Atmosphäre emittiert wurden, nur ein Teil gebunden werden. Rund 3 GtC verblieben in der Atmosphäre.

Abgabe in die Atmosphäre in Gigatonnen Kohlenstoff (GtC)

fossile Brennstoffe
6,4 ± 0,4 GtC

Landnutzungsänderungen
1,6 ± 1,1 GtC

in der Atmosphäre verbleibender Kohlenstoff
3,2 ± 0,1 GtC

2,6 ± 1,7 GtC Kohlenstoffsenken (Land)

2,2 ± 0,4 GtC Kohlenstoffsenken (Ozeane)

Abgabe in die Biosphäre/Ozeane

27

Der erhöhte Treibhauseffekt

Seit 1900 lässt sich eine mittlere globale Erwärmung um ca.

0,8

Grad Celsius beobachten

Der Eisbär

Fortschreitender Klimawandel gefährdet das Überleben des Eisbären. Als Fleischfresser ernährt er sich vor allem von Robben. Während der Sommermonate jagt er sie in den Packeisfeldern rund um den Nordpol. Der Rückgang des arktischen Eises führt einerseits zur Verkleinerung seines Lebensraums. Andererseits vermindert sich das Packeis. Weniger und dünnere Schollen tragen den Eisbären manchmal nicht mehr, so dass er auch als guter Schwimmer während seiner Beutezüge ertrinken kann.

Wissenschaftler haben im 19. Jahrhundert das Prinzip des Treibhauseffektes einer Atmosphäre ergründet und zum Ende des Jahrhunderts bereits auf die potentiellen Folgen eines erhöhten Treibhauseffektes durch die Emissionen von Kohlendioxid aus der Kohleverbrennung hingewiesen. Schon 1938 war die volle Theorie des anthropogenen Treibhauseffektes veröffentlicht worden. Die erste öffentliche Warnung vor einer raschen Erwärmung durch einen erhöhten Treibhauseffekt der Atmosphäre wurde 1979 von einer Kommission des Nationalen Forschungsrates in den USA veröffentlicht. Inzwischen wird in regelmäßigen Berichten des Zwischenstaatlichen Ausschusses über Klimaänderungen der Vereinten Nationen (IPCC) die Weltöffentlichkeit informiert. Diese Berichte bilden die Basis für politische Reaktionen. Der erste aus dem Jahre 1990 stimulierte die Rahmenkonvention über Klimaänderungen der Vereinten Nationen, der zweite aus dem Jahr 1995 brachte das dazugehörige Kyoto-Protokoll, der dritte von 2001 half 2005 dem Protokoll über die Hürde zur völkerrechtlichen Verbindlichkeit. Und der 2007 erschienene vierte Bericht stimulierte trotz aller Gegenbewegungen der sich als Verlierer wähnenden Teile der Wirtschaft und der davon beeinflussten Politik einzelner wichtiger Länder wenigstens die Teilerfolge bei der 16. Vertragsstaatenkonferenz zum Rahmenübereinkommen der Vereinten Nationen über Klimaänderungen in Cancun. Als solche sind die Erklärung zum Waldschutz, die Akzeptanz des Zieles, nur maximal 2°C Erwärmung gegenüber dem vorindustriellen Wert bis 2100 zuzulassen, und die Anpassungsmaßnahmen an den Klimawandel in den Entwicklungsländern mit Mitteln der Industrieländer zu finanzieren zu bezeichnen. Der erhöhte Treibhaus-

effekt hat schon jetzt nachweislich die Energiebilanz der Erde mit all ihren Folgen vor allem für die Kryosphäre verändert.

Die einzelnen Länder tragen sehr unterschiedlich zu den Emissionen bei. Betrachtet man die vergangenen Jahrzehnte nach Absolutbeträgen, so sind die Industrieländer die wesentlichen Verursacher des erhöhten Treibhauseffektes. Bei Reihung nach Pro-Kopf-Emissionen sind heute Ölländer wie Katar, Kuweit, die Vereinigten Arabischen Emirate und Saudi-Arabien bereits ebenso bedeutend. Daten aus dem letzten Jahrzehnt zeigen, dass schon viele Länder bei den Pro-Kopf-Emissionen vor den meisten Industrieländern liegen. Darunter befinden sich nicht nur die genannten Ölländer, sondern auch Schwellenländer wie Malaysia und Indonesien und Entwicklungsländer wie Belize – Letztere nicht zuletzt wegen der besonders starken Abholzung von Wäldern. Die Emissionen der Industrie- und Ölländer in den vergangenen 50 Jahren gehen dabei vornehmlich zu Lasten der Entwicklungsländer und weniger zu ihren eigenen. Als Hauptbetroffene sind die Entwicklungsländer gleichzeitig die Verletztlichsten. Ihre schlechte Ausgangsposition – geringes Bruttosozialprodukt, mangelnde Infrastruktur, unzureichendes technisches Know How usf. – gestattet es ihnen nur bruchstückhaft, sich an die aufgrund des Klimawandels veränderten Lebensbedingungen anzupassen. Die Schere zwischen Hauptverursachern und Hauptbetroffenen geht weiter auf – der anthropogene Klimawandel ist auch eine Quelle wachsender Ungerechtigkeit.

Die den Ausgleich zwischen absorbierter Sonnenenergie und abgestrahlter Wärme suchende Energiebilanz der Erde verändert sich durch den Klimawandel. Der steigende Treibhauseffekt führt zu einem Nettoenergiezufluss von rund 1 W/m², so dass sich die Ozeane erwärmen. Die mittlere Abstrahlung von der Erdoberfläche (396 W/m²) steigt (bisher um ca. 5 W/m²), weil die Erdoberfläche um ca. 0,8°C wärmer geworden ist. Die Gegenstrahlung der Atmosphäre zur Oberfläche ist ebenso um etwa diesen Wert gestiegen. Im Vergleich zur Energieflussdichte der Menschheit (0,03 W/m²) wird die Bedeutung der Veränderungen deutlich.

Nettobilanz: Rund 161 W/m² werden durch Sonneneinstrahlung an der Erdoberfläche absorbiert. Hinzu kommen 333 W/m² durch Reflektion der Treibhausgase. Durch Ausstrahlung an der Oberfläche, Evapotranspiration und Konvektion verlassen 493 W/m² die Erdoberfläche. Es verbleibt eine Nettoabsorptionsrate von 1 W/m².

341 W/m²
empfangene Sonnenstrahlung

102 W/m²
zurückgestreute Sonnenstrahlung

79 W/m²
zurückgestreut von Wolken, Aerosolen und der Atmosphäre

239 W/m²
Wärmestrahlung in den Weltraum

latente Wärme

78 W/m²
in der Atmosphäre absorbiert

23 W/m²
reflektiert an der Oberfläche

80 W/m²
Evapotranspiration

17 W/m²
Konvektion

161 W/m²
von der Oberfläche absorbiert

333 W/m²
von der Oberfläche absorbiert

396 W/m²
Abstrahlung der Oberfläche

Die Reaktion des Wasserkreislaufes

Im tropischen westlichen Pazifik ist in den vergangenen 18 Jahren der Meeresspiegel um

18 cm

angestiegen

Fleischkonsum

Ein hoher Fleischkonsum befördert den Klimawandel. Die hohe Zahl von Nutztieren, die zur Befriedigung des Bedarfes gehalten werden, emittiert große Mengen des Treibhausgases Methan. Methan hat zwar eine deutlich kürzere Verweildauer in der Atmosphäre als CO_2, ist aber – über 100 Jahre betrachtet – 23 mal klimawirksamer. Außerdem müssen Weideflächen bereitgestellt werden, was häufig zur Abholzung von Waldflächen, z. B. auch des Regenwaldes führt. Auch der Wasserverbrauch durch die erhöhte Tierhaltung steigt eklatant. Ein geringerer Fleischkonsum ist folglich ein aktiver Beitrag zum Klimaschutz.

Wasser ist die dominierende Substanz im Klimasystem. Es kommt in der Atmosphäre in allen drei Aggregatzuständen vor. Die hellste und die dunkelste aller natürlichen Oberflächen besteht aus fast reinem Wasser: Pulverschnee beziehungsweise Wasseroberflächen von Seen und Meeren. Dann gibt es den Wasserdampf, dessen Menge in der Luft mit Zunahme der Temperatur stark ansteigen kann.

Entsprechend gibt es mit Blick auf Erdoberfläche und Luft mindestens zwei stark positive Rückkopplungen im Wasserkreislauf. Erwärmung fördert weiteres Abschmelzen heller Schnee- und Eisflächen und vergrößert so den Anteil dunkler Oberflächen, die sich wiederum mehr und rascher als die hellen Oberflächen erwärmen und ausbreiten. Ein verhängnisvoller Kreislauf ist in Gang gesetzt: Erwärmung forciert Erwärmung. Ähnlich verhält es sich in der Atmosphäre. Höhere Lufttemperatur führt wegen der riesigen Wasserflächen meist zu höherem Wasserdampfgehalt der Luft, was eine weitere Erwärmung zur Folge hat. Das wichtigste aller Treibhausgase, der Wasserdampf, verstärkt also die Erwärmung, die durch den erhöhten Treibhauseffekt der anderen Treibhausgase initiiert wurde. Modellrechnungen zeigen, dass bei einer Verdoppelung des Kohlendioxidgehaltes in der Atmosphäre von 280 auf 560 ppm (Teile pro Million) die Eigenschaft des Wasserkreislaufs die Erwärmung von „nur" 1,2°C auf mindestens das Zweifache steigert.

Die große Unbekannte bleibt die Reaktion der Bewölkung. Noch nicht geklärt ist, ob die im Mittel kühlende Wirkung der Bewölkung zunimmt, also eine negative Rückkopplung die Erwärmung dämpft, oder aber ob die Bewölkung gar verstärkend wirkt. Das Vorzeichen des Wolkeneinflusses hängt nicht nur von dem Bedeckungsgrad ab, sondern auch von der veränderten Höhe der Wolken, der Größe und Zahl der Eiskristalle sowie den in den Wolken vorhandenen Tröpfchen. Allerdings ist die mögliche Dämpfung oder Verstärkung der Erwärmung in den vergangenen Jahren kleiner geschätzt worden als früher. Dementsprechend ging der Zwischenstaatliche Ausschuss über Klimaänderungen (IPCC) im Jahre 2007 zum ersten Mal von einem wahrscheinlichen Wert von 3°C Erwärmung bei voller Anpassung des Klimasystems an den verdoppelten Kohlendioxidgehalt aus.

Hauptverursacher und Hauptbetroffene

Während die Industrie- und Ölländer in den letzten fünf Jahrzehnten die Hauptverursacher des CO_2-Ausstoßes sind, treffen die Auswirkungen des Klimawandels vor allem die Entwicklungsländer. Sie haben kaum Möglichkeiten, sich an die extremen Veränderungen anzupassen. Dadurch verstärkt der Klimawandel die derzeit schon bestehenden Ungerechtigkeiten.

KANADA

USA

MEXIKO

BELIZE
GUATEMALA
HONDURAS
EL SALVADOR
NICARAGUA
COSTA RICA
PANAMA

VENEZUELA
GUYANA
SURINAME
FRANZÖSISCH-GUAYANA
KOLUMBIEN
GALAPAGOS INSELN
ECUADOR
PERU
BRASILIEN
BOLIVIEN
CHILE
PARAGUAY
ARGENTINIEN
URUGUAY

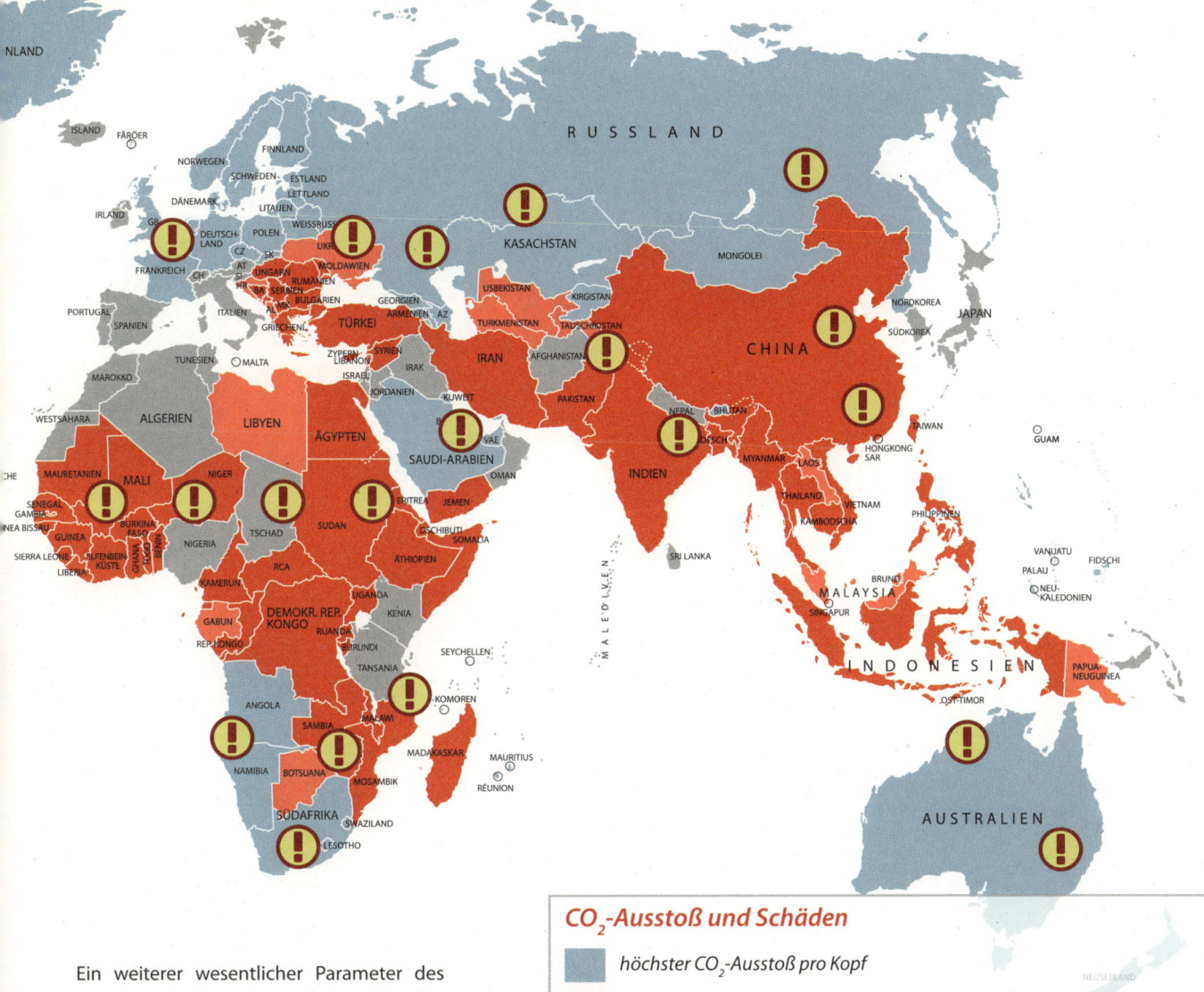

CO₂-Ausstoß und Schäden

- höchster CO_2-Ausstoß pro Kopf
- größte soziale und/oder agrarwirtschaftliche Schadensanfälligkeit
- höchster CO_2-Ausstoß pro Kopf und soziale und/oder agrarwirtschaftliche Schadensanfälligkeit
- keine Angaben
- Gebiete mit höchster ökologischer Schadensanfälligkeit

Ein weiterer wesentlicher Parameter des Wasserkreislaufes ist für etwa die Hälfte aller Menschen, die in Küstenregionen leben, die Höhe des Meeresspiegels. Regionaler Anstieg und Absinken des Meeresspiegels werden inzwischen mit Altimetern auf Satelliten gemessen. Im westlichen Pazifik konnte so als Extremfall ein Anstieg von 10 mm pro Jahr in den vergangenen 18 Jahren mit bereits erheblichen negativen Folgen für pazifische Inselstaaten gemessen werden. Bei im Mittel 3,0 bis 3,5 mm Anstieg pro Jahr in den vergangenen zwei Jahrzehnten tritt an fast allen Küsten verstärkte Erosion auf. Wegen der nur allmählich erfolgenden Erwärmung der Ozeane und wegen des verzögerten Schmelzens der Inlandeisgebiete ist der Meeresspiegel der Klimaparameter mit der langsamsten Reaktionszeit auf klimapolitische Maßnahmen. Damit geht die Gefahr einher, dass der weiter steigende Meeresspiegel in den kommenden Jahrzehnten aus dem Fokus der in kurzfristigeren und augenfälligen Dimensionen agierenden Klimapolitik gerät.

Projektionen der Klimaänderung

Vor 125.000 Jahren gab es in einer Zwischeneiszeit eine grob vergleichbare Temperatursituation wie heute. Damals war der Meeresspiegel im Vergleich zu heute um etwa

4-6
Meter höher

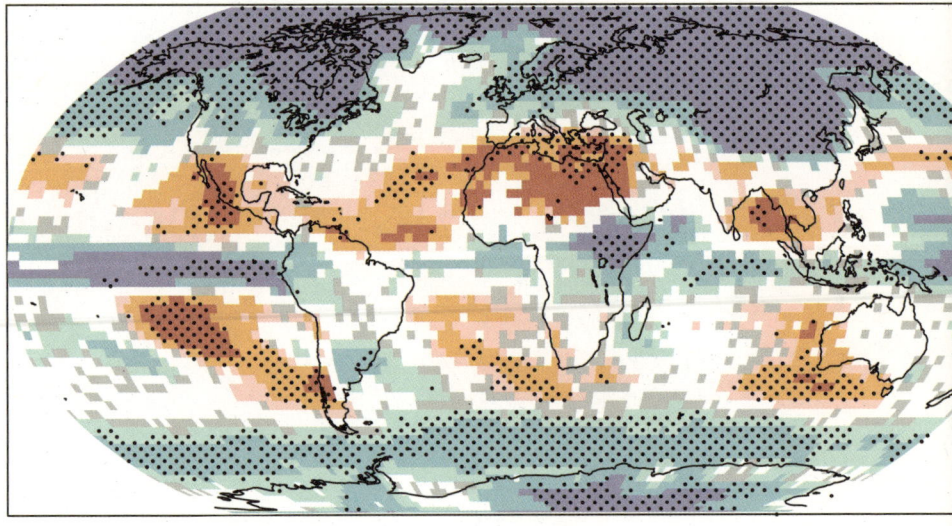

Winter (Dezember – Februar)

Anstieg des Meeresspiegels

Rund 160 Mio. Menschen leben heute bis zu einem Meter über dem Meeresspiegel. Bis zum Jahr 2100 wird er wahrscheinlich um bis zu einem Meter steigen, wenn kein aktiver Klimaschutz betrieben wird. Diese Konsequenz aus dem Klimawandel gilt demzufolge als eine der gefährlichsten. Bangladesch ist davon besonders betroffen. Jedes Jahr führen Wirbelstürme und Monsun zu riesigen Überschwemmungen, die durch den Klimawandel vermehrt auftreten. 2007 entstand das schwerste Hochwasser der letzten 16 Jahre. Schätzungsweise 50 Mio. Menschen waren davon betroffen.

Das Verhalten der Menschheit in den kommenden Jahrzehnten ist nur schwer vorhersehbar. Szenarien möglicher Klimaänderungen müssen daher eine große Spannweite je nach Verhalten der Menschheit beachten. Die Hauptbotschaft aller Szenarien lautet: Es könnte in nur einem Jahrhundert eine mittlere Erwärmung auftreten, die ohne den Menschen höchstens in einigen Jahrtausenden abläuft. Selbst bei einer Erwärmung um 2°C – das Ziel, auf das sich die Delegierten des Klimagipfels in Cancun am 10. Dezember 2010 als höchste tolerierbare Erwärmung gegenüber dem vorindustriellen Wert einigten – wird der homo sapiens in einem Klima leben, das seine Art noch nicht erlebt hat. Zudem ist derzeit noch ungeklärt, ob unter dem 2°C-Ziel das Inlandeis von Grönland unumkehrbar (für menschliche Zeitskalen) zu schmelzen beginnt. Das würde in Jahrhunderten zu einem Meeresspiegelanstieg von mehreren Metern – bei vollem Abschmelzen von etwa 7 m – führen.

Es kann also sein, dass das mittlerweile als verbindlich erklärte 2°C-Ziel nach unten revidiert werden muss, will die Menschheit Schlimmeres verhüten.

Erschwerend kommt hinzu, dass eine diesen Erkenntnissen folgende Klimapolitik nicht die unmittelbare Evidenz auf ihrer Seite hat. Klimaänderungen geschehen generationenübergreifend. Die Folgen heutigen menschlichen Verhaltens spürt erst die Generation von morgen oder übermorgen. So unterschiedliche Szenarien wie das „nur" leicht das 2°C-Ziel überschreitende Szenario „Rascher Übergang in eine Wissensgesellschaft mit umweltbewussten Regierungen" (von dem Zwischenstaatlichen Ausschuss über Klimaänderungen als „B1" bezeichnet) und „Welt mit regionalen Konflikten, massiver Kohlenutzung und keiner wesentlichen Entwicklung der Entwicklungsländer" (A2) werden in ihren Unterschieden erst nach etwa 30 Jahren in der dann erreichten Er-

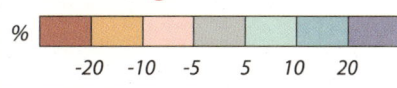
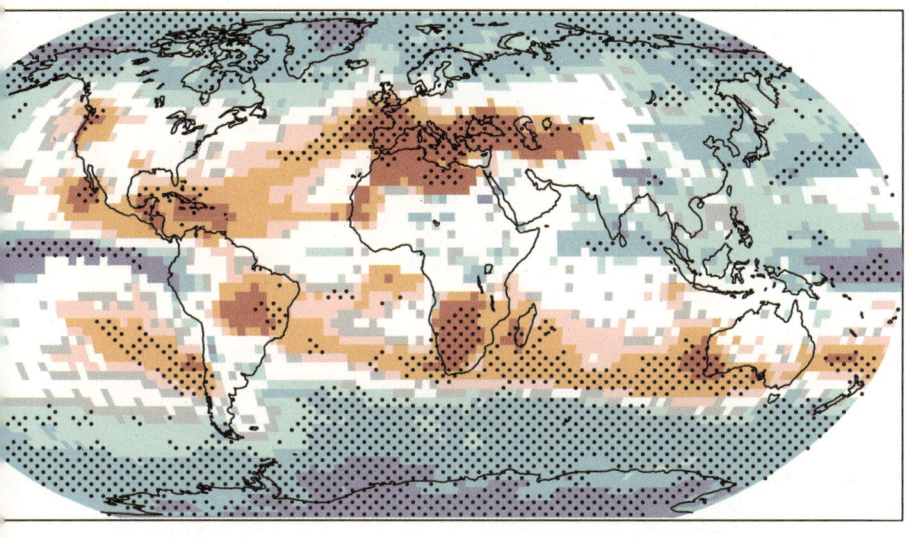

Relative Veränderung der Niederschläge in Prozent für den Zeitraum 2090-2099 im Vergleich zu den Jahren 1980-1999. Zur Berechnung wurden verschiedene Modelle und ein mittleres Szenario menschlichen Verhaltens herangezogen. Links ist die voraussichtliche Veränderung in den Monaten Dezember bis Februar, rechts die Veränderung in den Monaten Juni-August dargestellt. Flächen, für welche weniger als 66 % der Modelle bezüglich des Vorzeichens der Änderung übereinstimmen, sind weiß; solche, für welche mehr als 90 % der Modelle bezüglich des Vorzeichens der Änderungen übereinstimmen, sind punktiert.

Sommer (Juni – August)

wärmung wahrnehmbar. Dann aber ist es für ein Umlenken zu spät.

Für die meisten Menschen ist weniger die Temperaturänderung das zentrale Problem als vielmehr die damit unweigerlich verbundene Änderung der Niederschlagsmenge sowie ihre Umverteilung innerhalb eines Jahres. Sie folgen einer bestimmten Systematik: Verlust an Wasser in semiariden Tropen und Subtropen sowie Gewinn in hohen geografischen Breiten und zum Teil auch in den inneren Tropen. Wer also schon heute genügend Wasser hat, bekommt oft noch etwas hinzu, und wer von Wassermangel betroffen ist, dem wird meist noch genommen. Der physikalische Grund dafür liegt in der leichten Verschiebung der Zugbahnen der Tiefdruckgebiete mittlerer Breiten polwärts bei gleichzeitig verminderten Temperaturunterschieden zwischen hohen und niederen geografischen Breiten.

Umverteilung der Niederschläge

Bei fehlendem Klimaschutz kommt es zu einer starken Umverteilung der Niederschläge. Von 1900 bis 2005 wurden in Nordeuropa und Zentralasien mehr Niederschläge gemessen, wohingegen die Sahelzone, Südafrika, die mediterranen Räume und Südost-Asien weniger Niederschläge aufwiesen. Setzt sich dieser Trend fort, werden Gebiete, die heute schon eher wenig Niederschlag erhalten, in Zukunft noch weniger bekommen. In Gebieten, die heute schon überdurchschnittlich viel Niederschlag haben, nimmt der Niederschlag weiter zu. Insgesamt breiten sich die Zonen über Land, in denen geringer Niederschlag fällt, aus.

Kabinettsitzung der Malediven

Im Oktober 2009 trafen sich die Regierungsvertreter der Malediven zu einer Kabinettsitzung auf dem Meeresgrund. Sie fürchten um den Fortbestand ihrer Heimat und formulierten mit der Sitzung einen Aufruf für einen aktiven Klimaschutz.

256112 Desertec Atlas   Falzbg   3   17.10.11 06:57

Mögliche globale Erwärmung bis 2100

Wieviel Kohlenstoff darf zur Einhaltung des 2°C-Zieles noch bis wann verbrannt werden? Da die Auswirkungen des Treibhauseffektes auf die globale Erwärmung noch nicht vollständig geklärt sind, muss mit Wahrscheinlichkeiten argumentiert werden. Bei einer Irrtumswahrscheinlichkeit von unter 5 % ist die Emission von nur noch 750 Gt Kohlendioxid erlaubt. Bei 1000 Gt Kohlendioxid wird bereits eine 25 %ige Wahrscheinlichkeit des Überschreitens des 2°C-Ziels erreicht. Dies ergaben Berechnungen des Wissenschaftlichen Beirats Globale Umweltveränderungen der Bundesregierung der Bundesrepublik Deutschland. Bei einer weltweiten Emission von gegenwärtig fast 10 Gt Kohlenstoff pro Jahr, was 36,7 Gt Kohlendioxid entspricht, sind Emissionen auf gegenwärtigem Niveau nur noch über 20 bis maximal 30 Jahre erlaubt. Dabei sind die Emissionen von Methan und Lachgas aus der Abholzung berücksichtigt, aber die aus der Landwirtschaft noch nicht. Die Schlussfolgerung lautet: Die Menschheit muss sich in den kommenden Jahrzehnten von fossilen Brennstoffen verabschieden und ihre Energieträger umgestellt haben, um ihre Energiewünsche auch weiterhin zu befriedigen.

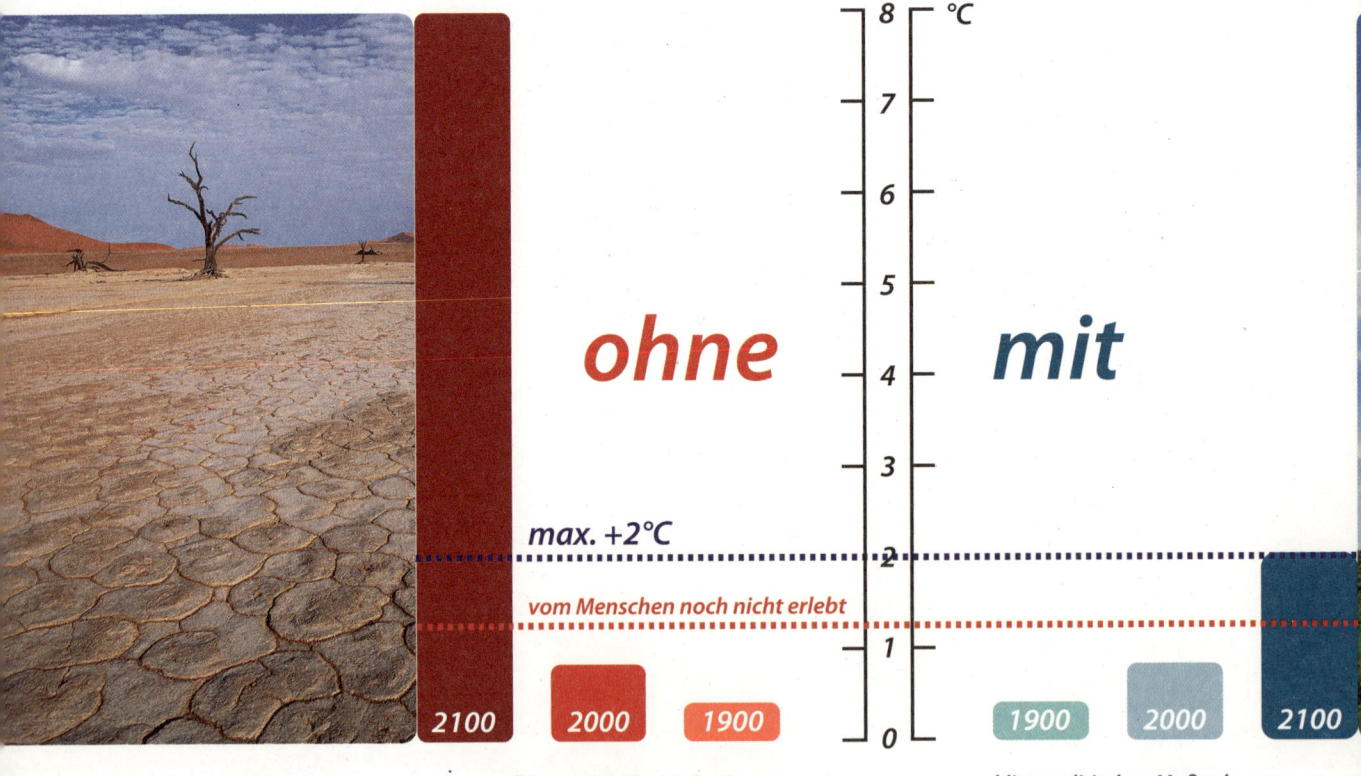

klimapolitische Maßnahmen   klimapolitischen Maßnahmen

Erneuerbare Energie-quellen als Lösung

Die Reihung der erneuerbaren Energien nach energetischen Potenzialen ist einfach. An erster Stelle ist die Sonne zu nennen. Sie liefert eine mindestens 5000 Mal höhere Energieflussdichte an der Erdoberfläche, als das Energieversorgungssystem der gesamten Menschheit gegenwärtig benötigt. Ihr folgt der Wind mit im Mittel etwa 2 % der Energieflussdichte der Sonne. Das ist immer noch ausreichend, um eine Versorgung zu gewährleisten, ohne bei massiver Nutzung erneute Umweltschäden hervorzurufen. Da beide erneuerbaren Energieformen lokal stark schwanken, ist auf lange Sicht eine Energieversorgung nur über große Netze

oder umfangreiche Speicherung über Stunden bis Monate oder beides gemischt zu erreichen. Alle anderen erneuerbaren Energieformen sind nur ergänzend einzusetzen, vor allem, wenn es um die Versorgung von dicht besiedelten oder gar Metropolregionen geht.

Ein Zahlenbeispiel für Deutschland mag das verdeutlichen. Die anthropogene Energieflussdichte beträgt etwa 1,5 Watt pro Quadratmeter (W/m^2). Ein gut gedüngter Maisacker speichert 0,3 W/m^2 Sonnenenergie, die im Jahresmittel an der Oberfläche in Deutschland etwa 110 W/m^2 anbietet. Deutschland bräuchte also das Fünffache seiner eigenen Fläche, um sich ausschließlich über die Biomasse des Mais mit ausreichend Energie zu versorgen. Auch die Wasserkraft, die in Deutschland schon fast vollständig ausgenutzt wird, ist dazu viel zu klein. Ihre Energieflussdichte in Deutschland liegt bei 0,02 W/m^2, was nur zu etwa 4 % Anteil am elektrischen Strom führt.

Die überragende Bedeutung der Sonne und mit Abstrichen des Windes als erneuerbare Energiequellen für das globale Energiesystem der Zukunft steht außer Zweifel. Biomasse, tiefe Erdwärme, Wasserkraft, Wellen- und Gezeitenenergie können in vielen Ländern nur Ergänzungen sein und werden wohl nach Aufbau der Sonne/Wind-Versorgung wieder zurückgehen.

Um den Energiebedarf Deutschlands ausschließlich über die Wasserkraft im eigenen Land zu decken, müsste seine Fläche

75

Mal so groß sein

Teil 3

Energie

Jürgen Schäfer

Die Sonne versorgt die Erde seit Jahrmilliarden mit Energie. Es ist weit mehr, als die Menschheit benötigt. Mit DESERTEC liegt ein ganzheitliches Konzept vor, sie adäquat zu nutzen.

Energieproduktion und Energieverteilung

67,6%

der weltweiten Stromproduktion stammen aus fossilen Energieträgern

„Energieproduktion" oder auch „Energieerzeugung" sind fester Teil des allgemeinen Sprachgebrauchs. Tatsächlich jedoch wird Energie nicht „produziert" oder „erzeugt". Vielmehr findet immer nur eine Umwandlung von einer Energieform in eine andere statt, da der Energiegehalt des Weltalls konstant ist. Dieser Sachverhalt ist als der erste Hauptsatz der Thermodynamik bekannt. „Energieerzeugung" bedeutet also, dass Energie in eine andere, für den menschlichen Bedarf geeignete Form umgewandelt oder aber gespeicherte Energie abgerufen wird. Wenn beispielsweise Kohle verbrannt wird, um Wärmeenergie zu erzeugen, wird die Solarenergie umgewandelt, die vor Jahrmillionen in Pflanzen gebündelt und anschließend über einen sehr langen Zeitraum zu Kohle oder Öl verdichtet wurde. Wenn man das Wasser eines Stausees über eine Turbine in Strom verwandelt, wird die gespeicherte Energie (meist elektrische Energie), die zum Hochpumpen des Wassers „investiert" wurde, wieder zurückgewonnen.

Ein wichtiges Element bei der Energie-Umwandlung ist der Rückgriff auf unterschiedliche Ressourcen. Zum einen können dafür solche Ressourcen genutzt werden, für deren Vorkommen Jahrmillionen notwendig waren und deren Verfügung endlich ist wie beispielsweise Öl, Erdgas oder Kohle. Zum anderen kann auf solche zugegriffen werden, die unmittelbar, permanent und unerschöpflich auf der Erde verfügbar sind wie zum Beispiel Sonneneinstrahlung oder Wind. Sie stehen im Mittelpunkt des DESERTEC-Konzepts. Der energiepolitische Ansatz des DESERTEC-Konzepts basiert auf globaler Nutzung der erneuerbaren Energien. Die Nutzung differiert je nach den unterschied-lichen geografischen und klimatischen Beschaffenheiten der jeweiligen Region und konzentriert sich vor allem auf solare Energie und Windenergie.

So setzt das Konzept in den Wüstenregionen auf thermosolare Großkraftwerke, die die Wärme der Sonne über Absorber verwenden. Diese Sonnenkraftwerke verfügen über deutlich höhere Wirkungsgrade als Photovoltaikanlagen, deren Leistung und Wirkungsgrad bei steigenden Oberflächentemperaturen deutlich abnehmen. Aufgrund der höheren Anfangsinvestitionen, die zum Ausbau solarthermischer Kraftwerke erforderlich sind, eignen sich besonders sonnenreiche Regionen wie eben die Wüsten für ihren wirtschaftlichen Einsatz. Die Photovoltaik hingegen ist eher die Wahl in gemäßigten Breiten wie zum Beispiel im mediterranen Raum wegen der langen Sonnenscheindauer und der moderaten Temperatur.

In den windreichen Küstenregionen Mittel- und Nordeuropas favorisiert das DESERTEC-Konzept für die Energieproduktion Windanlagen, vor allem große Offshore-Parks in den den Küstenregionen vorgelagerten Meeresbereichen. Dort herrschen optimale Bedingungen für die Stromerzeugung durch ungestörten und permanenten Wind. Der Wind wird durch die Meeresoberfläche kaum beeinflusst und kann aufgrund dieser geringen „Rauigkeit" sein Potenzial deutlich besser als auf dem Land entfalten. Neben der Sonnenenergie ist die Windenergie eine wesentliche Säule im Energiemix der erneuerbaren Energien. Diese beiden Hauptformen werden ergänzt durch die Energieproduktion aus Geothermie, Biomasse und Wasserkraft. Bei diesen

ca. 1 h senkrechter Sonneneinstrahlung je m²

ca. 50-100 Batterien

ca. 7,3 t Wasser bei einem Stausee mit 50 m Höhenunterschied

1 kWh

Strom ist enthalten in

ca. 0,28 m³ Wasserstoffgas

ca. 0,12 m³ Erdgas

ca. 0,13 kg Steinkohle

ca. 0,1 l Benzin / Diesel

ca. 0,25 kg Brennholz

Energieformen ist das Für und Wider einer Nutzung stark von den regionalen Gegebenheiten abhängig. Grundsätzlich bergen alle drei Formen ein erhebliches Potenzial. So ist beispielsweise das Energiepotenzial der jährlich in den Wäldern produzierten Biomasse 25 mal größer als das der jährlich geförderten Erdölmenge. Mit der Energieproduktion bzw. Umwandlung steht Energie zunächst lediglich am Ort der Umwandlung zur Verfügung. Um den Endverbraucher auch zu erreichen, muss sie zu den jeweiligen Verbrauchern transportiert werden. Dies geschieht auf vielerlei Weise, zum Beispiel über Strom- und Gasleitungen sowie über Betankung von Fahrzeugen oder Befüllung von Haustanks mit Mineralölen. Die Energieverteilung ist daher ein wesentlicher Bestandteil des Versorgungssystems. Besondere Bedeutung kommt dabei der Verteilung der elektrischen Energie zu. In dem DESERTEC-Konzept wird Strom auf Basis erneuerbarer Energie angeboten. Das impliziert, dass das bisherige zentrale Versorgungsnetz in intelligente Stromnetze der Zukunft überführt werden muss, die sich aus dezentralen und größeren zentralen Versorgungsnetzen zusammensetzen.

Globale Nutzung erneuerbarer Energien

Die erneuerbaren Energien sind mit über

19 %

an der weltweiten Stromerzeugung beteiligt

Erneuerbare oder regenerative Energien sind Energien aus Quellen, die sich entweder kurzfristig von selbst erneuern oder deren Nutzung nicht zur Erschöpfung der Quelle beiträgt. Es handelt sich bei den regenerativen Energien um Energieressourcen wie Sonnenergie, Windenergie, Wasserkraft, Geothermie oder die aus nachwachsenden Rohstoffen gewonnene Biomasse. Schon heute werden weltweit – in regional sehr unterschiedlichem Maße – erneuerbare Energien eingesetzt. Im Jahr 2008 waren es nach Statistiken der Internationale Energieagentur insgesamt 19 % der weltweiten Stromerzeugung und 3 % der weltweiten Wärmeerzeugung. Mit einem Anteil von rund 75 % bezogen auf den globalen Endenergieverbrauch aus erneuerbaren Energien rangierte die traditionelle Biomasse im Jahr 2007 an erster Stelle. Hauptgrund hierfür ist die ausgiebige Nutzung der Biomasse in Afrika. Betrachtet man die globale alternative Stromerzeugung, so

hat die Wasserkraft heute mit 16 % noch den höchsten Anteil. Dabei werden Großanlagen zugerechnet. Andere Energiequellen sind demgegenüber vernachlässigbar. Die größten Ausbau- und Wachstumspotenziale hinsichtlich der Energieversorgung der Zukunft weisen jedoch die Solarthermie, die Photovoltaik und die Windenergie auf. Die Nutzung erneuerbarer Energien bedeutet jedoch nicht automatisch auch Nachhaltigkeit in der Anwendung. Beispielsweise ist die Nutzung von Biomasse in Afrika nicht nachhaltig, weil durch einfache Formen des Kochens mit offenem Feuer Wälder abgeholzt und Sträucher vernichtet werden. Zudem entstehen erhebliche soziale Folgekosten durch Atemwegserkrankungen. Die Nutzung der Wasserkraft durch große Staudämme ist ebenso nicht nachhaltig, weil oft große Teile einer Landschaft geflutet werden müssen – mit gravierenden Folgen für die Landschaft, die Bevölkerung und das regionale Klima.

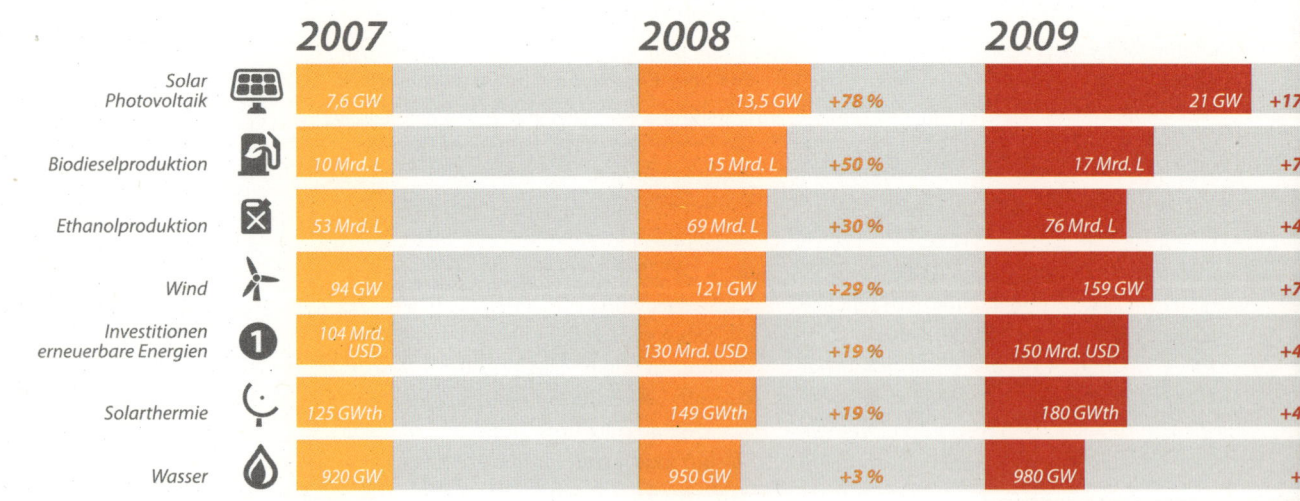

Globale Nutzung erneuerbarer Energien

		2007	2008		2009	
Solar Photovoltaik		7,6 GW	13,5 GW	+78 %	21 GW	+17
Biodieselproduktion		10 Mrd. L	15 Mrd. L	+50 %	17 Mrd. L	+7
Ethanolproduktion		53 Mrd. L	69 Mrd. L	+30 %	76 Mrd. L	+4.
Wind		94 GW	121 GW	+29 %	159 GW	+7
Investitionen erneuerbare Energien		104 Mrd. USD	130 Mrd. USD	+19 %	150 Mrd. USD	+4
Solarthermie		125 GWth	149 GWth	+19 %	180 GWth	+4
Wasser		920 GW	950 GW	+3 %	980 GW	+2

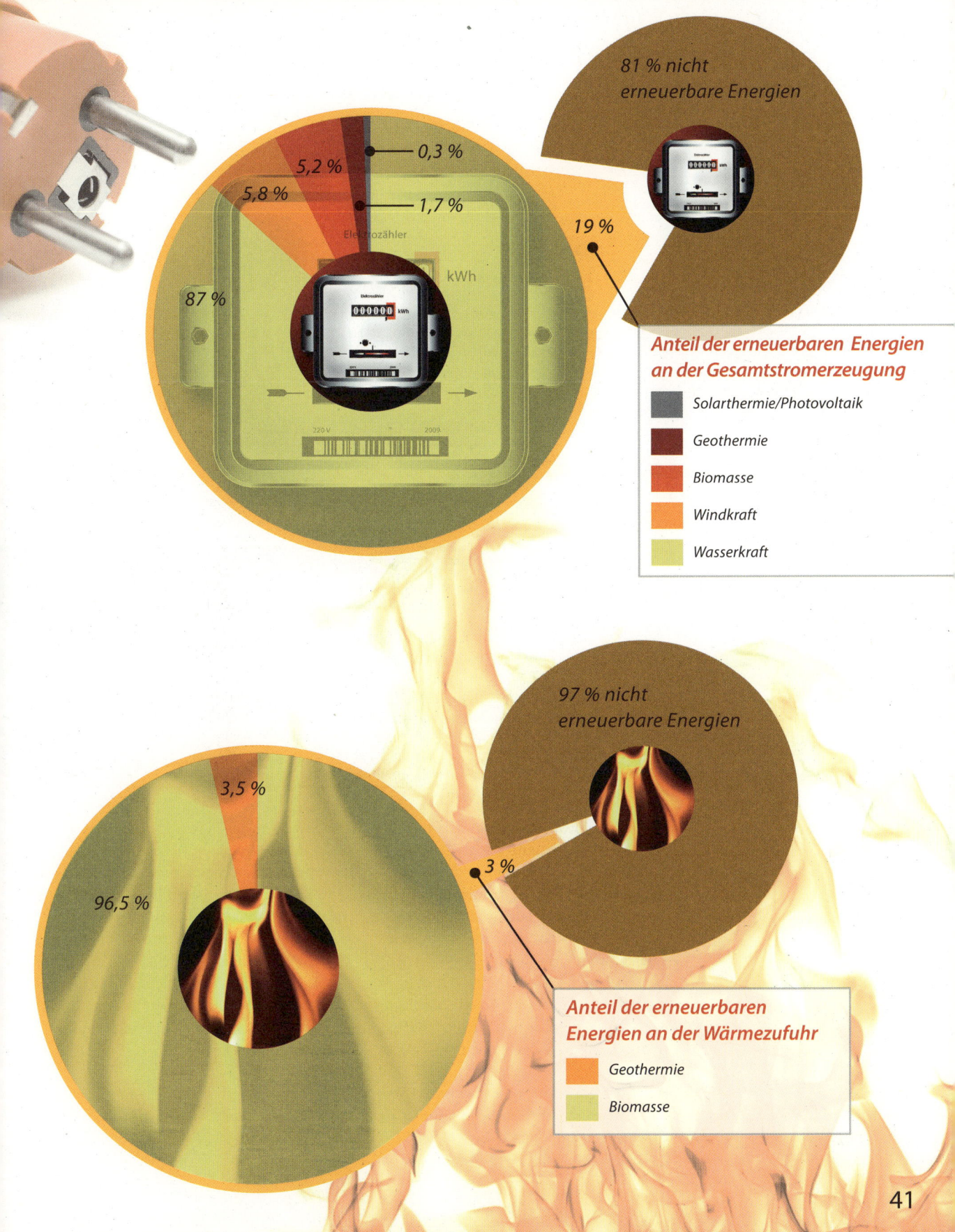

81 % nicht
erneuerbare Energien

0,3 %

5,2 %

5,8 %

1,7 %

Elektrozähler

kWh

87 %

19 %

Anteil der erneuerbaren Energien an der Gesamtstromerzeugung

- ⬛ Solarthermie/Photovoltaik
- 🟫 Geothermie
- 🟥 Biomasse
- 🟧 Windkraft
- 🟨 Wasserkraft

97 % nicht
erneuerbare Energien

3,5 %

96,5 %

3 %

Anteil der erneuerbaren Energien an der Wärmezufuhr

- 🟧 Geothermie
- 🟨 Biomasse

Photovoltaik und Solarthermie

Photovoltaik

Mithilfe der Photovoltaik kann die Energie des Lichtes direkt in elektrischen Strom umgewandelt werden. Photovoltaische Anlagen werden netzgebunden oder dezentral für die Stromerzeugung eingesetzt, z. B. als Systeme auf Dächern, Freiflächen oder auch in sogenannten Solar Home Systems (Inselversorgungssystemen) zur autarken Hausversorgung.

Solarturmkraftwerke

Ein Absorber im Solarturm absorbiert konzentrierte Wärme. Diese wird von einzeln nachgeführten Spiegeln im Umfeld auf die Spitze des Turms ausgerichtet. Dort überträgt der Absorber die gesammelte Wärme auf ein Trägermedium, das den Prozess der Stromgewinnung über Dampfturbinen in Gang setzt. An der Turmspitze entstehen dabei Temperaturen von 600-1.200°C.

Bei der Photovoltaik und der Solarthermie wird die Strahlungsenergie der Sonne genutzt, um Strom bzw. Wärme zu erzeugen. Die permanent auf die Erdoberfläche eingestrahlte Leistung beträgt dabei ziemlich konstant 1,367 kW/m², die sogenannte Solarkonstante. Ein Teil der Strahlung liegt im sichtbaren Wellenbereich (Licht) zwischen Infrarot und Ultraviolett. Die Solarkonstante und die genannte Strahlungsleistung gelten jedoch uneingeschränkt nur für die senkrechte Einstrahlung (Zenit). Für davon abweichende Einfallswinkel vermindert sie sich entsprechend. Dies ist zu beachten, da die Sonne zwischen den Wendekreisen und den Polen niemals senkrecht einstrahlt. Mit größerer Nähe zu den Polen kommt es also zu deutlichen Minderleistungen. Eine Verminderung der Leistung geschieht zudem durch Absorption in der Atmosphäre und meteorologische Einflüsse. Die durchschnittliche Strahlungsdichte der Sonne beträgt rund 165 W/m², das ist immer noch rund 5000 mal mehr Energie, als die Menschheit zur Deckung ihres Energiebedarfs benötigt.

Sonnenenergie kann in andere Energieformen umgewandelt werden, zum Beispiel mittels Photovoltaik. Bei der Photovoltaik

Die Sonne liefert pro Jahr

5000

mal mehr Energie, als die Menschheit jährlich benötigt

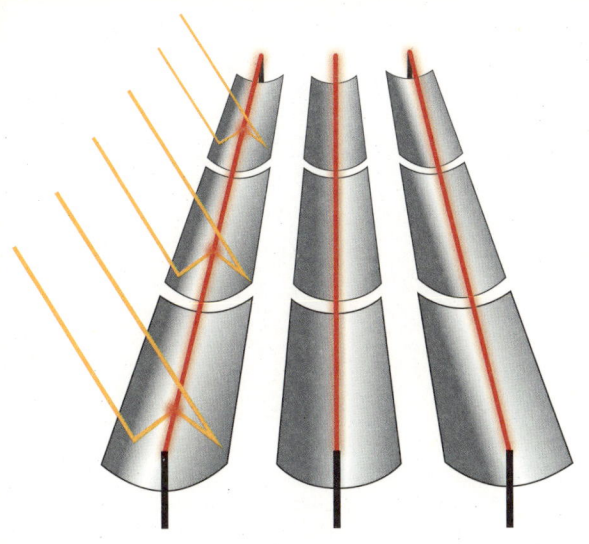

Parabolrinnenkraftwerke

Mithilfe konzentrierten Sonnenlichts wird eine Transportsubstanz in der Parabolrinne auf etwa 400°C erhitzt und mit Sonnenenergie sozusagen „aufgeladen". Diese Energie wird zu einem Wärmetauscher transportiert und zur Dampferzeugung genutzt; der Dampf treibt eine Turbine an, die Strom erzeugt. Diese Technik wird bereits seit Mitte der 80er Jahre eingesetzt.

Dish-Anlagen

Für den dezentralen Einsatz eignen sich Dish-Anlagen (Paraboloid). Dabei konzentriert und absorbiert ein Hohlspiegel die Sonnenstrahlung im Zentrum der Anlage (Brennpunkt). Mittels Helium oder Luft kann die absorbierte Energie zum Antrieb einer Turbine verwendet werden. Im Prozessverlauf werden Temperaturen von 600-1.200°C erreicht.

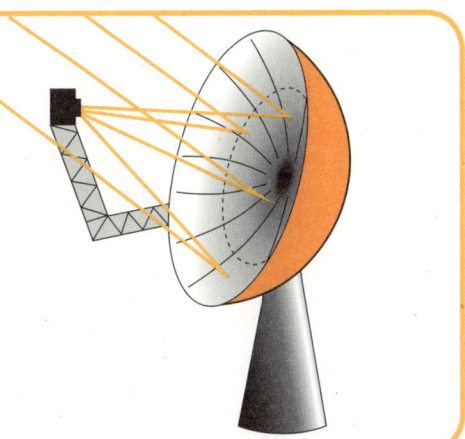

wird das Sonnenlicht unmittelbar in Strom gewandelt. Zur Herstellung von Solarzellen in photovoltaischen Anlagen werden verschiedene Grundmaterialien wie Silizium, Cadmium-Tellurid oder Indium-Antimonid und verschiedene Materialstrukturen (monokristallin, polykristallin, amorph etc.) genutzt. Der Wirkungsgrad der Solarmodule liegt derzeit bei 10 bis 20 % der eingestrahlten Sonnenenergie. Die Wahl der optimalen Material/Struktur-Kombination hängt von Randbedingungen wie Ort der Aufstellung, Kosten usw. ab. Solarzellen bzw. photovoltaische Kraftwerke haben den Vorteil, dass sie nahezu wartungsfrei sind. Es gibt keinerlei bewegliche Elemente, die einem Verschleiß unterliegen. Außerdem können die Anlagen netzgebunden oder netzentkoppelt auch dezentral für die Versorgung eingesetzt werden. Der Nachteil ist indes, dass die unmittelbar erzeugte elektrische Energie schwierig zu speichern ist, dass die Ausbeute mit steigender Temperatur sinkt und dass nur bestimmte Wellenlängen für die Energieumwandlung genutzt werden können. Weiterhin büßt eine photovoltaische Anlage nach und nach an Leistung ein, so dass sie nach ca. 20 Jahren nur noch 80 % der Anfangsleistung erzielt.

Die weltweit installierte Kapazität von solarthermischen Anlagen beträgt ca. 1 GW. Die derzeit in Entwicklung oder im Bau befindlichen Anlagen werden

15 GW

Energie liefern

Bei der Solarthermie wird die Strahlung der Sonne genutzt, um nutzbare Wärmeenergie zu erzeugen, die dann z. B. für die Kühlung, für die Trinkwasseraufbereitung und über einen Umweg auch zur Stromerzeugung genutzt werden kann. Sie kann dezentral zur Versorgung von Einzelhaushalten eingesetzt werden (zum Beispiel in Form von Flach- oder Röhrenkollektoren) wie auch in solarthermischen Kraftwerken, in denen neben Wärme vor allem Strom erzeugt wird. Solarthermische Kraftwerke bündeln dabei die Sonnenstrahlung durch Spiegel verschiedener geometrischer Formen und Dimensionen. Die konzentrierte Wärme erhitzt dann ein Medium – in den meisten Fällen eine Flüssigkeit –, das in Form von Gas oder Dampf einer Turbine zugeführt wird, die dann über einen Generator elektrische Energie erzeugt.

Es gibt zwei prinzipielle Bauformen solcher solarthermischer Kraftwerksanlagen. Bei einem System reflektiert eine Vielzahl beweglicher Spiegel die einfallenden Sonnenstrahlen auf einen zentralen „Receiver", zum Beispiel einen Turm. Dabei müssen alle Spiegel permanent dem Gang der Sonne „nachgeführt" werden. Solche Kraftwerksanlagen sind in ihrer Größe begrenzt, da die Spiegel eine maximale Entfernung zum Turm nicht überschreiten dürfen. Anderenfalls würde die Streuung der Energie zu groß. Bei dem anderen System werden sogenannte Rinnenreflektoren eingesetzt, wobei sich die zu erwärmende Flüssigkeit in Rohren im Brennpunkt dieser Rinnen befindet. Bei diesen Kraftwerksanlagen ist zwar die Temperatur des Mediums begrenzt. Ein solches System ist aber beliebig skalierbar, so dass Kraftwerke mit entsprechend hohem Leistungspotenzial gebaut werden können.

Ein Vorteil der Solarthermie gegenüber der Photovoltaik ist die deutlich bessere Speicherfähigkeit der erzeugten Energie. Die erzeugte Wärme kann beispielsweise mit Hilfe von Flüssigsalzspeichern gelagert werden. Diese gespeicherte Wärme wird erst dann in der Turbine zu Strom gewandelt, wenn dieser tatsächlich auch benötigt wird. Zudem erreichen die Solarthermie-Kraftwerke in der Regel einen höheren Wirkungsgrad – je nach Ausnutzung sind zwischen 20 und 85 % möglich. Ein Nachteil sind allerdings die höheren Betriebs- und Wartungskosten gegenüber Photovoltaikanlagen .

Grundsteinlegung für das größte Solarkraftwerk der Welt in Kalifornien

In Kalifornien entsteht derzeit das größte Solarkraftwerk der Welt mit einer geplanten Gesamtleistung eines Kernkraftwerks. Der US-Innenminister sowie der Gouverneur von Kalifornien wohnten eigens der Spatenstich-Zeremonie bei. Die ersten 500 MW sollen als Photovoltaik-Kraftwerke umgesetzt werden. Kalifornien will bis zum Jahr 2020 33 % seines Energiebedarfs durch erneuerbare Energien abdecken.

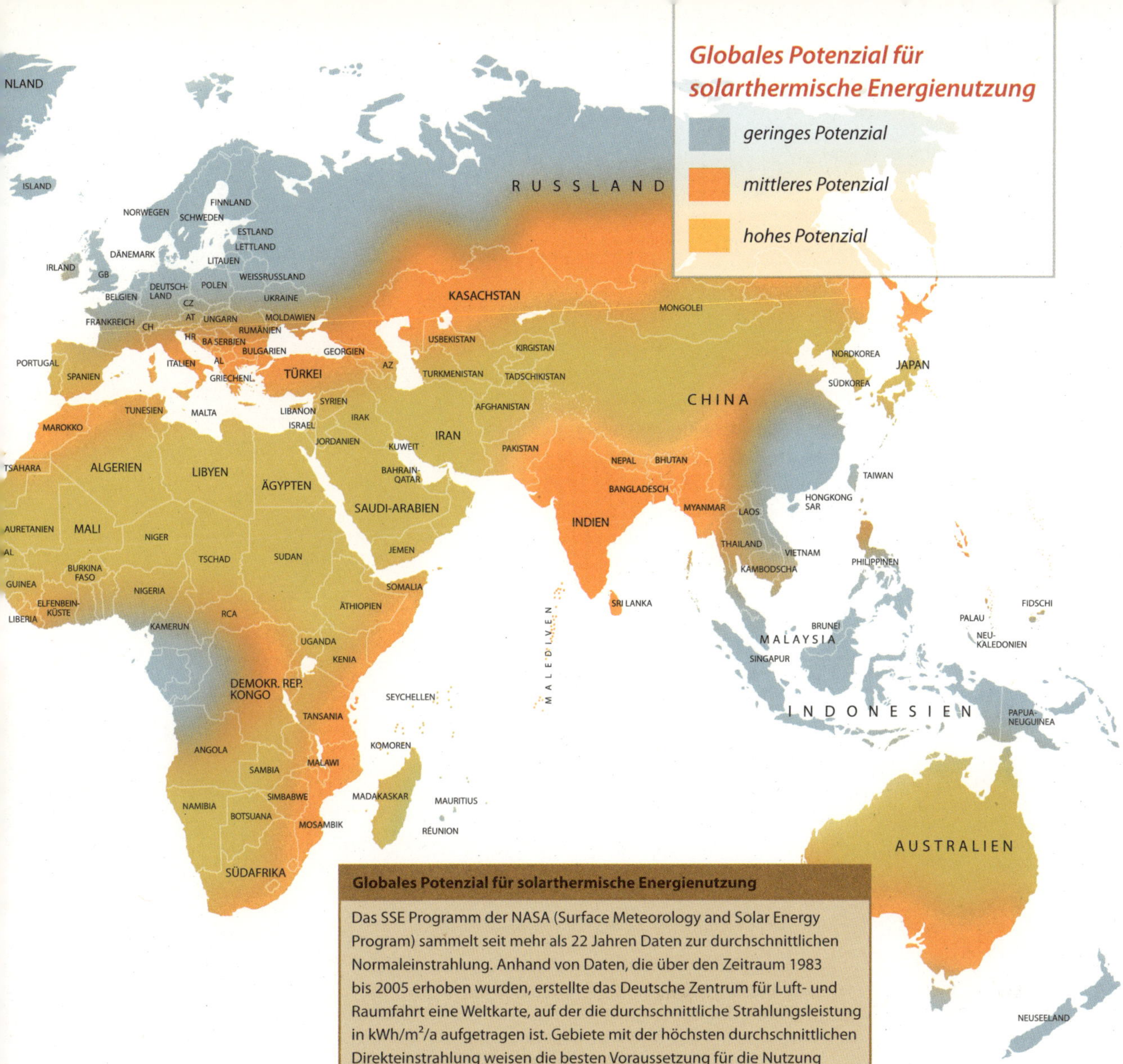

Globales Potenzial für solarthermische Energienutzung

⬛	geringes Potenzial
🟧	mittleres Potenzial
🟨	hohes Potenzial

NLAND
ISLAND
NORWEGEN
SCHWEDEN
FINNLAND
RUSSLAND
DÄNEMARK
ESTLAND
LETTLAND
LITAUEN
IRLAND
GB
WEISSRUSSLAND
BELGIEN
DEUTSCH-LAND
POLEN
KASACHSTAN
MONGOLEI
FRANKREICH
CH
CZ
AT UNGARN
UKRAINE
NORDKOREA
JAPAN
HR
BA SERBIEN
MOLDAWIEN
RUMÄNIEN
USBEKISTAN
KIRGISTAN
SÜDKOREA
PORTUGAL
ITALIEN
AL
BULGARIEN
GEORGIEN
AZ
TADSCHIKISTAN
SPANIEN
GRIECHENL.
TÜRKEI
TURKMENISTAN
CHINA
TUNESIEN
MALTA
LIBANON
SYRIEN
AFGHANISTAN
MAROKKO
ISRAEL
IRAK
JORDANIEN
IRAN
PAKISTAN
TAIWAN
TSHARA
ALGERIEN
LIBYEN
ÄGYPTEN
KUWEIT
NEPAL
BHUTAN
HONGKONG SAR
AURETANIEN
SAUDI-ARABIEN
BAHRAIN-QATAR
BANGLADESCH
AL
MALI
NIGER
TSCHAD
SUDAN
JEMEN
INDIEN
MYANMAR
LAOS
BURKINA FASO
SOMALIA
THAILAND
VIETNAM
PHILIPPINEN
GUINEA
NIGERIA
KAMBODSCHA
FIDSCHI
ELFENBEIN-KÜSTE
RCA
ÄTHIOPIEN
SRI LANKA
BRUNEI
PALAU
LIBERIA
KAMERUN
UGANDA
MALEDIVEN
MALAYSIA
NEU-KALEDONIEN
KENIA
SINGAPUR
DEMOKR. REP. KONGO
SEYCHELLEN
INDONESIEN
ANGOLA
TANSANIA
PAPUA-NEUGUINEA
KOMOREN
SAMBIA
MALAWI
MADAGASKAR
MAURITIUS
NAMIBIA
SIMBABWE
BOTSUANA
MOSAMBIK
RÉUNION
AUSTRALIEN
SÜDAFRIKA
NEUSEELAND

Globales Potenzial für solarthermische Energienutzung

Das SSE Programm der NASA (Surface Meteorology and Solar Energy Program) sammelt seit mehr als 22 Jahren Daten zur durchschnittlichen Normaleinstrahlung. Anhand von Daten, die über den Zeitraum 1983 bis 2005 erhoben wurden, erstellte das Deutsche Zentrum für Luft- und Raumfahrt eine Weltkarte, auf der die durchschnittliche Strahlungsleistung in kWh/m²/a aufgetragen ist. Gebiete mit der höchsten durchschnittlichen Direkteinstrahlung weisen die besten Voraussetzung für die Nutzung solarthermischer Energie auf.

Windenergie

Die Leistung des Windes nimmt mit der dritten Potenz der Windgeschwindigkeit zu. Eine Verdoppelung der Windstärke bedeutet also eine

8fache

Leistungszunahme

Die Umwandlung von Windenergie in Strom hat in den letzten Jahren stark zugenommen, wobei die USA Vorreiter sind, gefolgt von China, Deutschland und Spanien. Die Umwandlung von Windenergie in zum Beispiel mechanische Energie ist schon seit langem bekannt und wurde durch die Jahrhunderte etwa zum Betrieb von Wasserpumpen und Windmühlen genutzt. Bei der Umwandlung in elektrische Energie arbeitet eine Windkraftanlage wie ein Fahrraddynamo: Die Drehbewegung des Rades wird in elektrische Energie und die wiederum in Licht umgewandelt. Bei einer Windkraftanlage setzt der Wind ein Flügelrad in Bewegung, das einen Generator antreibt. Dieser erzeugt eine Wechselspannung, die direkt als Wechselstrom in das öffentliche Netz eingespeist oder nach Gleichrichtung als Gleichstrom zum Umspannwerk transportiert wird, um von dort eingespeist zu werden. Das weltweit nachhaltig nutzbare Potenzial elektrischer Energie aus Windkraft wird auf 39000 TWh pro Jahr geschätzt, was ungefähr dem Doppelten des derzeitigen globalen Jahresverbrauches entspricht.

Bei der Wandlung der Windenergie handelt es sich um die Ausnutzung der Bewegungsenergie („kinetischen Energie") der Luftmoleküle, die sich relativ zum Windrad bewegen. Wind entsteht durch Luftzirkulationen, die durch Luftdruckunterschiede zwischen den verschiedenen Regionen der Erde ausgelöst werden. Wind weht von Gebieten hohen Luftdrucks (Hochdruckgebiet) zu Gebieten niedrigen Luftdrucks (Tiefdruckgebiet), um einen Druckausgleich zu erreichen. Unterschiedliche Luft- und Wassertemperaturen sowie Differenzen zur Temperatur der Landoberflächen sind für die Druckunterschiede ursächlich. So entsteht

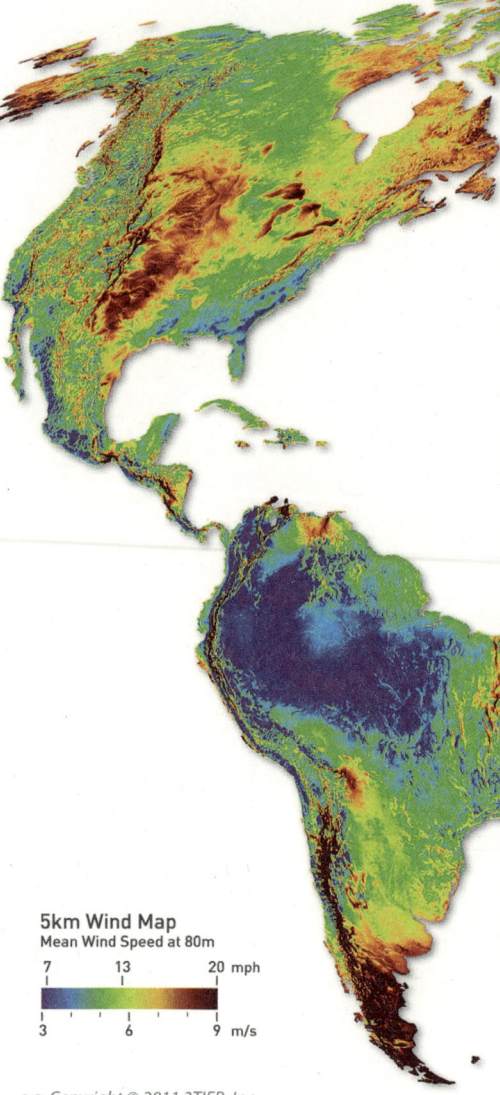

5km Wind Map
Mean Wind Speed at 80m

7   13   20 mph

3   6   9   m/s

e.g. Copyright © 2011 3TIER, Inc

eine Vielzahl globaler und regionaler Windsysteme, die für die Gewinnung von Energie genutzt werden können. Gute Verhältnisse dazu bieten windreiche Küstenstandorte und Höhenlagen. Die Rotoren moderner Windkraftanlagen können bei Windgeschwindigkeiten zwischen 3 m/s und 25 m/s eingesetzt werden.

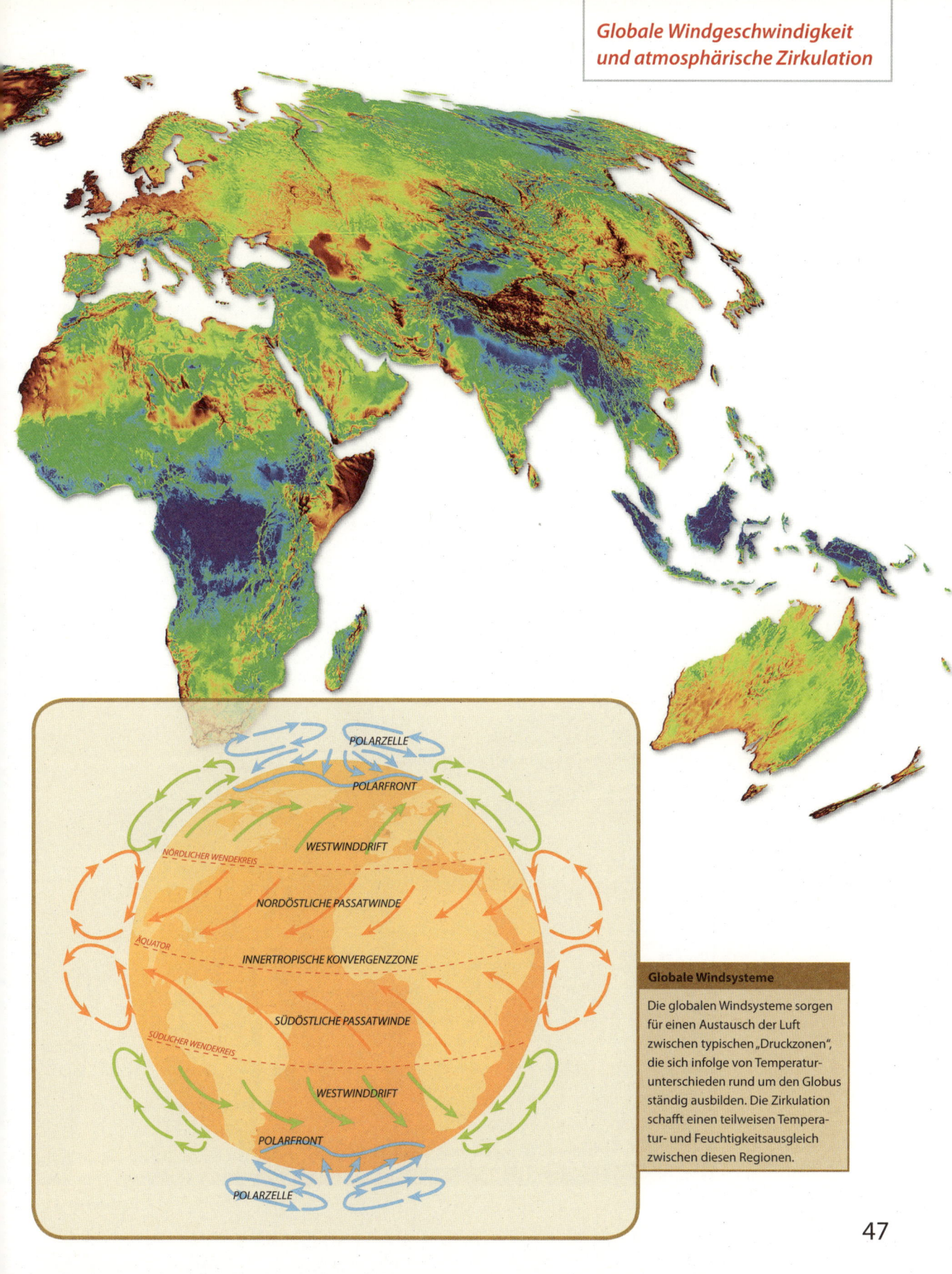

POLARZELLE

POLARFRONT

WESTWINDDRIFT

NÖRDLICHER WENDEKREIS

NORDÖSTLICHE PASSATWINDE

ÄQUATOR

INNERTROPISCHE KONVERGENZZONE

SÜDÖSTLICHE PASSATWINDE

SÜDLICHER WENDEKREIS

WESTWINDDRIFT

POLARFRONT

POLARZELLE

Globale Windsysteme

Die globalen Windsysteme sorgen für einen Austausch der Luft zwischen typischen „Druckzonen", die sich infolge von Temperaturunterschieden rund um den Globus ständig ausbilden. Die Zirkulation schafft einen teilweisen Temperatur- und Feuchtigkeitsausgleich zwischen diesen Regionen.

Es kann grundsätzlich nicht die gesamte Energie, die die Luftmoleküle im Bereich der Rotoren besitzen, gewonnen werden, da sie in der Praxis nicht auf Null abgebremst werden können. Berechnungen zeigen, dass die maximal nutzbare Energie knapp 60 % der Gesamtenergie beträgt („Betz-Faktor"). Dieser maximale Ertrag ist zudem nur dann gegeben, wenn Schattenwirkungen von Windrädern vermieden werden und der Wind möglichst unabgelenkt strömen kann, worauf insbesondere in Windparks zu achten ist. Heutige Windkraftanlagen haben Nennleistungen von bis zu 6 MW. Fluktuationen der Windstärke und Windverfügbarkeit führen dazu, dass im Durchschnitt bis zu 25 % (Onshore) bzw. 30 % (Offshore) der Leistung tatsächlich erreicht werden. Die Standortauswahl ist folglich für die Wirtschaftlichkeit beim Betrieb der

Anlagen sehr entscheidend. Die Windenergie ist neben der Sonnenenergie eine der wesentlichen Säulen im erneuerbaren Energiemix. Dafür setzen der Ausbau der Kapazitäten seit den 90er Jahren und die weiterhin stabilen Zuwachsraten (rund 27 %, 2004-2009) Zeichen. Dennoch hatte die Windenergie in der Vergangenheit mit der gesellschaftlichen Akzeptanz zu kämpfen. Gängige Argumente gegen die Nutzung der Windkraft waren der hohe Flächenverbrauch, Interessen des Landschafts- und Naturschutzes sowie Konflikte mit anderen, konkurrierenden Nutzungsansprüchen Mithilfe gezielter Standortauswahl, die diese Interessen berücksichtigt hat, konnten die ökonomischen und ökologischen Vorteile der Windkraft jedoch überzeugen und zunehmend nutzbar gemacht werden.

Warum haben moderne Windkraftanlagen drei Rotoren?

In der Frühzeit waren Windräder vielfach mit zwei Flügeln (jeweils um 180 Grad versetzt) oder mit sehr vielen Flügeln und einer kleinen Flosse ausgestattet, die sicherstellte, dass sich das Rad immer senkrecht zum Wind hin orientierte. Moderne Windkraftanlagen besitzen drei Rotoren (jeweils um 120 Grad versetzt). Das ist primär der Schwingungskinetik geschuldet. Dreiflügelige Windanlagen sind schwingungstechnisch einfacher beherrschbar als Zwei- oder Mehrblatt-Rotoren. Passiert ein Flügel bei seiner Drehbewegung den Turm, so nimmt er wegen des Luftstaus vor dem Turm für einen Augenblick deutlich weniger Energie auf (Windschatteneffekt). Die Folge: die Rotorachse wird ungleichmäßig belastet. Diese Kippkraft würde noch verstärkt, hätte die Windanlage einen direkt gegenüberliegenden Flügel. Zudem nimmt der Flügel in der oberen Position stets mehr Kraft auf als in den unteren Lagen, da die Windgeschwindigkeit sich exponential zur Höhe verhält. Der ungleiche Effekt wird also noch verstärkt. Deswegen sind Windanlagen mit gerader Flügelanzahl weniger geeignet. Andererseits sind auch fünf- oder gar siebenflügelige Windanlagen ungünstig. Sie vermindern zwar den Effekt des Windschattens, bedeuten aber materiellen wie technischen Mehraufwand, demgegenüber der Ertrag zu gering ausfällt.

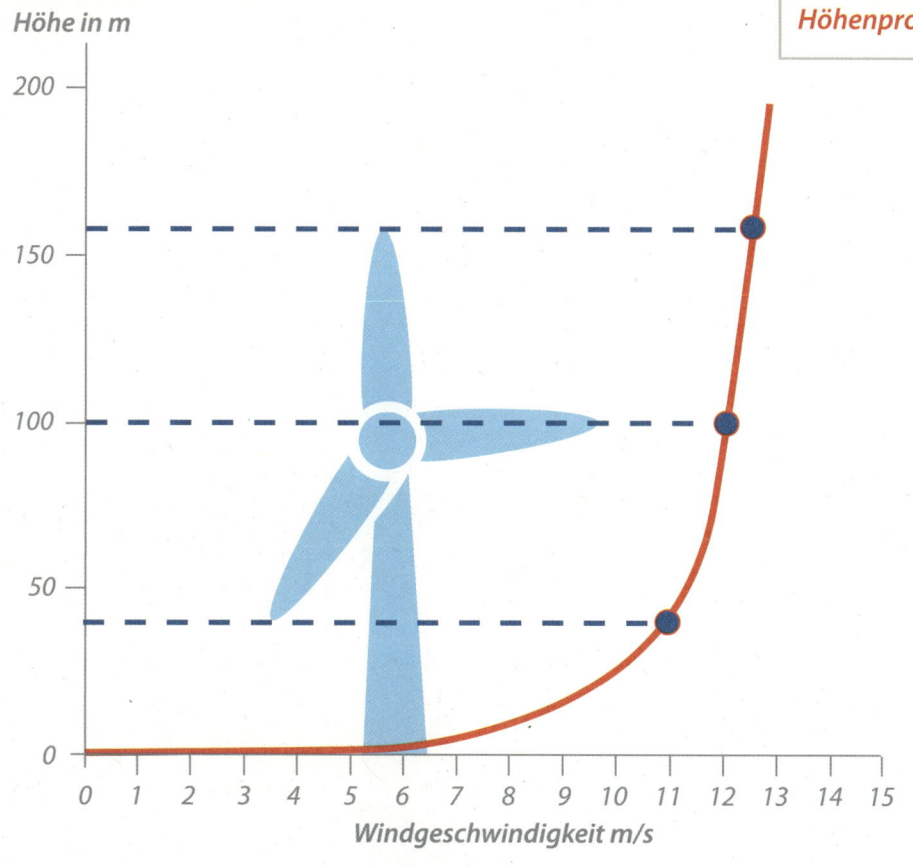

Höhe in m

Windgeschwindigkeit m/s

Rauigkeit

In Bodennähe auf dem Land wird der Wind sehr stark durch die jeweiligen Gegebenheiten beeinflusst. Man bezeichnet dies als „Rauigkeit". Je mehr man in die Höhe geht, desto weniger Störungen gibt es und umso mehr nimmt die Windgeschwindigkeit zu. Deshalb ist es von Bedeutung, möglichst hohe Windräder zu errichten und diese in einer Umgebung aufzubauen, die eine niedrige „Rauigkeit" besitzt. Ideal hierfür ist das Meer. Hier gibt es aber die Problematik der sicheren Verankerung auf dem Meeresboden, die Korrosion durch Salzwasser und den Transport des Stroms an Land, wofür heute Hochspannungs-Gleichstrom-Übertragung („HGÜ-Technologie") eingesetzt wird.

Geothermie

99%

der Masse der Erde
sind heißer als
1000° C

Geothermische Systeme zur Energiegewinnung nutzen die Wärmeenergie des Erdinneren zur Erzeugung von Wärme, Kälte oder elektrischer Energie. Im Inneren der Erde herrscht eine wesentlich höhere Temperatur als an der Erdoberfläche. Die Temperatur nimmt Richtung Erdkern in dem sogenannten „Krustenbereich" von ca. 30 km alle 100 m um ca. 3°C zu. Im Mittelpunkt der Erde erreicht sie schließlich 5000 bis 6000°C.

Nach den Gesetzen der Thermodynamik findet permanent ein Temperaturausgleich statt, und demzufolge wird Wärme aus dem Erdinneren durch Wärmeleitung oder Konvektion (aufsteigende Flüssigkeiten und Gase) an die Erdoberfläche abgegeben. Diese Energie übersteigt nach Angaben des Bundesverbandes Geothermie den Energiebedarf der Menschheit um ein Vielfaches. Sie ist damit sozusagen im „Überfluss" verfügbar und global betrachtet überall vorhanden. Dennoch machte sie 2008 nur rund 0,4 % der globalen Gesamtenergieerzeugung (Wärme & Elektrizität) aus.

Bei der Nutzung der Geothermie als Energiequelle unterscheidet man zwischen oberflächennaher Geothermie (bis ca. 400m), die vor allem direkt für Heiz- und Kühlzwecke gewählt wird, und tiefer Geothermie, die außerdem für die Stromerzeugung genutzt werden kann. Bei geothermaler Nutzung zur Heizung oder Kühlung wird dem Erdinneren die Wärmeenergie über Wärmeträger (wärmeleitende Materialien oder Fluide) direkt entzogen und zum Heizen oder Kühlen, beispielsweise von Wohnstätten, verwendet. Für die Stromerzeugung in geothermalen Kraftwerken sind in der Regel Temperaturen von mindestens 100°C notwendig. Das Funktionsprinzip ist einheitlich: Wärme aus

Staufen im Breisgau

Ende 2007 traten in Staufen im Breisgau bei der Erkundung einer möglichen Erdwärmegewinnung für das historische Rathaus durch verschiedene Bohrungen mit je ca. 140 m Tiefe erhebliche kleinräumige Hebungen von bis zu 30 cm in der denkmalgeschützten Altstadt auf. Die Risse an den Häusern sind bis zu zehn Zentimeter breit, aus dem Inneren mancher Gebäude können Bewohner auf die Straße schauen. Das Stadtbauamt wurde wegen Einsturzgefahr geräumt, viele Häuser müssen mit massiven Holzpfeilern abgestützt werden. Bis Oktober 2010 waren 247 Häuser betroffen, davon 127 besonders stark. Aktuelle Schätzungen nennen einen Gebäudeschaden von 42 bis 50 Mio. Euro.

Das Nesjavellir-Kraftwerk

Das Nesjavellir-Kraftwerk ist eines der größten Geothermie-Kraftwerke in Island. Es wandelt bei einer derzeitigen Bruttoleistung von 120 MW Erdwärme in elektrische Energie um. Die Nutzung der Erdwärme hat in Island einen Anteil von ca. 60 % an der Energieversorgung des Landes. Island ist weltweit Vorreiter in der Nutzung der Geothermie.

dem Erdinneren wird dazu genutzt, ein organisches Medium (meist Wasser oder ein Medium mit noch geringerem Siedepunkt) zu erhitzen, das bei vergleichsweise geringen Temperaturen verdampft. Der entstehende Dampf treibt eine Turbine an, die den Strom erzeugt. Optimale Nutzungsgrade lassen sich also vor allem dann erzielen, wenn die Erdwärme gleichzeitig sowohl zur Strom- als auch zur Wärmeerzeugung (Kraft-Wärme-Kopplung) genutzt wird. Theoretisch eröffnet die Geothermie ein großes energetisches Reservoir, das nicht nur klima- und wetterunabhängig, sondern auch weltweit vorhanden ist.

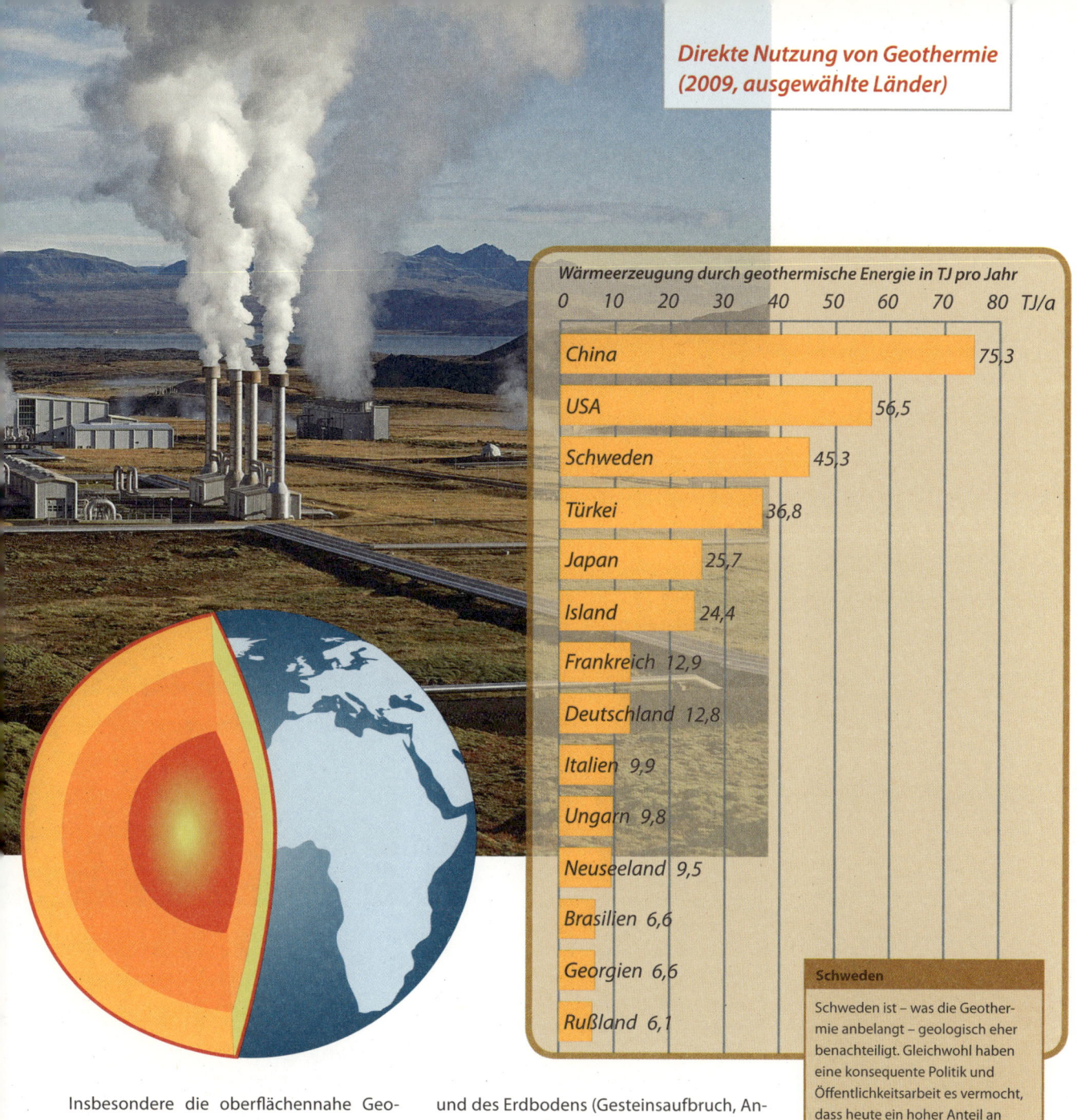

Wärmeerzeugung durch geothermische Energie in TJ pro Jahr

Land	TJ/a
China	75,3
USA	56,5
Schweden	45,3
Türkei	36,8
Japan	25,7
Island	24,4
Frankreich	12,9
Deutschland	12,8
Italien	9,9
Ungarn	9,8
Neuseeland	9,5
Brasilien	6,6
Georgien	6,6
Rußland	6,1

Schweden

Schweden ist – was die Geothermie anbelangt – geologisch eher benachteiligt. Gleichwohl haben eine konsequente Politik und Öffentlichkeitsarbeit es vermocht, dass heute ein hoher Anteil an geothermal gewonnener Energie vorwiegend zum Heizen (Wärmepumpenheizung) genutzt wird.

Insbesondere die oberflächennahe Geothermie bietet vielversprechende Nutzungsmöglichkeiten. Der Ausbau geothermischer Kraftwerke jedoch ist zeitaufwändig und kostenintensiv. Lange Projektentwicklungszyklen sowie die Bohrexploration nach geeigneten Standorten lassen die Kosten in die Höhe schnellen und verhindern einen zügigeren Ausbau. Darüber hinaus gehen mit der Veränderung der Erdoberfläche und des Erdbodens (Gesteinsaufbruch, Anbohren und Öffnung von Gasblasen, Vermischung verschiedener wasserführender Schichten miteinander etc.) ökologische Risiken einher. Weiterhin sind die in der Regel beim Betrieb der Anlagen verwendeten organischen Materialien entweder hochentzündlich oder aber giftig, so dass aufwändige Sicherheitsvorkehrungen und Schutzmaßnahmen getroffen werden müssen.

Biomasse

Die weltweit jährlich allein in den Wäldern produzierte Biomasse enthält das

25fache

der Energie des weltweit jährlich geförderten Erdöls

Mithilfe der Sonne erzeugen Pflanzen und weitere Lebewesen (Phytoplankton, Cyanobakterien etc.) permanent Biomasse. In den Organismen wird dabei Energie gespeichert, die für die Produktion von Wärme und Strom genutzt werden kann.

Historisch gesehen ist die Umwandlung von Energie aus Biomasse die älteste Form der Energiegewinnung: als Wärme durch Verbrennung von Holz und als Energiezufuhr in Form der Nahrungsaufnahme. Heute unterscheidet man zwischen dieser traditionellen Form der Biomassenutzung (Nutzung von Brennstoffen wie Holz und Holzkohle zum Kochen und Heizen) und der modernen Biomassenutzung – im hier betrachteten technischen Sinne –, wie sie erst seit dem 20. Jahrhundert genutzt wird. Zur Letztgenannten gehört die Vernutzung landwirtschaftlicher Reststoffe (Dung, Stroh etc.), Holzreste (Schwachholz, Restholz aus industriellem Gebrauch) sowie die Nutzung von Energiepflanzen zur Erzeugung von Treibstoffen. Die Umwandlung von Biomasse in Energie erfolgt zum einen durch direkte Verbrennung zur Wärmeproduktion (etwa mittels Holz, Pellets oder durch Verbrennung von Methangas, das durch Verrottung organischer Produkte entstanden ist) oder durch Antrieb einer Turbine zur Produktion von elektrischer Energie. Das global nutzbare Potenzial der modernen Bioenergie, das nachhaltig genutzt werden kann, wird auf rund 28000 TWh jährlich vom Wissenschaftlichen Beirat Globale Umweltveränderungen der Bundesregierung der Bundesrepublik Deutschland (WBGU) eher niedrig geschätzt. Der größte Anteil stammt dabei aus forstwirtschaftlichen Rückständen und aus der Nutzung von Energiepflanzen. Bei der traditionellen Biomasse werden nur 1400 TWh

als realistisch verfügbar angesetzt. Generell gilt die Einschätzung des Gesamtpotenzials jedoch als äußerst schwierig und daher unsicher, da sie von sehr unterschiedlichen Parametern (Qualität der Ackerfläche, Bestand und Auswahl der Energiepflanzen, Klimazonen etc.) abhängig ist. Es verwundert daher nicht, dass andere Quellen zu anderen, deutlich höheren Einschätzungen kommen. Tatsächlich wird der Anteil der Biomasse im Jahr 2008 an der weltweiten Strom- und Wärmeerzeugung mit rund 3,5 % (ohne traditionelle Biomasse) angegeben. Von der insgesamt zur Verfügung stehenden und jährlich neu entstehenden Biomasse der Erde kann nur ein Bruchteil

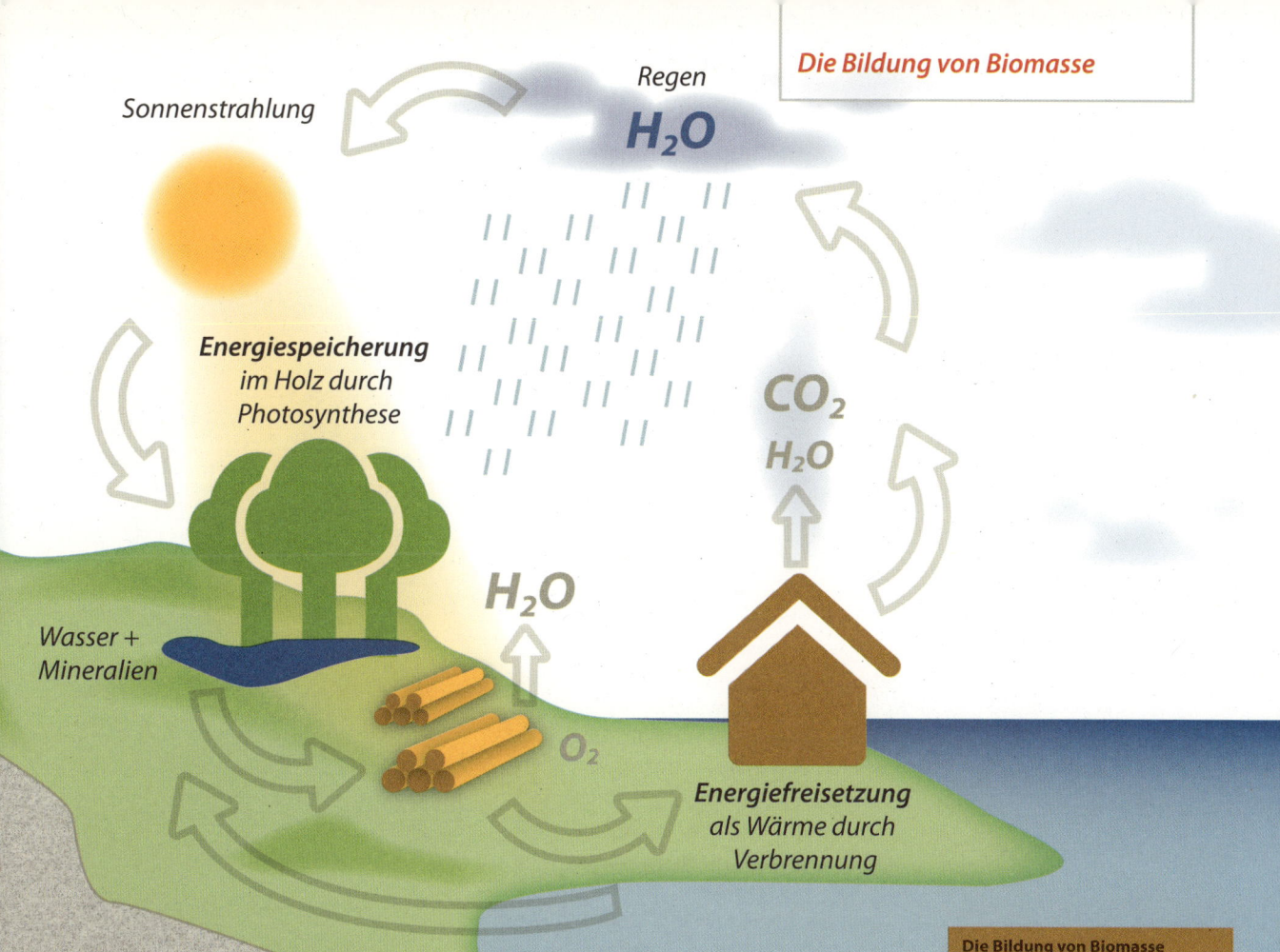

Sonnenstrahlung

Regen
H₂O

Energiespeicherung
im Holz durch Photosynthese

CO₂
H₂O

H₂O

Wasser + Mineralien

O₂

Energiefreisetzung
als Wärme durch Verbrennung

Die Bildung von Biomasse

Biomasse wird durch Synthese von Sonnenenergie permanent gebildet. In der modernen Nutzung der Biomasse zur Energieerzeugung werden Holzabfälle (Industrie und Handwerk), Schwach- und Restholz (Wald), Biokraftstoffe (Raps, Zuckerrohr, Mais), landwirtschaftliche Reststoffe und Algen z. B. zum Betrieb von Kraftfahrzeugen, Pelletheizung für die Wärmeerzeugung in Haushalten und Biomassekraftwerken (Wärme- und Stromerzeugung) eingesetzt.

technisch genutzt werden. Davon ist wiederum nur ein Bruchteil aufgrund ökonomischer Erwägungen nutzbar. Dass die Nutzung der Biomasse bei weitem nicht immer nachhaltig ist, sieht man an vielen historischen Beispielen. So sind etwa in Italien und Griechenland fast alle Wälder zum Bau von Schiffen bereits im Altertum abgeholzt worden. Die Landschaft hat sich bis heute davon nicht erholt. Heute werden Urwälder zur Anlage von Plantagen für den Anbau von Energiepflanzen oder von Weideflächen für die Rinderzucht vernichtet. Die Monokulturen zum Anbau von Biomasse für die Herstellung von sogenannten Biokraftstoffen werden insbesondere in Südamerika

stark kritisiert. Je nach Breitengrad gibt es große Unterschiede, was die natürliche Produktion von Biomasse betrifft. So sind die Potenziale in den tropischen Regenwäldern sehr viel größer einzuschätzen als beispielsweise in den Wüsten oder in den arktischen Regionen der Erde. Bei der Nutzung von Flächen für den gezielten Anbau von Energiepflanzen bzw. Biomasseproduktion ist die Abwägung konkurrierender Nutzungsansprüche (Nahrungsmittelproduktion, Schutz biologischer Vielfalt in entsprechenden Schutzgebieten, Aufforstung und Erhalt des Waldbestandes etc.) zu berücksichtigen.

Wasserkraft

16,1 %

betrug 2010 der Anteil der Wasserkraftwerke an der weltweit erzeugten elektrischen Energie –

der Beitrag der übrigen erneuerbaren Energieformen Sonne, Wind, Erdwärme und Biomasse belief sich insgesamt auf

3,3 %

Bei der Wasserkraft ist zwischen der „kleinen Wasserkraft", also kleinen dezentralen Anlagen, und der „großen Wasserkraft", also Staudämmen und Megastaudämmen (mehr als 50000 weltweit) zu unterscheiden. Im Jahr 2008 wurden mittels Wasserkraft rund 16 % der weltweiten Ernergieerzeugung gedeckt. Obwohl ein großer Teil der ausbaufähigen Potenziale heute bereits ausgeschöpft ist, schreitet der Ausbau der Wasserkraft voran. Dabei nimmt allerdings vor allem die installierte Leistung aus „kleiner Wasserkraft" zu. Es gibt verschiedene Methoden, um „Wasserkraft" in Energie zu wandeln. Grundsätzlich wird dabei immer das Medium Wasser mit einem hohen energetischen Potenzial, gesteuert über die Abflussmenge oder Abflussgeschwindigkeit, über eine Turbine geleitet und in elektrische Energie umgewandelt. Fast ausschließlich handelt es sich dabei um die Nutzung der Erdanziehung für die Erzeugung eines Wasserflusses.

Dabei kann:

- ein Fluss gestaut werden (Laufwasserkraftwerk)
- Wasser in einen erhöhten Speicher gepumpt werden, damit es zu Spitzenzeiten wieder in Strom gewandelt werden kann (Pumpspeicherwerk)
- der ständige Wechsel von Ebbe und Flut ausgenutzt werden (Gezeitenkraftwerk)
- die Energie von Wasserwellen ausgenutzt werden (Wellenkraftwerk)
- die kinetische Energie von Meeresströmungen genutzt werden (Strömungskraftwerk).

KANADA

USA

MEXIKO

VENEZUELA

BRASILIEN

Nicht alle Wasserkraftwerke sind als nachhaltig zu betrachten. Insbesondere die Stauung von Flüssen für Großkraftwerke führt in vielen Fällen zu massiven Eingriffen in die Natur, zu Flächen- und Ökosystemverlusten und zu Verlusten der Lebensräume von Anwohnern, die umgesiedelt werden müssen. Dadurch werden Lebensumstände und gewachsene soziale Gemeinschaften möglicherweise dauerhaft zerstört. Wasserkraftwerke erfüllen jedoch neben der Möglichkeit zur

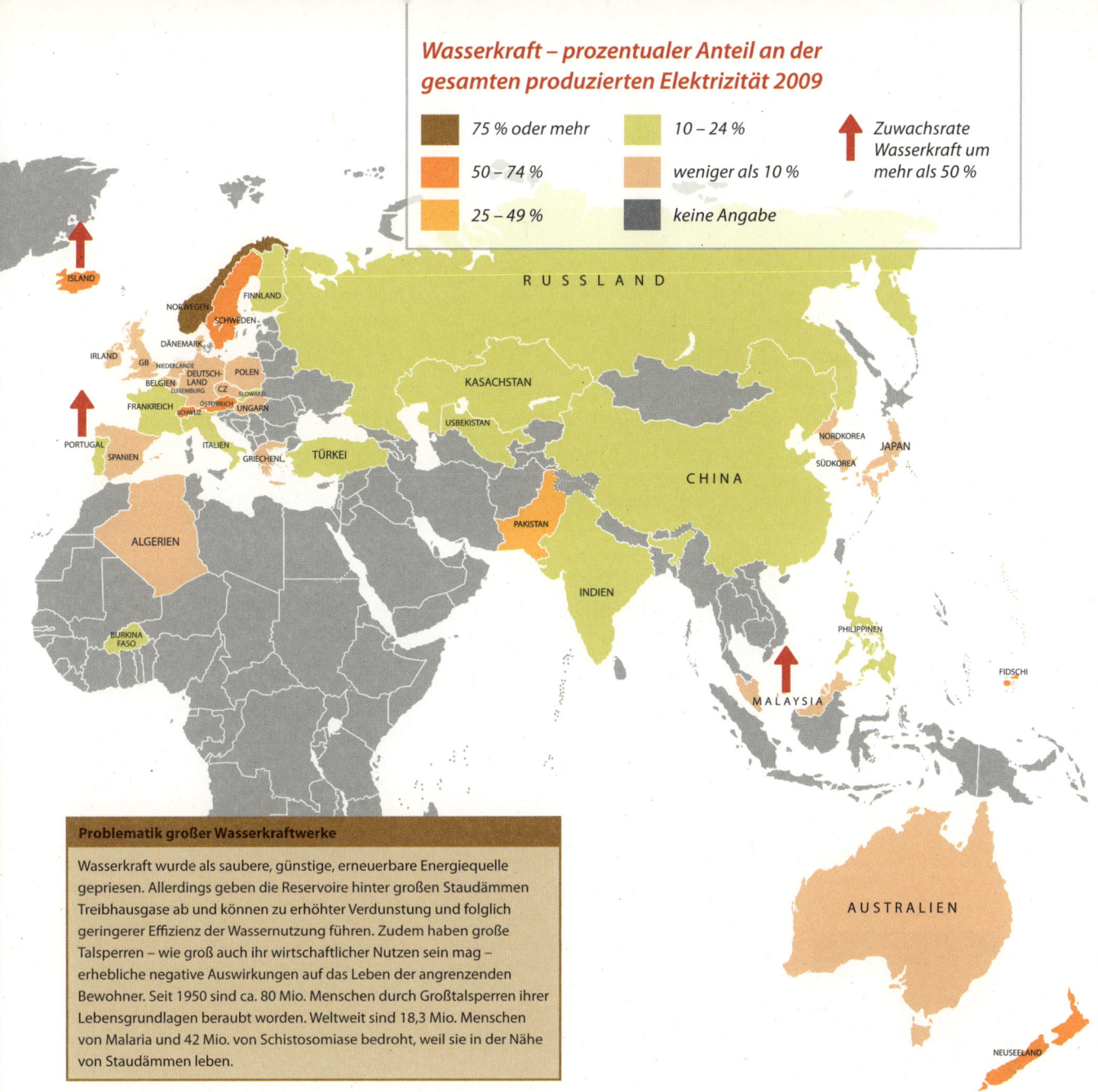

Wasserkraft – prozentualer Anteil an der gesamten produzierten Elektrizität 2009

- 75 % oder mehr
- 50 – 74 %
- 25 – 49 %
- 10 – 24 %
- weniger als 10 %
- keine Angabe

↑ Zuwachsrate Wasserkraft um mehr als 50 %

ISLAND · NORWEGEN · FINNLAND · SCHWEDEN · IRLAND · DÄNEMARK · GB · NIEDERLANDE · DEUTSCHLAND · POLEN · BELGIEN · LUXEMBURG · CZ · SLOWAKEI · FRANKREICH · ÖSTERREICH · UNGARN · SCHWEIZ · PORTUGAL · SPANIEN · ITALIEN · GRIECHENL. · TÜRKEI · ALGERIEN · BURKINA FASO

RUSSLAND · KASACHSTAN · USBEKISTAN · PAKISTAN · INDIEN · CHINA · NORDKOREA · SÜDKOREA · JAPAN · PHILIPPINEN · MALAYSIA · FIDSCHI · AUSTRALIEN · NEUSEELAND

Problematik großer Wasserkraftwerke

Wasserkraft wurde als saubere, günstige, erneuerbare Energiequelle gepriesen. Allerdings geben die Reservoire hinter großen Staudämmen Treibhausgase ab und können zu erhöhter Verdunstung und folglich geringerer Effizienz der Wassernutzung führen. Zudem haben große Talsperren – wie groß auch ihr wirtschaftlicher Nutzen sein mag – erhebliche negative Auswirkungen auf das Leben der angrenzenden Bewohner. Seit 1950 sind ca. 80 Mio. Menschen durch Großtalsperren ihrer Lebensgrundlagen beraubt worden. Weltweit sind 18,3 Mio. Menschen von Malaria und 42 Mio. von Schistosomiase bedroht, weil sie in der Nähe von Staudämmen leben.

Energieerzeugung weitere Aufgaben (Hochwasserschutz, Trinkwasserversorgung etc.) und zeichnen sich außerdem durch einen hohen Wirkungsgrad und eine hohe Lebensdauer aus, so dass sich die vergleichsweise hohen Investitionskosten für die Inbetriebnahme rechtfertigen lassen. Daher ist der Ausbau der Potenziale in den entwickelten Ländern der Welt (Nordamerika und Mitteleuropa) so deutlich fortgeschritten. Außerdem können sie als Pumpspeicher genutzt werden, in denen Energie aus zum Beispiel Windkraft und Sonne gespeichert und wieder abgerufen werden kann. Lastenschwankungen werden auf diese Weise schnell und mit nur geringen Verlusten ausgeglichen.

Stromnetze der Zukunft

Smart Grids können dank ihrer Flexibilität CO_2-Emissionen aus Stromerzeugung und Stromverbrauch um jährlich bis zu

2,2 Gt

verringern

EU-Nordseenetz

Die EU-Nordsee-Offshore-Initiative gilt der Netzanbindung und Netz-integration der Offshore-Windener-gie. Mit der Initiative werden die Ressourcen der Nordseeanrainer-Staaten gebündelt, damit die Offshore-Stromerzeugung zu einem Erfolg wird. Ein entsprechendes Abkommen wurde im Dezember 2010 unterzeichnet.

Gegenwärtig dominieren in Europa Strom-netze mit zentraler Stromerzeugung, die auf Planungen von vor bis zu 60 Jahren zurück-gehen. Diese Stromnetze sind geprägt von einer Verteilung der Energieleistungen „von oben nach unten". Ausgehend von einer großen Anlage im Gigawatt-Bereich, wird die Energie über mehrere Zwischenstatio-nen an die Verbraucher verteilt. Diese Netze arbeiten mit erheblichen Energieverlusten bei der Energieverteilung. Um Strom auf Basis erneuerbarer Energien anzubieten, muss sich zwangsläufig das bisherige zen-trale Versorgungsnetz ändern. Denn der große Unterschied bei der Stromerzeu-gung durch erneuerbare Energien liegt darin, dass diese eine Menge kleinerer Generatoren erfordern, einige davon mit variierenden Leistungsabgaben. Diese kleineren Generatoren können innerhalb der Stromnetze in unmittelbarer Nähe der Verbraucher platziert werden – ein echter Vorteil aufgrund kürzerer Transportwege und weniger Energieverluste. Gleichwohl bedürfen die Stromnetze der Zukunft auch der großen zentralen Stromerzeugung, die auch weite Transportstrecken kennt. Denn bei wachsendem Beitrag der erneuerbaren Energien zur weltweiten Energieversorgung ist nicht jede Region mit Energiequellen vor Ort so ausgestattet, dass sie sich selbst versorgen könnte. Entsprechend ist eine Integration verschiedener erneuerbarer Energiequellen in einem gemeinsamen Netz erforderlich, das auch entferntere Regionen der Welt miteinander Tag und Nacht zuverlässig verbindet.

Die Herausforderung der Zukunft wird also darin bestehen, wie die dezentrale Strom-erzeugung mit der zentralen kombiniert werden kann und als Stromnetz der Zukunft

mit einer neuen intelligenten Netzarchi-tektur (Smart Grid) die Energieversorgung zuverlässig gewährleistet. Hauptziel ist es, das Gleichgewicht zwischen Elektrizitäts-verbrauch und Elektrizitätserzeugung her-zustellen und durch sorgfältige Planung der Netze sicherzustellen, dass der Bedarf zu allen Zeiten gedeckt werden kann. Dabei ist die Störanfälligkeit der Netze entsprechend zu berücksichtigen, zumal alternative Ein-speiser – im Gegensatz zu klassischen Kraft-werken – dazu neigen, das Netz zu destabili-sieren, wenn ihr Anteil zu hoch wird.

Ein flexibles Stromnetz der Zukunft wird also neben konventionellen Kraftwerken aus Ein-speisern wie Solarkraftwerken, Windkraft-generatoren oder häuslichen Blockheiz-kraftwerken bestehen, die über das Netz verteilt sind. Innerhalb des Netzes können außerdem „virtuelle Kraftwerke" eingerichtet werden. Dabei handelt es sich um die Inte-gration verschiedener Formen erneuerbarer Energien wie zum Beispiel den Zusammen-schluss von Photovoltaikanlagen und klei-nen Windenergieanlagen, die aufeinander abgestimmt sind und in der nächsthöheren Netzstufe als ein „Kraftwerk" erscheinen (VPP = Virtual Power Plant). Eine wichtige Rolle spielt die Speicherung der Energie, da nur so das Gleichgewicht zwischen Elektri-zitätsverbrauch und Elektrizitätserzeugung auch bei Lastenschwankungen hergestellt werden kann. An erster Stelle sind hier Pumpspeicherwerke zu nennen. Dazu muss die Elektrizität über große Entfernungen zur Speicherung transportiert werden kön-nen, zum Beispiel nach Norwegen, das über hohe Speicherkapazitäten dieser Art verfügt. Eine weitere Speichermöglichkeit könnten in Zukunft Elektromobile dar-stellen, deren Zahl voraussichtlich stark

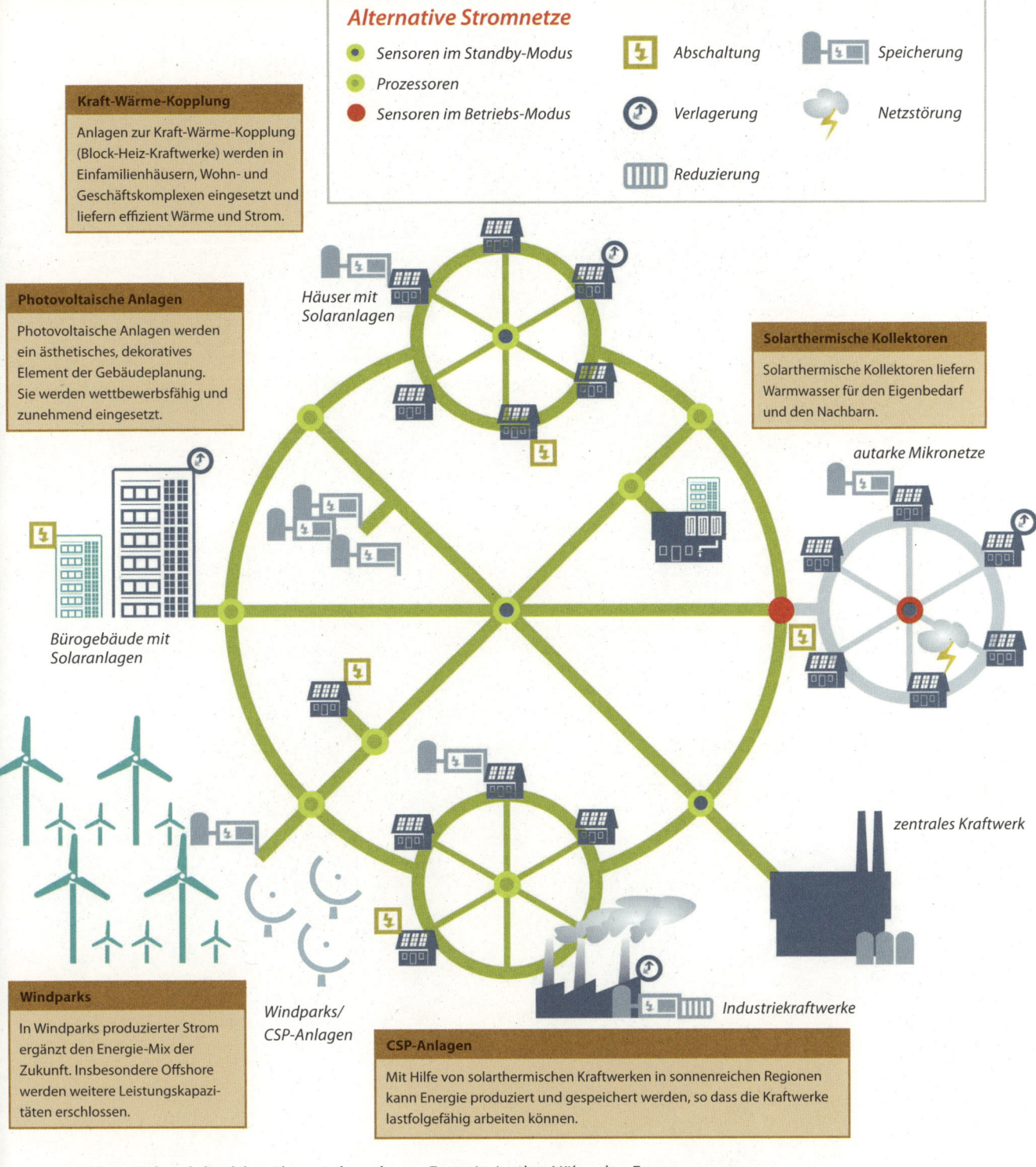

Alternative Stromnetze

- ● Sensoren im Standby-Modus
- ● Prozessoren
- ● Sensoren im Betriebs-Modus
- Abschaltung
- Verlagerung
- Reduzierung
- Speicherung
- Netzstörung

Kraft-Wärme-Kopplung

Anlagen zur Kraft-Wärme-Kopplung (Block-Heiz-Kraftwerke) werden in Einfamilienhäusern, Wohn- und Geschäftskomplexen eingesetzt und liefern effizient Wärme und Strom.

Photovoltaische Anlagen

Photovoltaische Anlagen werden ein ästhetisches, dekoratives Element der Gebäudeplanung. Sie werden wettbewerbsfähig und zunehmend eingesetzt.

Häuser mit Solaranlagen

Solarthermische Kollektoren

Solarthermische Kollektoren liefern Warmwasser für den Eigenbedarf und den Nachbarn.

autarke Mikronetze

Bürogebäude mit Solaranlagen

zentrales Kraftwerk

Windparks/ CSP-Anlagen

Industriekraftwerke

Windparks

In Windparks produzierter Strom ergänzt den Energie-Mix der Zukunft. Insbesondere Offshore werden weitere Leistungskapazitäten erschlossen.

CSP-Anlagen

Mit Hilfe von solarthermischen Kraftwerken in sonnenreichen Regionen kann Energie produziert und gespeichert werden, so dass die Kraftwerke lastfolgefähig arbeiten können.

steigen wird und die daher über wachsende Speicherkapazitäten verfügen werden. In der von Greenpeace vorgestellten Netzsimulation (Super Grid) wird für Europa angenommen, dass in Zukunft 70 % der Energie in der Nähe der Erzeugung verbraucht werden könnten. Die restlichen 30 % müssten über ein Netz zu den Verbrauchern transportiert werden, das den oben beschriebenen Anforderungen genügt.

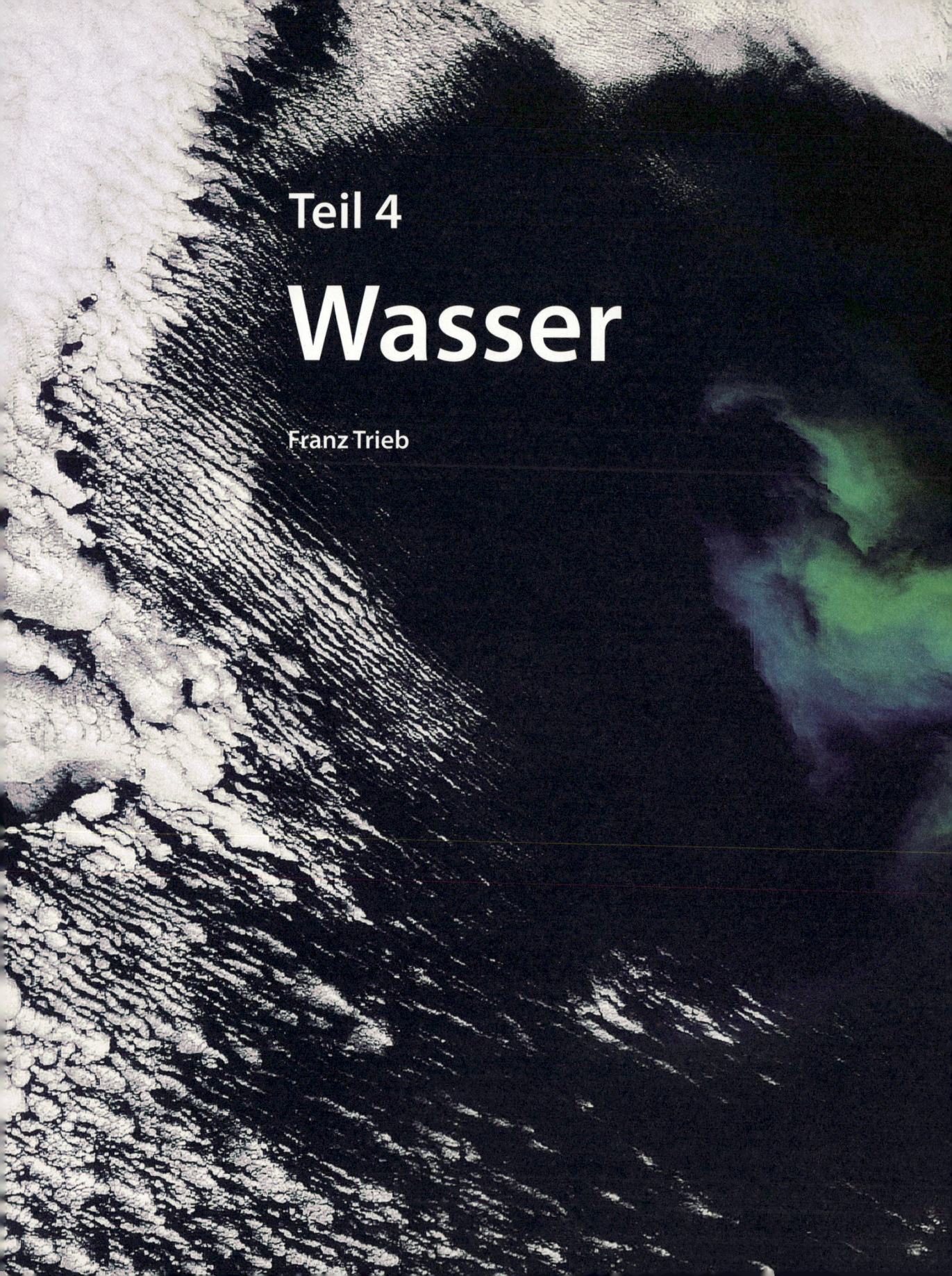

Teil 4

Wasser

Franz Trieb

Wasser ist eines der wichtigsten und zugleich knappsten Güter der Erde. Konventionelle Meerwasserentsalzung kann den Mangel beseitigen, bringt aber Energie- und Umweltprobleme mit sich. Der Einsatz solarthermischer Kraftwerke bei der Meerwasserentsalzung löst diese Probleme.

Das Wasserproblem –
ein Entwicklungsproblem

97%

der ursprünglich
vorhandenen Oasen
Ägyptens und
Libyens sind durch
Abpumpen von
Grundwasser
ausgetrocknet

Trinkwasser ist eines der wichtigsten und gleichzeitig knappsten Güter auf einem Planeten, dessen Oberfläche größtenteils von Wasser bedeckt ist. In Industrieländern wird praktisch nur noch technisch hergestelltes Trinkwasser konsumiert, in vielen Entwicklungsländern nehmen die natürlich verfügbaren, unbedenklichen Wasserressourcen dramatisch ab. Manchmal liegt das am Klimawandel, meistens aber an der direkten lokalen Übernutzung und Verschmutzung der Ressourcen. In den heißen Ländern im Wüstengürtel der Erde ist an der Erdoberfläche kaum Wasser verfügbar. Wenn Wasser verfügbar ist, dann handelt es sich um fossiles, nicht erneuerbares Grundwasser in großer Tiefe oder aber um Meeressalzwasser. So liegen unter der Sahara große Grundwasservorkommen. Doch nur ein geringer Bruchteil davon ist nutzbar, ohne große ökologische Schäden hervorzurufen. Dieser geringe Bruchteil ist in den letzten Jahrzehnten schon ausgebeutet worden: Durch das Abpumpen von Grundwasser sind inzwischen bereits 97 % der ursprünglich vorhandenen Oasen in Ägypten und Libyen trocken gefallen.

Der Regen, die eigentliche Trinkwasserquelle des Menschen, bleibt im Wüstengürtel bis auf einige Landstriche an der Küste und in den Bergen weitgehend aus. Nur selten führen Flüsse wie zum Beispiel der Nil einem Land von außerhalb Wasser zu. Und sogar hier können in der Versorgung Probleme entstehen, wenn am oberen Flusslauf so viel Wasser gebraucht wird, dass unten nichts mehr ankommt. In vielen Ländern ist dieses ein typischer und beinahe zwangsläufig eintretender Fall, wenn Bevölkerung und Volkswirtschaft stetig wachsen.

Das Wasserdefizit der MENA-Länder

Die Bevölkerung der MENA-Länder wird bis zum Jahr 2050 voraussichtlich um ca. 300 Mio. Menschen wachsen. Selbst wenn Maßnahmen zum effizienten Umgang mit Wasser ergriffen werden, wird der Frischwasserbedarf dieser Regionen die Verfügbarkeit nachhaltig erschließbarer Wasserreserven massiv übersteigen.

Schaut man genau hin, besteht oft schon heute ein Defizit zwischen dem Verbrauch und den verfügbaren erneuerbaren Wasserressourcen. Denn verbraucht wird auch fossil gespeichertes, nicht erneuerbares Grundwasser, das aber über die wahre Knappheit hinwegtäuscht. Die Bevölkerung wächst, die Wirtschaft wächst. Dieses geschieht jedoch auf einer Wasserbasis, die nicht nachhaltig verfügbar, sondern in früheren Jahrtausenden gespeichert worden ist. Das bedeutet, dass sich dieses Defizit im Laufe der Zeit vergrößert, und zwar weitgehend unbemerkt, da immer mehr Grundwasser abgepumpt wird. Dadurch fällt in der Regel der Grundwasserspiegel. In der Folge wird mehr Energie zum Pumpen gebraucht, aber Wasser bleibt zunächst verfügbar. Außerdem fließt durch das Abpumpen Wasser aus anderen Regionen nach, letztendlich sogar aus dem Meer, was zu einer schleichenden Versalzung der verbleibenden fossilen Grundwasserbestände führt. Der natürliche ursprüngliche Strom von (süßem) Grundwasser aus den Bergen in das Meer wird so durch Überbeanspruchung umgekehrt. Das Pro-

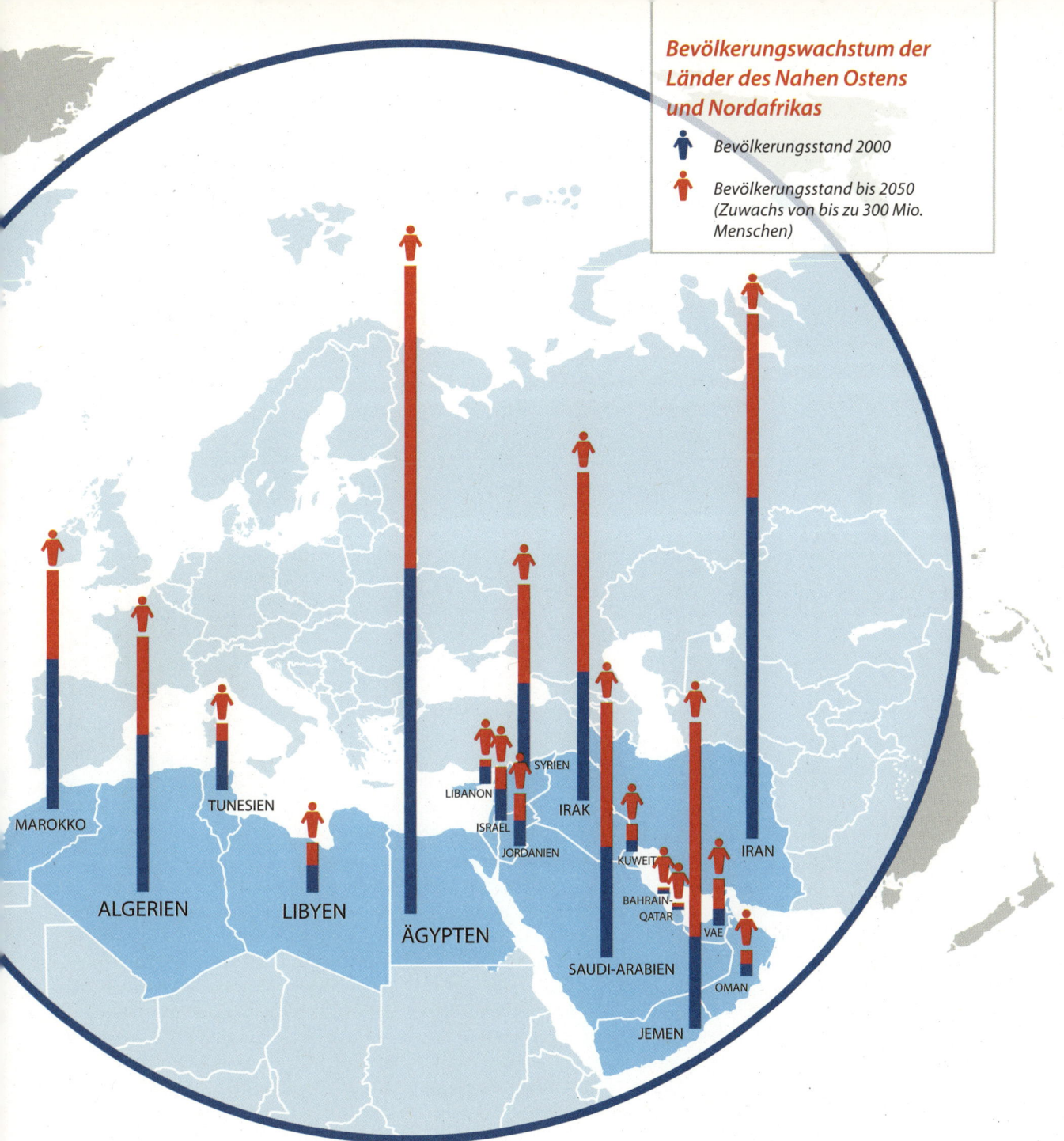

MAROKKO

ALGERIEN

TUNESIEN

LIBYEN

ÄGYPTEN

LIBANON

ISRAEL

JORDANIEN

SYRIEN

IRAK

KUWEIT

BAHRAIN-QATAR

VAE

IRAN

OMAN

SAUDI-ARABIEN

JEMEN

blem dabei ist, dass Bevölkerung und Volkswirtschaft diesen Wandel nicht unmittelbar bemerken. Über eine gewisse Zeit hinweg wachsen sie weit über ihr nachhaltiges Maß hinaus, bevor die Lage sichtbar und unumkehrbar wird. In der MENA-Region besteht schon heute ein Defizit von etwa 70 Milliarden m³ Trinkwasser pro Jahr, welches sich voraussichtlich bis 2050 selbst dann verdoppeln wird, wenn rigorose Maßnahmen zum effizienteren Umgang mit Wasser durchgesetzt werden können.

Das Wasserproblem – ein Kostenproblem

Die Wasserverfüg-
barkeit pro Kopf in
der MENA-Region
wird bis 2050
um bis zu

50%

fallen

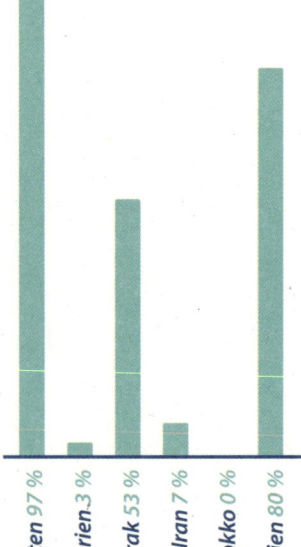

Ägypten 97 % | Algerien 3 % | Irak 53 % | Iran 7 % | Marokko 0 % | Syrien 80 %

Abhängigkeit von externen Quellen wie z. B. Flüssen (Nil usw.)

Je mehr die Wasserversorgung eines Landes von erneuerbaren Wasserressourcen abhängt, desto stärker wird sich das Bevölkerungswachstum als Entwicklungshemmnis und Bedrohung der Versorgung herausstellen.

Gerade in den trockenen Ländern der Erde gilt der Zugang zu Trinkwasser als notwendige Selbstverständlichkeit, für die zumindest in den Städten eine staatlich finanzierte Infrastruktur aufgebaut werden muss. Die Bürger vieler Entwicklungsländer in Wüstengebieten können für ihr Wasser nur wenige Cent oder gar nicht bezahlen, der Staat übernimmt in der Regel die Kosten. Dadurch ist er gezwungen, auch bei der Herstellung die niedrigsten Preise anzusetzen. Das führt grundsätzlich zu Billiglösungen, die mit Qualitätsansprüchen, Versorgungssicherheit und Nachhaltigkeit nicht vereinbar sind. Nicht einmal Wasserzähler gehören zu einer solchen Infrastruktur. Wenn überhaupt für Wasser gezahlt wird, dann pauschal. Aus diesem Grunde sind Effizienzmaßnahmen auch nur schwer umzusetzen, obgleich sie die kostengünstigste Möglichkeit darstellen, verfügbare Wasserressourcen zu erweitern. Denn sie müssten gerade dort ansetzen, wo keinerlei Interesse an ihnen besteht: beim Wasserkunden, der nur wenige Cent oder gar nichts für sein Wasser bezahlen muss. Der Staat hat für ausreichend Wasser zu sorgen und die dafür notwendige Infrastruktur zu finanzieren. Eine Effizienzsteigerung der Wassernutzung ist daher erst bei einer weiter fortgeschrittenen volkswirtschaftlichen Entwicklung zu erwarten, die dann in der Regel allerdings mit einem noch höheren Verbrauch einhergeht.

Das Dilemma der heutigen Entwicklungs- und Schwellenländer ist daher die Bereitstellung von Trinkwasser für ihre wachsende, aber relativ ineffiziente Volkswirtschaft. Da bisher noch genügend Wasser in Form von fossilem Grundwasser vorhanden war,

Wasserarmut

Viele Länder der EUMENA-Region leiden schon heute unter Wasserarmut. Wasserarmut heißt, dass jedem Bürger in den betroffenen Ländern weniger als 1000 m³ Trinkwasser pro Jahr zur Verfügung stehen. Mit einer wachsenden Bevölkerung wird es zukünftig mehr Länder geben, die mit diesem Problem kämpfen werden. Eine Veränderung der Niederschläge infolge des Klimawandels wird die Situation noch verstärken.

wurde es als preisgünstigste verfügbare Wasserquelle zunächst genutzt. Und als es langsam zu Neige ging, kompensierte man den Bedarf beispielsweise in den arabischen Ländern mit aufwändigen Entsalzungsanlagen. So wurde Meerwasser bei einem Verbrauch von ca. 3 kWh Strom und 120 kWh Wärme pro Kubikmeter entsalzten Wassers auf Basis preiswerter Öl- und Gasenergie entsalzt. Dabei griff man auf zwei endliche, sich immer schneller leerende Speicher zu: fossile Wasserspeicher und fossile Energiespeicher. Damit wird das Wasserproblem lediglich zeitlich verschoben und zum Teil auf den Energiebereich verlagert, aber nicht gelöst.

Internationale Entwicklungsorganisationen wie die Weltbank oder die Vereinten Nationen

Erneuerbare Wasserressourcen gesamt in m³ pro Einwohner

> 250 – 1.000
1.000 – 6.000
6.000 – 25.000
25.000 – 85.000
> 85.000

Erneuerbare Wasserressourcen

Als erneuerbare Quellen für die Trinkwasserversorgung gelten die Quellen, die sich regelmäßig regenerieren. Dazu gehören Regenwasser (Oberflächen-wasser) und Grundwasserüberschüsse, d.h. das Grundwasser, das durch regelmäßigen Oberflächen- und Grundwasserabfluss wiederbefüllt wird und dauerhaft zur Verfügung steht.

empfehlen deshalb, nationale Trinkwasser-defizite grundsätzlich nicht mit Meerwasser-entsalzung zu beheben. Abgesehen davon, dass es den Klimawandel beschleunigen würde, ist Meerwasserentsalzung zur Trink-wasserversorgung nur dort wirtschaftlich sinnvoll, wo fossile Brennstoffe preiswert verfügbar sind und unterhalb von Welt-marktpreisen verheizt werden können.

Das Wasserproblem – ein Energieproblem

97 %

des Oberflächen-
wassers der Erde
ist nicht trinkbar

1,5

Mio. Barrel Öl
verfeuert Saudi-
Arabien täglich, um
Trinkwasser aus dem
Meer zu gewinnen

Wasser ist auf dem Planeten Erde im Überfluss vorhanden, allerdings zum weitaus
größten Teil als Salzwasser. Um Salzwasser
trinkbar zu machen, muss das Salz von typischen Gehalten zwischen 30 und 50 g Salz
pro Kilogramm im Meerwasser auf unter
200 g pro Tonne im Produktwasser reduziert werden. Dies kann zum Beispiel durch
einen mechanischen Filtrationsprozess erreicht werden, der sehr feine Membranen
verwendet, um im Wasser gelöste Salzionen
zurück zu halten. Da der so entstehende
osmotische Druck zwischen der salzarmen
und der salzreichen Lösung durch mechanische Pumpenergie überwunden werden
muss, spricht man bei dem Verfahren von
der Umkehrosmose. Der Prozess verbraucht
pro Kubikmeter entsalzten Wassers je nach
Salzgehalt des Rohwassers etwa 3,5 bis
5,5 kWh elektrischer Energie. Um das voraussichtliche Defizit der MENA-Region im
Jahr 2050 von 140 Mrd. Kubikmetern pro
Jahr durch Entsalzung auszugleichen, wird
eine Strommenge von circa 630 Terawatt-
stunden pro Jahr (TWh/a) erforderlich sein.
Dies entspricht dem derzeitigen jährlichen
Brutto-Stromverbrauch Deutschlands.

Eine weitere Möglichkeit besteht in der
thermischen Mehrstufendestillation, der
sogenannten Multi-Effect Distillation (MED).
Hier wird Meerwasser mit Hilfe der Abwär-
me eines konventionellen Dampfkraftwerks
verdampft und die Kondensationswärme
in mehreren Stufen bei stetig abfallendem
Druck mehrfach wieder verwendet, so dass
mit 1 kg Dampf je nach Auslegung der Anlage
etwa 8 bis 12 kg entsalztes Wasser erzeugt
werden können. Das Verfahren verbraucht
etwa 1,5 kWh Strom und 60 bis100 kWh
Niedertemperaturwärme bei unter 100°C.

Die aus dem Kraftwerksprozess abgezogene
Niedertemperaturwärme entspricht in etwa
einem elektrischen Stromverbrauch von
2 bis 3 kWh, so dass der Nettoenergiever-
brauch für die thermische Entsalzung etwa
dem der Umkehrosmose entspricht. Beide
Verfahren sind also nahezu gleichwertig.
Die Umkehrosmose ist für sauberes, kühles
und wenig salzhaltiges Wasser besser geeignet, während die thermische Entsalzung
gegenüber verschmutztem Meerwasser mit
hohem Salzgehalt deutlich robuster ist. Zudem liefert sie Produktwasser mit deutlich
geringerem Salzgehalt von nur 10 Gramm
Salz pro Tonne.

Die erforderlichen Energiemengen für die
Meerwasserentsalzung sprechen deutlich
gegen beide Verfahren, wenn fossile Brennstoffe als Energiequelle genutzt werden.

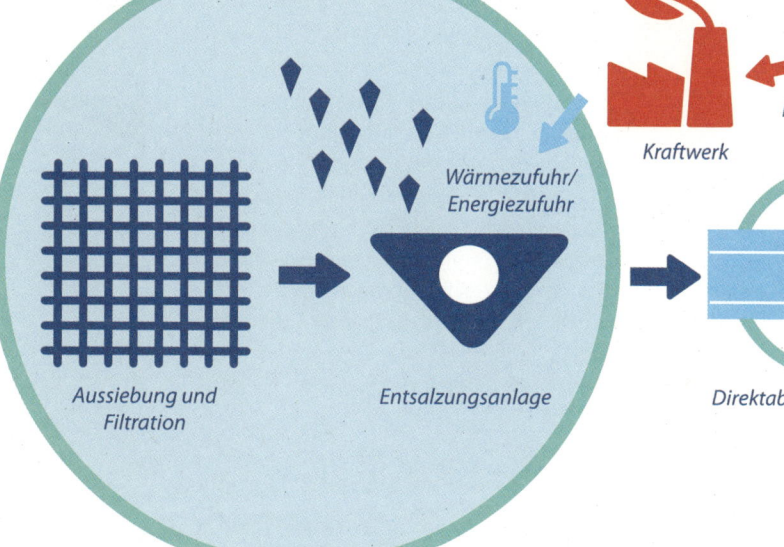

Meerwasserentsalzungs-anlage

Meerwasserentsalzung für Barcelona

Die größte Meerwasserentsalzungs-anlage Europas steht in El Prat de Llobregat in der Nähe Barcelonas. Sie wurde 2009 eingeweiht und soll bis zu 25 % des Wassers für den Großraum Barcelona erzeugen. Aus einer Tiefe von 30 m und 2,2 km vor der Küste wird das Salzwasser entnommen. Aus 100 l kann die Anlage 45 l Trinkwasser erzeugen. Mit 60 Ct/m³ in der Bereitstellung kostet das Wasser fast doppelt so viel wie das über Stauseen gewonnene Wasser. Die projektierten Kosten von 230 Mio. Euro für die Entsalzungsan-lage wurden zu 75 % aus EU-Mitteln bestritten.

Umweltwirkungen

Der Energiebedarf konventioneller Meerwasserentsalzungsanlagen wird zumeist durch die Verbrennung fossiler Energieträger gedeckt. Dadurch entstehen zwischen 4,5 und 12 kg zusätzliche CO_2-Emissionen pro m³ entsalzten Trinkwassers. Hinzu kommen lokale Umwelt-schäden, die durch den Betrieb der Anlage entstehen.

Fossile Brennstoffe

Kraftwerk

Wärmezufuhr/ Energiezufuhr

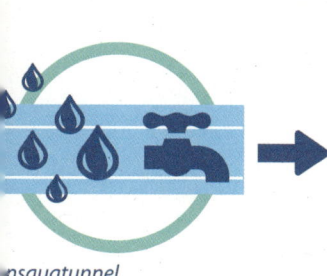
nsaugtunnel

Aussiebung und Filtration

Entsalzungsanlage

Direktabfluss

65

Das Wasserproblem – ein Umweltproblem

In der südlichen Ägäis liefert die erste vollkommen umweltfreundliche Entsalzungs- anlage täglich ca.

70 m³

Trinkwasser. Die benötigte Energie stammt von einer schwimmenden Windkraftanlage

Konventionelle Meerwasserentsalzungsan- lagen stellen eine erhebliche Belastung für die Umwelt dar. Je nachdem, ob elektri- scher Strom, Erdgas oder Erdöl als Primär- energiequelle verwendet wird, entstehen klimaschädliche Emissionen in Höhe von 4,5 bis 12 kg CO_2 pro Kubikmeter entsalzten Wassers. Würde das voraussichtliche Was- serdefizit in der MENA-Region von 140 Mrd. Kubikmetern pro Jahr im Jahr 2050 durch konventionelle Entsalzung gedeckt, bedeu- tete das 0,63 bis 1,7 Mrd. Tonnen zusätzli- chen CO_2-Ausstoßes pro Jahr. Hinzu kom- men weitere lokale Umweltschäden durch das Einsaugen von Wasser in die Anlagen, den Ausstoß von warmer, konzentrierter Salzlauge und den Zusatz von chemischen Additiven, die die Anlage vor Korrosion, Ab- lagerungen und biologischem Befall schüt- zen sollen. So führt schon heute der Betrieb von Meerwasserentsalzungsanlagen in der Golfregion zu erheblichen Umweltbelastun- gen.

Zwar gibt es inzwischen eine ganze Reihe von Maßnahmen, die diese Schäden auf ein Minimum begrenzen. Doch sind diese grundsätzlich mit einem Mehrverbrauch an Energie verbunden. So beeinträchtigt bei- spielsweise das Ansaugen des Rohwassers durch porösen Meeresboden hindurch in keinerlei Weise die Meeresbiologie oder ver- meidet eine vorgeschaltete Nano-Filtration zu einer Vorreinigung des Wassers etliche Chemikalien. Beide Maßnahmen benötigen indes deutlich mehr Energie aufgrund zu- sätzlicher Pumpleistungen.

Horizontaler Ansaugtunnel oder Mikrofiltration

Solarenergie für sauberes Trinkwasser

Die nationale saudische Forschungs- behörde baut gemeinsam mit IBM in der Stadt Al Khafji die größte solar betriebene Meerwasserentsal- zungsanlage der Welt. Die Anlage nutzt dazu Innovationen zur solaren Entsalzung von IBM, insbesondere die Weiterentwicklung eines hoch- konzentrierten Photovoltaik-Sys- tems, in dem Linsen das Sonnenlicht bündeln, um die Fläche der teuren Solarmodule zu verringern. Wenn die Anlage 2012 fertig gestellt ist, wird sie täglich 30 Mio. l Trinkwasser zur Verfügung stellen. In einer zweiten Ausbaustufe will Saudi-Arabien diese Kapazität verzehnfachen.

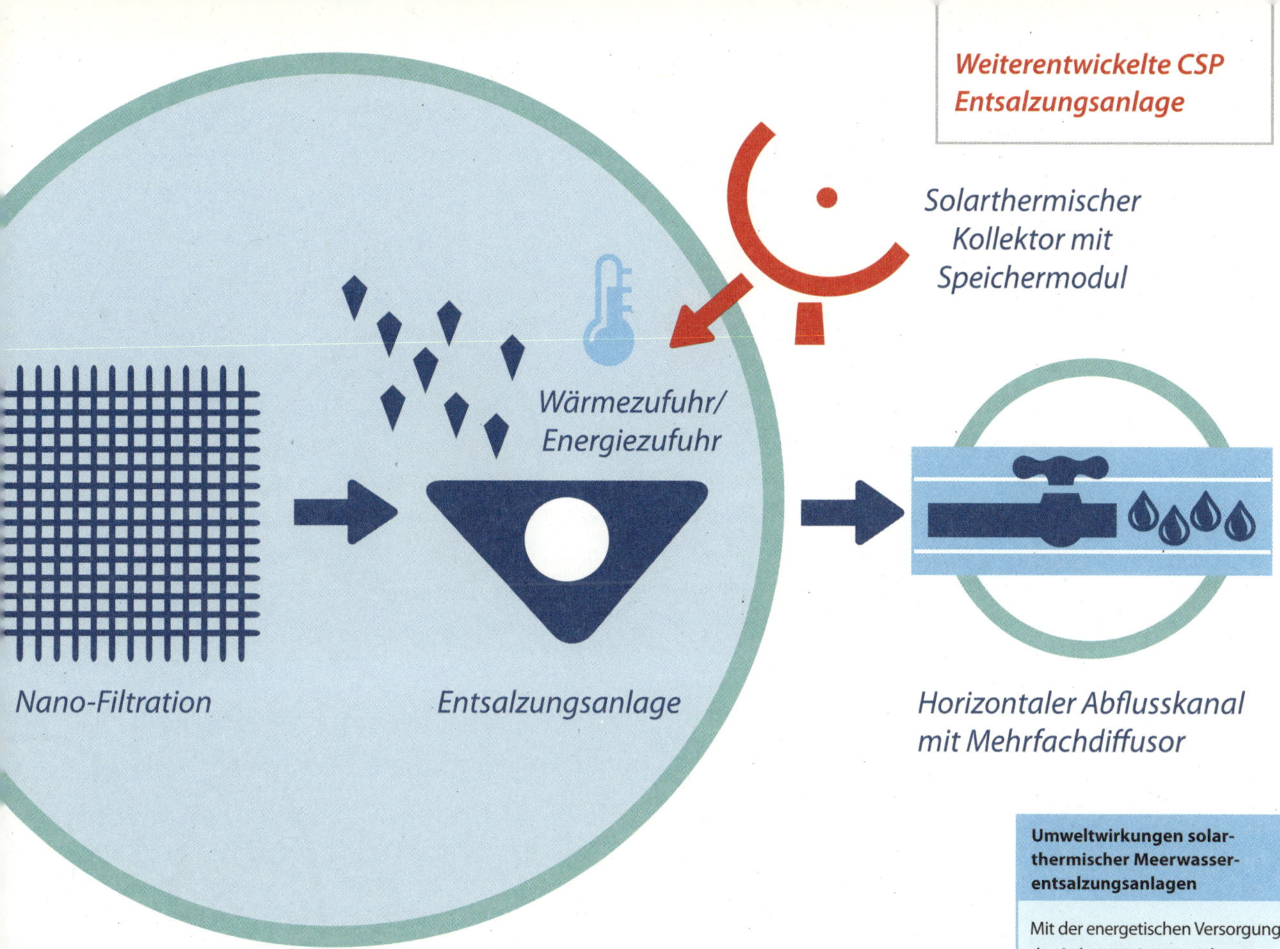

Weiterentwickelte CSP Entsalzungsanlage
Solarthermischer Kollektor mit Speichermodul
Wärmezufuhr/ Energiezufuhr
Nano-Filtration
Entsalzungsanlage
Horizontaler Abflusskanal mit Mehrfachdiffusor

Umweltwirkungen solarthermischer Meerwasserentsalzungsanlagen

Mit der energetischen Versorgung der Anlagen mit erneuerbarer Energie aus solarthermischen Kraftwerken werden im Vergleich zum Betrieb konventioneller Anlagen erhebliche CO_2-Emissionen eingespart. Zur Entlastung der lokalen Umwelt wird das Meerwasser durch porösen Meeresboden angesaugt. Wegen dieser Vorfilterung kann die chemische Vorreinigung stark reduziert werden. Diese Alternative wird bei den konventionellen Anlagen aufgrund erhöhten Energiebedarfs vermieden, da sie vor allem zu einem zusätzlichen Einsatz an fossilen Brennstoffen und erhöhten CO_2-Emissionen führen würde.

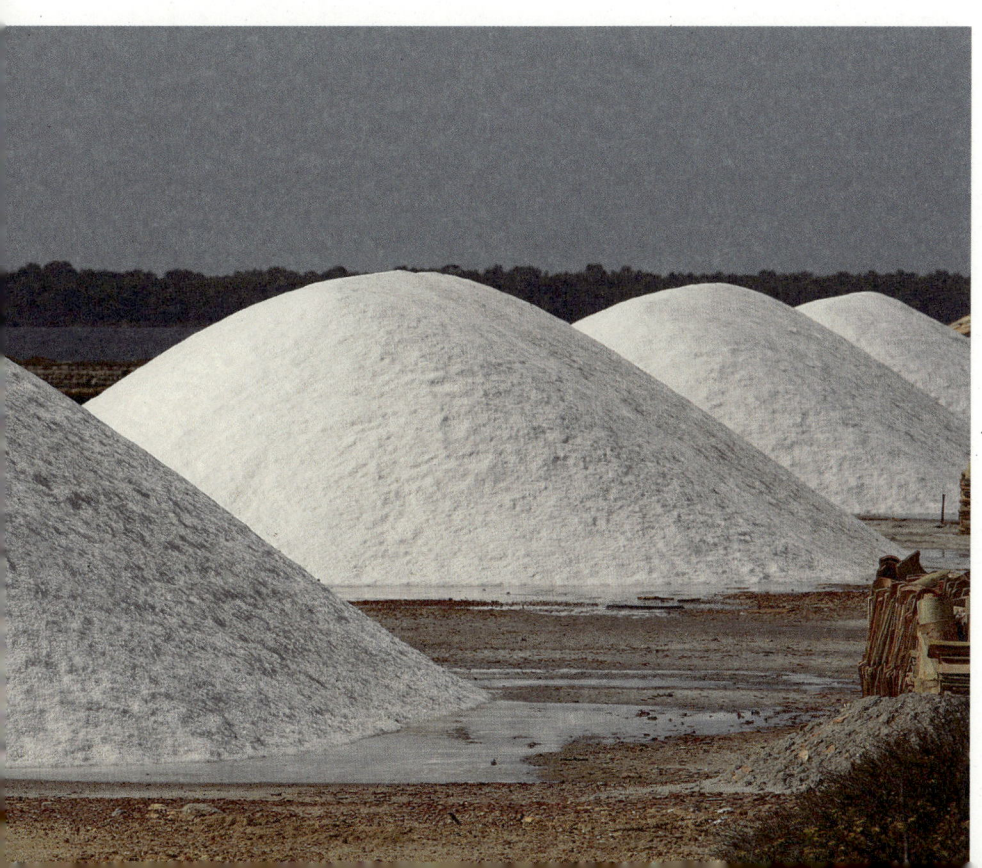

DESERTEC und die Meerwasserentsalzung

Es gibt mehr als

14.500

Entsalzungsanlagen weltweit. Sie produzieren täglich rund

42

Mio. Kubikmeter Trinkwasser. Damit werden rund

500

Mio. Menschen versorgt

Vergleicht man die Weltkarte der Trinkwasserdefizite mit der Weltkarte der solarthermischen Kraftwerkspotenziale, sieht man schnell, dass die Regionen mit dem besten solaren Energieangebot und die mit dem größten Wasserdefizit identisch sind. Sonnenenergie und Wasserknappheit gehen Hand in Hand. Wenn es richtig ist, dass die bisherigen Lösungen des Wasserproblems ein Energieproblem mit sich bringen, und wenn es richtig ist, dass Sonnenenergie eine nachhaltige Lösung des globalen Energieproblems darstellt, dann liegt es nahe, diese auch für die Meerwasserentsalzung zu nutzen. Mit solarthermischen Kraftwerken können Entsalzungsanlagen ohne weiteres betrieben werden, da solarthermische Kraftwerke gerade in sonnenreichen Regionen in der Lage sind, rund um die Uhr das ganze Jahr bei voller Leistung zu arbeiten. Ein erhöhter Energiebedarf für den Betrieb der Anlagen kann durch Sonnenenergie nachhaltig gedeckt werden. Zudem arbeiten diese Anlagen aufgrund der noch zu erwartenden Kostensenkungen bei den Sonnenkollektoren langfristig sogar wirtschaftlicher als solche, die mit fossilen Brennstoffen betrieben werden.

DESERTEC ist in erster Linie ein Konzept für die Entwicklung der Wüstenländer. Entsprechende Flächen für den Auf- und Ausbau solarthermischer Anlagen sind dort genügend vorhanden. Wasser kann durch die im Überfluss erhältliche Sonnenenergie ausreichend bereitgestellt werden, um die Ausdehnung der Wüsten zu mindern und neue Lebensräume für viele Millionen Menschen zu schaffen, die in den nächsten Jahrzehnten in diesen Regionen dazukommen werden .

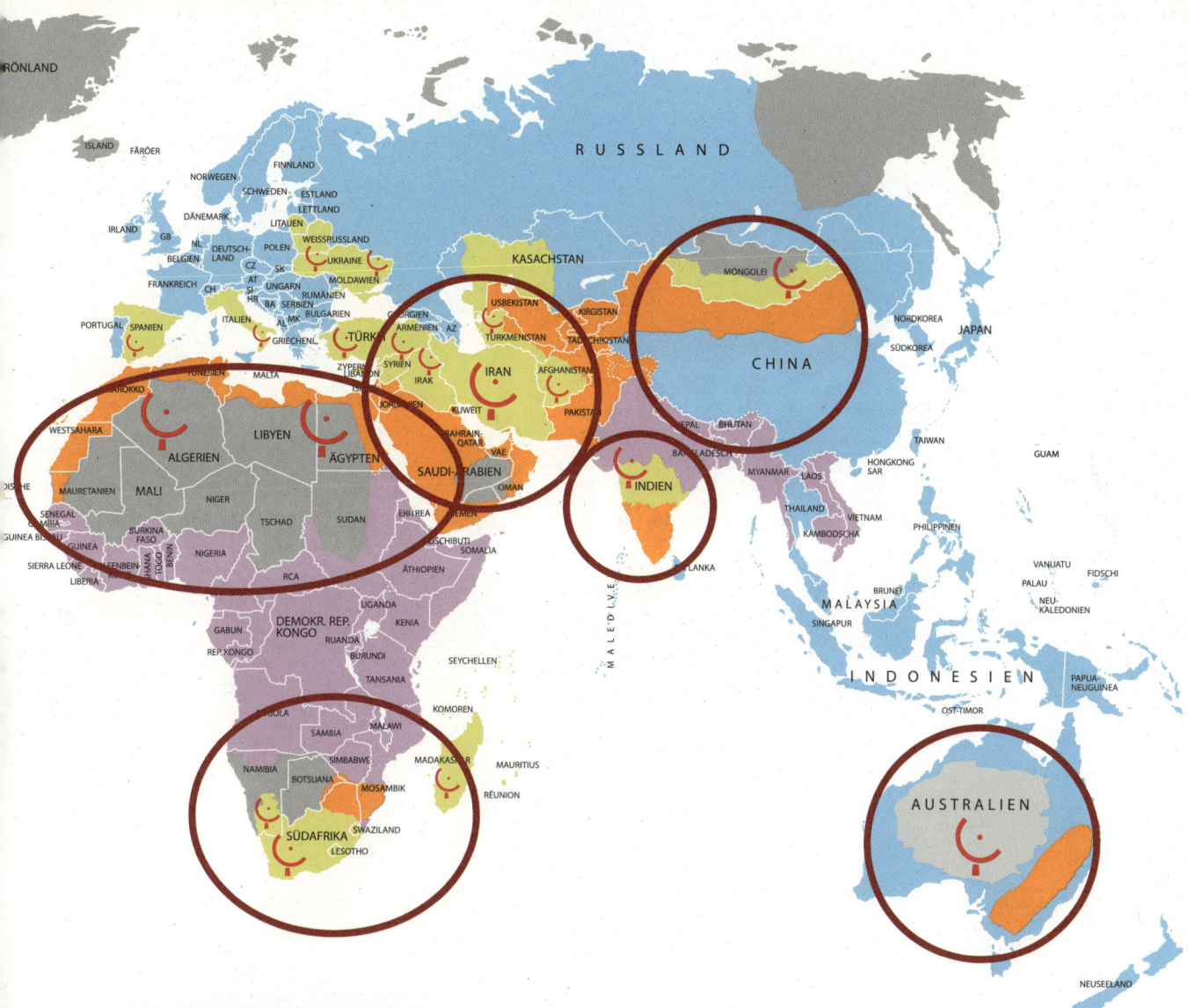

DESERTEC und Trinkwasserdefizite

Die Regionen, die schon heute die höchsten Trinkwasserdefizite aufweisen, decken sich mit jenen Regionen der Welt, die die besten Voraussetzungen für die Nutzung solarthermischer Energie bieten.

Meerwasserentsalzung und Qualitätssicherung

Neben der Energiefrage bei der Meerwasserentsalzung ist auch die Sauberkeit des Trinkwassers ein wichtiges Thema. Angesichts des enormen Wachstums dieser Industrie – weltweit sollen in den kommenden 15 Jahren mehr als 130 Mrd. Euro in die Meerwasserentsalzung investiert werden – hat sich die Weltgesundheitsorganisation der Qualitätssicherung angenommen. Unter Führung der WHO Drinkingwater Quality Expert Group hat sie 2011 entsprechende Leitlinien entwickelt, wie sauberes Trinkwasser aus Entsalzungsanlagen gesundheitsverträglich produziert und effektiv gemanagt werden kann.

Globale Wasserknappheit

- geringe/keine Wasserknappheit
- physikalische Wasserknappheit
- drohende Wasserknappheit
- ökonomische Wasserknappheit
- keine Angabe
- Gebiete mit dem höchsten Potenzial für den Einsatz solarthermischer Kraftwerke zur Stromgewinnung
- Gebiete mit Potenzial für Solarthermie-Kraftwerke

Teil 5
Soziale Implikationen

Maritta Koch-Weser

*Sichere und ausreichend vor-
handene regenerative Energie
wird zu einer attraktiven
Einkommensquelle. Richtig
implementiert, wirkt sich das
DESERTEC-Konzept positiv auf
die regionale Bevölkerung aus.
Neue Möglichkeiten für Bildung,
Ausbildung, Wirtschaft und
Gesundheit können entstehen.*

Energie und wirtschaftliche Armut

1,4

Mrd. Menschen verfügen über keinen elektrischen Strom

85 %

von ihnen leben in ländlichen Gebieten

19,5

Mio. Menschen des Bundesstaates New York verbrauchen so viel elektrischen Strom wie die

791

Mio. Menschen in den Subsahara-Ländern Afrikas (ohne Südafrika)

Verlässlicher Energiezugang ist ein Kernelement wirtschaftlicher Entwicklung. Er ermöglicht sowohl die Ansiedlung von Industrie als auch die lokale Entwicklung von Wertschöpfungsketten. Dies gilt für die Entwicklung wettbewerbsfähiger Landwirtschaft und assoziierter Agro-Industrien und der entsprechenden Logistik. Es gilt für den Anschluss an internationale, internetabhängige Netzwerke, für Informatik- und Telekommunikationsleistungen und den Aufbau von Technologieunternehmen. Und es gilt grundsätzlich für die Verbesserung urbaner Wirtschaftsentwicklung und Lebensqualität und für die Wettbewerbsfähigkeit ganzer Industriezweige wie z. B. der Tourismusindustrie. Derlei energieabhängige Potenziale gilt es, nicht nur in Nordafrika, sondern auch in vielen anderen Regionen der Welt weiterzuentwickeln. DESERTEC kann hierbei einen wichtigen Beitrag leisten.

Spätestens seit dem „Nachhaltigkeits-Gipfel" von Johannesburg im Jahre 2002 ist Energiearmut („Energy Poverty") international als zentrales Entwicklungshemmnis ins öffentliche Bewusstsein gerückt. Dennoch leben Menschen im ärmsten Drittel der Weltbevölkerung auch heute noch zumeist „im Dunkeln", ohne nennenswerte Stromversorgung. In entlegeneren, peripheren Gebieten – vielfach auch Wüstengebieten – sind die Herausforderungen bei der Überwindung der Energiearmut am größten. Zu der Entlegenheit kommt vielfach noch die vergleichsweise geringe Bevölkerungsdichte hinzu, sodass die Transmissionskosten für einen Energiezugang dort oft exorbitant hoch sind. Dezentrale Versorgung mit Sonnenstrom hat in solchen Regionen

auf der Basis von Photovoltaik vielerorts bereits erfolgreich begonnen, wenn auch zunächst in bescheidenem Umfang, etwa zur Versorgung öffentlicher Gebäude wie Gesundheitsstationen oder Schulen. In manchen energiearmen Gegenden ermöglichen Mikrofinanzsysteme zudem kleine private Energieinvestitionen, die eine Basisversorgung individueller Haushalte mit elektrischem Licht sicherstellen. Jedoch erst der Zugang zu größeren Mengen zuverlässig verfügbarer Energie kann zum Motor lokaler, kompetitiver Wirtschaftsentwicklung werden und sozialen und wirtschaftlichen Fortschritt bringen.

NASA: courtesy of nasaimages.org

Energiearmut

Menschen, die unter Energiearmut leiden, haben aus finanziellen, infra-strukturellen oder anderen Gründen keinen Zugang oder einen nicht ausreichenden Zugang zu moderner Energie. Ein Blick auf die „Welt bei Nacht" offenbart, welche Länder und Regionen wirtschaftlich entwickelt sind und über eine moderne Energieversorgung verfügen. Weite Teile Afrikas gehören nicht dazu. Die Bevölkerung leidet unter Energiearmut, so dass häufig nicht mal Energie zum Kochen oder Heizen zur Verfügung steht.

Nahrungszubereitung an offenen Feuerstellen

2,7 Mrd. Menschen bereiten täglich ihre Nahrung an offenen Feuerstellen zu. Dabei atmen sie Ruß und Staub ein, die bei der ineffizienten Biomasse-Verbrennung entstehen. Jährlich sterben über 1,4 Mio. Menschen an deren Folgen, mehr als an Malaria oder Tuberkulose. Kinder sind hiervon überproportional betroffen.

73

Um die extreme Armut bis 2015 um die Hälfte zu senken, müssen zusätzlich

395

Mio. Menschen über elektrischen Strom verfügen und zusätzlich

1 Mrd.

Menschen Zugang zu sauberen Kochmöglichkeiten haben

Die Millennium-Entwicklungsziele der Vereinten Nationen

Bei der 55. Generalversammlung der Vereinten Nationen in New York wurden die Millennium-Entwicklungsziele formuliert. Es sind acht Ziele für die Entwicklung der Menschheit, die bis zum Jahr 2015 international umgesetzt werden sollen und von Vertretern der UNO, der Weltbank, der OECD und verschiedener Nichtregierungsorganisationen verfasst wurden. 189 Staaten unterzeichneten die Erklärung der Ziele im Jahr 2000. Keines der Ziele bezieht sich explizit auf die Energieversorgung. Jedoch ist die ausreichende Versorgung mit Energie eine notwendige Voraussetzung, sie zu erreichen.

Betrachtet man die armen und energiearmen Regionen der Welt, entdeckt man eine starke Korrelation. Die meisten dieser Regionen befinden sich weitab von einem Zugang zu größeren Kraftwerk-Kapazitäten. Und es sind vielfach die für das DESERTEC-Konzept besonders geeigneten, ariden und heißen Zonen – mit hoher Sonnenintensität über das ganze Jahr. Ihre Bevölkerung leidet in der Regel unter Armut und Energiearmut, beispielsweise in den küstenferneren Regionen im Maghreb. Dieser Standortnachteil kann bei einer Realisierung des DESERTEC-Konzepts in einen Standortvorteil aufgrund des Energiezugangs umgemünzt werden.

Durch Umsetzung des dezentral strukturierbaren DESERTEC-Konzepts avancieren vergleichsweise arme Regionen nicht nur zu direkten Nutznießern, sondern mitunter gar zu Energieexporteuren – innerhalb des eigenen Landes oder grenzüberschreitend. Nicht nur im Nahen Osten und Nordafrika, sondern auch in anderen eher schwachen Einkommensgebieten der Welt wie dem Nordosten Brasiliens, der Sahelzone, Rajasthan oder den Wüstengebieten Chinas – um nur einige zu nennen – kann sich ein bislang umweltbedingter Standortnachteil durch Nutzung der Sonnenergie zum Vorteil wenden.

DIE MILLENNIUM-ENTWICKLUNGSZIELE (MILLENNIUM DEVELOPMENT GOALS)

Ziel 1:	***Extreme Armut beseitigen***
	Die Zahl der Menschen, die von weniger als einem US-Dollar pro Tag leben, soll um die Hälfte gesenkt werden. Der Anteil der Menschen, die unter Hunger leiden, soll um die Hälfte gesenkt werden.
Ziel 2:	***Grundschulausbildung für alle Kinder gewährleisten***
	Alle Jungen und Mädchen sollen eine vollständige Grundschulausbildung erhalten.
Ziel 3:	***Gleichstellung und größeren Einfluss der Frauen fördern***
	In der Grund- und Mittelschulausbildung soll bis zum Jahr 2005 und auf allen Ausbildungsstufen bis zum Jahr 2015 jede unterschiedliche Behandlung der Geschlechter beseitigt werden.
Ziel 4:	***Die Kindersterblichkeit senken***
	Die Sterblichkeit von Kindern unter fünf Jahren soll um zwei Drittel gesenkt werden.
Ziel 5:	***Die Gesundheit der Mütter verbessern***
	Die Müttersterblichkeit soll um drei Viertel gesenkt wird.
Ziel 6:	***HIV/Aids, Malaria und andere Krankheiten bekämpfen***
	Die Ausbreitung von HIV/Aids soll zum Stillstand gebracht und zum Rückzug gezwungen werden. Der Ausbruch von Malaria und anderer schwerer Krankheiten soll unterbunden und ihr Auftreten zum Rückzug gezwungen werden.
Ziel 7:	***Eine nachhaltige Umwelt gewährleisten***
	Die Grundsätze der nachhaltigen Entwicklung sollen in der nationalen Politik übernommen werden; dem Verlust von Umweltressourcen soll Einhalt geboten werden. Die Zahl der Menschen, die über keinen nachhaltigen Zugang zu gesundem Trinkwasser verfügen, soll um die Hälfte gesenkt werden. Bis zum Jahr 2020 sollen wesentliche Verbesserungen in den Lebensbedingungen von zumindest 100 Mio. Slumbewohnern erzielt werden.
Ziel 8:	***Eine globale Partnerschaft im Dienst der Entwicklung schaffen (Auszug)***
	Ein offenes Handels- und Finanzsystem, das auf festen Regeln beruht, vorhersehbar ist und nicht diskriminierend wirkt, soll weiter ausgebaut werden. Dies schließt eine Verpflichtung zu guter Staatsführung, zur Entwicklung und zur Beseitigung der Armut sowohl auf nationaler als auch auf internationaler Ebene ein.

Stromsituation in Afrika und im Nahen Osten

Die Maghreb Staaten

Der Maghreb umfasst die Staaten, die im Westen Nordafrikas liegen. Dazu gehörten zunächst Marokko, Algerien und Tunesien. Die Republik Mauretanien schloss sich den Ländern an. Die Zugehörigkeit von Libyen zu den Maghreb Staaten ist offen. Der Westen weist eine hohe Verbundenheit zu Tunesien und Algerien auf, wohingegen der Osten sich kulturell eher Richtung Ägypten orientiert. Werden auch Mauretanien und Libyen zugerechnet, spricht man gemeinhin vom „Grand Maghreb".

Verzögerung bis Erhalt eines Stromanschlusses: 62 Tage
Stromausfall bei Unternehmen: 8 Tage im Jahr
Wertverlust: 3 % des Jahresumsatzes

Die Mashrek Staaten

liegen im Osten Nordafrikas, darunter die Länder Ägypten, Jordanien, Libanon und Syrien. Es finden sich auch Definitionen, die den Irak sowie Israel/Palästina dem Mashrek zurechnen. Zur Gruppe der Mashrek Staaten gehören in der Mehrheit Länder mit hauptsächlich arabischsprachiger Bevölkerung.

Verzögerung bis Erhalt eines Stromanschlusses: 109 Tage
Stromausfall bei Unternehmen: 6 Tage im Jahr
Wertverlust: ca. 7 % des Jahresumsatzes

Subsahara-Afrika

Mit Subsahara-Afrika wird der südlich der Sahara gelegene Teil des afrikanischen Kontinents bezeichnet. Die vormalige Benennung als „Schwarzafrika" aufgrund der Hautfarbe der Bewohner in dieser Region wird mittlerweile oftmals als rassistisch angesehen.

Verzögerung bis Erhalt eines Stromanschlusses: 80 Tage
Stromausfall bei Unternehmen: 91 Tage im Jahr
Wertverlust: 6 % des Jahresumsatzes

TUNESIEN
MAROKKO
ALGERIEN
LIBYEN
SYRIEN
IRAK
ISRAEL
JORDANIEN
ÄGYPTEN
MAURETANIEN
MALI
NIGER
SENEGAL
GAMBIA
GUINEA BISSAU
GUINEA
BURKINA FASO
TSCHAD
SUDAN
ERITREA
DSCHIBUTI
SOMALIA
SIERRA LEONE
ELFENBEIN-KÜSTE
GHANA
TOGO
BENIN
NIGERIA
RCA
ÄTHIOPIEN
LIBERIA
KAMERUN
UGANDA
KENIA
GABUN
DEMOKR. REP. KONGO
RUANDA
REP. KONGO
BURUNDI
TANSANIA
KOMOREN
ANGOLA
MALAWI
SAMBIA
MADAKASKAR
MAURITIUS
SIMBABWE
NAMIBIA
RÉUNION
BOTSUANA
MOSAMBIK
SÜDAFRIKA
SWAZILAND
LESOTHO

Das soziale Potenzial

18

Krankenhausbetten auf 10.000 Menschen gibt es in den am wenigsten entwickelten Ländern der Erde. Die OECD-Staaten verfügen über

63

Aufgrund der direkten Korrelation von Energiezugang und wirtschaftlicher Armut ist es ein prioritäres Entwicklungsziel, in bislang marginal mit Energie ausgestatteten Regionen mittelfristig eine umfangreichere, verlässliche, allgemeine Stromversorgung anzubieten. Die Implementierung des DESERTEC-Konzepts vornehmlich in Schwellenländern und Ländern mit niedrigem Einkommen kann hier sehr konkrete und wirksame Beiträge in sozialer wie wirtschaftlicher Hinsicht leisten.

Diese Beiträge haben das Potenzial, die lokale Energieversorgung in den Stromerzeugerländern selbst zu verbessern sowie dank der Einkünfte durch Stromexporte in andere Länder (z. B. bei den Maghreb-Ländern nach Europa) die eigene Wirtschafts- und Sozialentwicklung anzukurbeln.

Human Development Index (HDI)

Der Human Development Index beschreibt den Stand der Entwicklung eines Landes in Bezug auf die Potenziale, die es zur Entwicklung des Menschen eröffnet. Der Index wird auf der Grundlage folgender Indikatoren gebildet: Lebenserwartung, Grundbildung und Minimaleinkommen pro Kopf. Danach können die Länder grob nach ihrem Entwicklungsstand eingeordnet werden.

HUMAN DEVELOPMENT INDEX

	Rang	Lebenserwartung (Stand 2010)	Alphabetisierungsrate (%) (Stand 2010)	BSP pro Kopf (USD) (Stand 2009)
USA	4	80	–	45.989
Deutschland	10	80	–	40.670
Israel/Palästina	15	81	92,0	26.256
Libyen	53	75	88,4	9.714
Tunesien	81	74	77,4	3.792
Jordanien	82	73	92,0	4.216
Algerien	84	73	73,0	4.029
China	89	74	94,0	3.650
Bolivien	95	66	91,0	1.758
Ägypten	101	70	66,0	2.270
Marokko	114	72	56,4	2.811
Indien	119	64	63,0	1.192
Mauretanien	136	57	56,8	919
Senegal	144	56	50,0	1.023
Sudan	154	59	69,3	1.294
Mali	160	49	26,0	691
Tschad	163	49	32,7	600
Niger	167	53	–	–

MÖGLICHE POSITIVE SOZIALE IMPLIKATIONEN

Bildungssysteme

Sie bedürfen des Zugangs zu moderner Netzwerk-Verbindung und Kommunikation. Ohne Stromversorgung bleiben sie elementar und nahezu unwirksam. Fernab von Internet, Fernsehen, Radio, Mobilfunk und ohne Licht können weder Modernisierung noch Chancengleichheit gefördert werden.

Wirtschafts- und Administrationssysteme

Sie können erst mit Hilfe von Internet, Informatik & Telekommunikation nachhaltig modernisiert werden. Es geht um ein sehr breites Spektrum von Verbesserungen. Dieses reicht von der Schaffung von Arbeitsplätzen in neu entstehenden Datenverarbeitungssparten über die Einführung effektiver Bevölkerungsregister oder Steuererfassungssysteme bis hin zum Zugang zu Online-Banking und -Handel oder zur Möglichkeit moderner Lagerung und Vermarktung.

Rolle der Frau

Sie kann durch die Versorgung des Haushalts mit Energie grundlegend modernisiert werden. Alternative Energieversorgung kann das Sammeln von immer knapper werdendem Brennholz auf Haushaltsebene („cooking fuel") über immer größere Distanzen überflüssig machen. Elektrisch betriebene Wasserpumpen befreien vom täglichen weiten Gang zum Wasserholen. Stromversorgung ermöglicht des weiteren eine sichere Aufbewahrung von Nahrungsmitteln und Medizin und treibt Maschinen an, die neue Aktivitäten zur Einkommensverbesserung schaffen.

Gesundheitsbereich

Durch die Versorgung mit verlässlichem und ausreichendem Strom können im Gesundheitsbereich bedeutende Fortschritte erzielt werden. Durch eine ausreichende Sicherung der Stormversorgung von Gesundheitsstationen können Medikamente (insbesondere Impfstoffe) gelagert werden. Moderne Medizin könnte via Ferndiagnose, bei der Mobiltelefone und Kameras eingesetzt werden, auch in entlegene Ortschaften Einzug halten („distance medicine").

Trinkwasserversorgung

Die Versorgung mit sauberem, bezahlbarem Trinkwasser ist lebenswichtig für die Bevölkerung. Der Einsatz von Energie zur Gewinnung von entsalztem, aufbereitetem oder aus der Tiefe gepumptem, sauberem Trinkwasser kann die Wasserknappheit in Regionen, die davon besonders betroffen sind, lindern oder gar gänzlich beseitigen.

33%

der Einwohner Marokkos nutzen das Internet. In den Subsahara-Staaten Afrikas sind es

6%

Breitere positive soziale Auswirkungen werden außerdem von dem 2010 gegründeten DESERTEC University Network erwartet, das die internationale Wissenschaftskooperation für Wüstenstrom ausbauen soll. Dieses Netzwerk wurde von der DESERTEC Foundation gemeinsam mit 18 Universitäten und Forschungseinrichtungen aus Nordafrika und dem Nahen Osten gegründet. Ziele sind unter anderem die Ausbildung qualifizierter Fachkräfte vor Ort, der Ausbau einer globalen Wissensplattform und Zusammenarbeit mit der Industrie.

Zugang zu Informations-technologien

Die Nutzung von Informations-technologien findet auch in Afrika zunehmend Verbreitung. Dennoch sind die Abdeckungsquoten für die verschiedenen Bereiche (Mobilfunk, Festnetztelefonie und Internet) nicht auf dem Stand von Europa und in den einzelnen afrikanischen Ländern sehr unterschiedlich ausgeprägt. Insbesondere bei den kabelgebundenen Dienstleistungen Festnetz-anbindung (Nordafrika 32 %, Sub-sahara-Afrika 3 % Netzabdeckung) und Breitbandinternetnutzung (Nordafrika 2 %, Subsahara-Afrika unter 1 %) ergeben sich große Unterschiede.

ZUGANG ZU BILDUNG UND INFORMATIONSTECHNOLOGIE

	Einschulungsquote Primarstufe (% der Bevölkerung, 2001 – 2009)	Einschulungsquote Sekundarstufe (% der Bevölkerung, 2001 – 2009)
USA	91,5	88,2
Deutschland	98,2	–
Israel/Palästina	97,1	87,6
Libyen	–	–
Tunesien	97,7	65,8
Jordanien	89,1	83,7
Algerien	94,9	66,3
China	–	–
Bolivien	93,7	69,9
Ägypten	93,6	71,2
Marokko	89,5	34,5
Indien	89,8	–
Mauretanien	79,7	16,3
Senegal	72,9	25,1
Sudan	39,2	–
Mali	71,5	28,6
Tschad	61,0	10,5
Niger	54,0	8,9

Erneuerbare Energien in ländlichen Gegenden

Stromnetze in ländliche Gebiete auszuweiten, wo nur wenige Menschen auf 1 km² leben, ist mit hohen Kosten verbunden. Kleine, eigenständige Lösungen auf Basis erneuerbarer Energien können den Strombedarf in ländlichen Gegenden kostengünstiger befriedigen. Zudem stellen sie eine Alternative zu oft genutzten Dieselgeneratoren dar. Solaranlagen können für die Basisversorgung wie Licht oder sauberes Trinkwasser eingesetzt werden. Solar betriebene Pumpen sparen Stunden täglicher Arbeit, die vor allem von Frauen und Kindern für die Wasserversorgung geleistet wird. Windanlagen stellen eine weitere, gut verfügbare und kostengünstige Lösung dar. Hauptvorteil der erneuerbaren Energien sind die geringen laufenden Kosten. Indes erfordern die vergleichsweise hohen Anschaffungskosten innovative Finanzierungsmöglichkeiten.

Bevölkerung mit mind. Sekundarstufenabschluss (% der über 25-jährigen, Stand 2010)	Mobil- und Festnetztelefonverträge (pro 100 Menschen, Stand 2008)	Internetnutzer (pro 100 Menschen, Stand 2008)
89,7	140	75,9
97,2	191	75,5
61,8	167	47,9
–	93	5,1
23,1	95	27,1
54,2	99	27
25,9	–	11,9
38,4	74	22,5
29,3	57	10,8
36,1	65	16,6
–	82	33
22,2	34	4,5
–	67	1,9
8,6	46	8,4
11,5	30	10,2
3,7	28	1,6
–	17	1,2
2,9	13	0,5

Solarprojekt im ländlichen Norden Benins

In den Dörfern Bessasi und Dunkassa im Norden Benins können Bäuerinnen zum ersten Mal Gemüse und Früchte auch während der sechsmonatigen Trockenzeit anbauen. Sie nutzen dafür Photovoltaik-Anlagen. Dank des Solarstroms erzielen sie ein Extraeinkommen, das sie dafür nutzen, ihre Kinder zur Schule zu schicken.

Implementierung des DESERTEC-Konzepts

14,3

Mrd. USD
kann die lokale Wertschöpfung bis zum Jahr 2020 bei CSP Kraftwerken in der MENA-Region betragen

Es ist ein Kernanliegen der DESERTEC Foundation, sozialen Fortschritt durch den Einsatz erneuerbarer Energien wie zum Beispiel Strom aus den Wüsten möglich zu machen und ihn systematisch zum Beispiel durch Leitlinien und institutionelle Vorkehrungen zu unterstützen. Energie allein bringt nicht den Fortschritt, sondern macht ihn nur möglich. Eine erfolgreiche Implementierung des DESERTEC-Konzepts wird nur dann zur Chance für Wirtschaftsentwicklung und Armutsüberwindung werden, wenn ein Teil der erzeugten Energie tatsächlich den jeweiligen lokalen Bevölkerungen zugänglich gemacht wird. Es geht darum, in den Energieerzeugerregionen Strom lokal zu sozial und wirtschaftlich annehmbaren Konditionen anzubieten und begleitend Stromnutzung in sozial und kulturell adäquaten wirtschaftlichen Initiativen zu fördern.

Zunächst kann aus Fehlern der Vergangenheit gelernt werden. Analysen von Fehlern, wie sie im Rückblick beispielsweise bei Großstaudämmen begangen wurden, können bei der Verwirklichung des DESERTEC-Konzepts zu einem besseren Verfahrensmodus der aus ihm hervorgehenden Projekte führen. So wurden in der zweiten Hälfte

des 20. Jahrhunderts in vielen Ländern nationale und grenzübergreifende Stromversorgungsnetze von großen Staudammprojekten maßgeblich beliefert. Lokale Bevölkerungen hatten derweil zumeist den Schaden – erhebliche Einbußen durch Enteignung und Flutung von Land, Zwangsumsiedlungen usw., ohne im Gegenzug zumindest faire Kompensation zu erhalten oder langfristigen Eigennutz daraus zu beziehen. Hochspannungsleitungen wurden hoch über den Köpfen weiterhin unterversorgter lokaler Bevölkerungsgruppen gespannt, und Energieexporteure gaben keinerlei Gewinne an lokale Kassen ab. Mithin sind Leitlinien für partizipative Energie- und Sozialplanung wichtig. Vorbildlich agierte hier beispielsweise die Welttalsperrenkommission, die den Nutzen und Schaden großer Talsperren untersuchte. In ihrem Bericht finden sich Leitlinien, die explizit partizipative Planung, Kompensation lokal betroffener Bevölkerungen und das Einbeziehen indigener Kulturen empfehlen. Ähnliches lässt sich auch in Direktiven von Weltbank, OECD und anderen internationalen Gremien finden. Unter Einbeziehung dieser Erkenntnisse sollte sich das DESERTEC-Konzept vor allem drei Aspekte zu eigen machen. Zum einen sollte es über einen grundlegenden ethischen wie methodischen Sozial-Kodex verfügen. Zweitens sollte es vorsehen, dass bei der Planung wie bei der Umsetzung von Projekten „Social Benefit" Programme gefördert werden. Und drittens sollte es beinhalten, dass Projekte nur dann verwirklicht werden, wenn bei ihnen eine optimale Transparenz durch unabhängige „Checks & Balance" Kontroll-Mechanismen sowie durch einen „Sozialen Beirat" gewährleistet ist. Diese Vorschläge seien im folgenden näher ausgeführt.

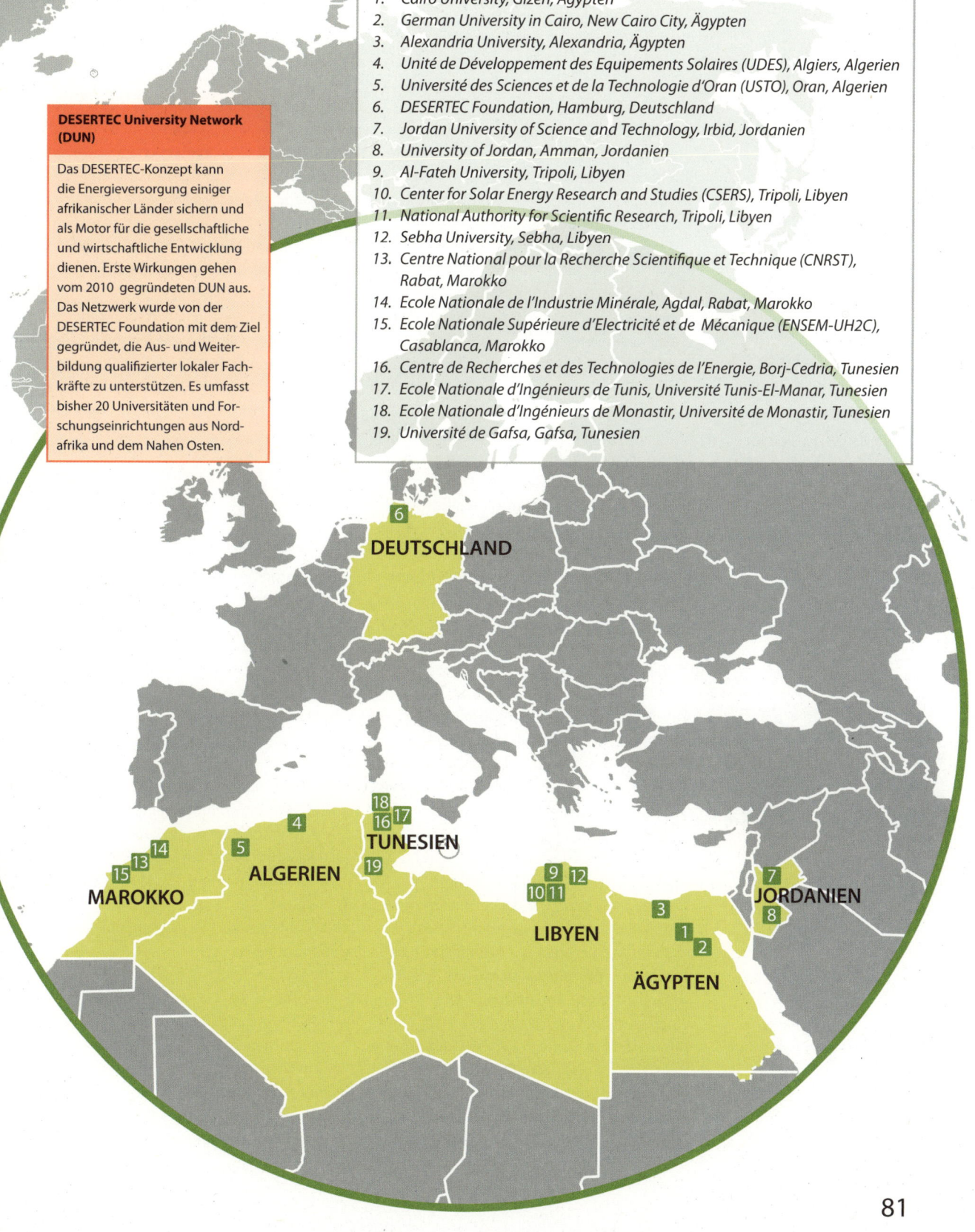

Gründungsmitglieder des DESERTEC University Network:

1. Cairo University, Gizeh, Ägypten
2. German University in Cairo, New Cairo City, Ägypten
3. Alexandria University, Alexandria, Ägypten
4. Unité de Développement des Equipements Solaires (UDES), Algiers, Algerien
5. Université des Sciences et de la Technologie d'Oran (USTO), Oran, Algerien
6. DESERTEC Foundation, Hamburg, Deutschland
7. Jordan University of Science and Technology, Irbid, Jordanien
8. University of Jordan, Amman, Jordanien
9. Al-Fateh University, Tripoli, Libyen
10. Center for Solar Energy Research and Studies (CSERS), Tripoli, Libyen
11. National Authority for Scientific Research, Tripoli, Libyen
12. Sebha University, Sebha, Libyen
13. Centre National pour la Recherche Scientifique et Technique (CNRST), Rabat, Marokko
14. Ecole Nationale de l'Industrie Minérale, Agdal, Rabat, Marokko
15. Ecole Nationale Supérieure d'Electricité et de Mécanique (ENSEM-UH2C), Casablanca, Marokko
16. Centre de Recherches et des Technologies de l'Energie, Borj-Cedria, Tunesien
17. Ecole Nationale d'Ingénieurs de Tunis, Université Tunis-El-Manar, Tunesien
18. Ecole Nationale d'Ingénieurs de Monastir, Université de Monastir, Tunesien
19. Université de Gafsa, Gafsa, Tunesien

DESERTEC University Network (DUN)

Das DESERTEC-Konzept kann die Energieversorgung einiger afrikanischer Länder sichern und als Motor für die gesellschaftliche und wirtschaftliche Entwicklung dienen. Erste Wirkungen gehen vom 2010 gegründeten DUN aus. Das Netzwerk wurde von der DESERTEC Foundation mit dem Ziel gegründet, die Aus- und Weiterbildung qualifizierter lokaler Fachkräfte zu unterstützen. Es umfasst bisher 20 Universitäten und Forschungseinrichtungen aus Nordafrika und dem Nahen Osten.

In jeder Minute
sterben weltweit

4

Menschen an
Durchfallerkrankung
aufgrund
unsauberen Wassers,
unzureichender
Sanitäreinrichtungen
und mangelnder
Hygiene

Kenia

In Kenia unterstützten die Vereinten Nationen (UNDP) das dortige Energieministerium, ein Rahmenwerk für Investitionen im Energiesektor zu schaffen, das sowohl den örtlichen Kommunen als auch Investoren dienlich ist. Damit war der Grund für Privatinvestoren gelegt, in ein 300 MW-Windanlage-Projekt einzusteigen. Wenn die Vollast 2012 erreicht sein wird, wird ein Drittel von Kenias Energie aus Windkraft erzeugt. Damit wäre Kenia Afrikas größter Windenergie-Nutzer.

SOZIAL-KODEX

Der DESERTEC Sozial-Kodex sollte vorrangig drei Aspekte umfassen. Zum einen sollte Stromexport erst dann gefördert werden, wenn lokale, prioritäre Stromversorgung und die hierzu notwendigen Stromverteilungsnetze gesichert sind. Entsprechend ist bei jedem Standort bereits in frühen Planungsstadien unter Einbeziehung lokaler Repräsentanten der erwartete lokale Bedarf zu dimensionieren, einzuplanen und zu gewährleisten.

Des Weiteren sollte der DESERTEC Sozial-Kodex vorsehen, dass faire Mechanismen für Konfliktlösungen in jedes Projekt eingebaut werden. Lokalen Bevölkerungen müssen rechtlich verankerte Schlichtungs-Instrumente (wie zum Beispiel ein „Ombudsman") sowie finanzielle Sicherheiten für das Engagement eines unabhängigen Rechtsbeistands zur Verfügung stehen, um eventuelle Benachteiligungen anfechten und in einem fairen Verfahren effektiv und zeitnah abhandeln zu können.

Der dritte Aspekt gilt der gezielten Förderung der ärmeren Bevölkerung. Explizit ist die Beschäftigung – und wenn möglich auch die Bevorzugung – der lokalen Bevölkerung bei Bau- und Instandhaltungsmaßnahmen der jeweiligen Projekte anzustreben.

„SOCIAL BENEFIT" PROGRAMME

Hierbei geht es um die lokale Nutzung von DESERTEC-Strom und um den Einsatz erwarteter, zukünftiger, auf Stromexport basierender Einkommensströme zur lokalen wirtschaftlichen Entwicklung. DESERTEC-Projekte sollten von vornherein – als Bestandteil eines Standard Projekt-Designs – jeweils ein „Social Benefit" Programm mit aufnehmen. Dieses ist bereits in frühesten Planungsstadien zu initiieren und interdisziplinär durch Repräsentanten relevanter Sektoren (je nach Projektumfeld beispielsweise aus dem Wasser-, Landwirtschafts-, Industrie-, Gesundheits- oder Erziehungsbereich) zu planen. Der Grundgedanke hierbei ist, mit einem jeden „Social Benefit" Programm die durch die Energieerzeugung gewonnenen Mittel gezielt für die lokale soziale und wirtschaftliche Entwicklung zu nutzen.

Diese Programme sind von den Verantwortlichen des jeweiligen Projekts anzustoßen und nicht von DESERTEC in der Durchführung zu strukturieren. DESERTEC sollte die Kooperation und Expertise lokaler, nationaler und internationaler Experten und spezialisierter Institutionen suchen und „Social Benefit" Programme ganz und gar an diese delegieren.

Bei den von DESERTEC vergebenen „Terms of Reference" für die Entwicklung von „Social Benefit" Programmen kann ein Katalog von Themen, die systematisch angesprochen werden sollen, hilfreich sein. Inhalte könnten beispielsweise sein:

- Energie & Transmission:
  Stromversorgung in marginalen Gebieten und prioritären Entwicklungszonen
- Kommunikations-Infrastruktur:
  Entwicklung von Kommunikationsnetzwerken & kommunikationsrelevanten Dienstleistungen (Mobilfunk, Internet, TV, Radio usw.)
- Bildung:
  Schulwesen und Erwachsenenbildung
- Gesundheit:
  Versorgungsnetz, Trinkwasser-Versorgung etc.
- Landwirtschaft:
  Wassermanagement für landwirtschaftliche Zwecke
- Industrielle Beschäftigung:
  Unterstützung der Entwicklung kleiner und mittelständiger Industriebetriebe

- Kulturrelevanz:
  Berücksichtigung kultureller Eigenheiten, indigener Rechte, eventueller Bedarf an Schutzmaßnahmen.

SOZIALER BEIRAT

Entwicklung und Durchführung eines DESERTEC Sozial-Kodex und die transparente Umsetzung von „Social Benefit" Programmen werden voraussehbar zu einer Daueraufgabe. Sie bedarf eines Systems und einer Routine von „Check & Balances". Vergleichbare Erfahrungen haben gezeigt, dass es sinnvoll erscheint, hierfür einen unabhängigen DESERTEC-Sozialbeirat zu etablieren. Dieser könnte Investoren durch eine Überwachungs-Funktion bei der Einhaltung des Sozial-Kodex unabhängig informiert halten und gegebenenfalls auch das Management beraten.

DIE ZEHN PRINZIPIEN DES GLOBAL COMPACT

Menschenrechte	*Prinzip 1:*	*Unternehmen sollen den Schutz der internationalen Menschenrechte innerhalb ihres Einflussbereichs unterstützen und achten und*
	Prinzip 2:	*sicherstellen, dass sie sich nicht an Menschenrechtsverletzungen mitschuldig machen.*
Arbeitsnormen	*Prinzip 3:*	*Unternehmen sollen die Vereinigungsfreiheit und die wirksame Anerkennung des Rechts auf Kollektivverhandlungen wahren sowie ferner für*
	Prinzip 4:	*die Beseitigung aller Formen der Zwangsarbeit,*
	Prinzip 5:	*die Abschaffung der Kinderarbeit und*
	Prinzip 6:	*die Beseitigung von Diskriminierung bei Anstellung und Beschäftigung eintreten.*
Umweltschutz	*Prinzip 7:*	*Unternehmen sollen im Umgang mit Umweltproblemen einen vorsorgenden Ansatz unterstützen,*
	Prinzip 8:	*Initiativen ergreifen, um ein größeres Verantwortungsbewusstsein für die Umwelt zu erzeugen und*
	Prinzip 9:	*die Entwicklung und Verbreitung umweltfreundlicher Technologien fördern.*
Korruptionsbekämpfung	*Prinzip 10:*	*Unternehmen sollen gegen alle Arten der Korruption eintreten, einschließlich Erpressung und Bestechung.*

Leitlinien für den CSP-Ausbau in Entwicklungsländern

Die Internationale Energieagentur (IEA) hat eine „Technology Roadmap" für den Ausbau von CSP-Anlagen bis zum Jahre 2050 verfasst. Darin fordert sie u.a., dass CSP-Projekte in Entwicklungsländern zu einer win-win-Situation führen müssen. „It would seem unacceptable, if all solar electricity were exported overseas while local population and economies lacked sufficient power ressources. Newly built plants will have to fulfil the needs of the local population and help develop local economies ... by providing income, electricity, knowledge, technology and qualified jobs".

Global Compact

Der Global Compact ist ein weltweites Netzwerk, für das die Vereinten Nationen Rahmen und Plattform bieten. Seine Mitglieder haben ihrem Handeln einen sozialen Kodex vorangestellt. Mehr als 5000 MItglieds-Unternehmen, die sich ihrer gesellschaftlichen Verantwortung bewusst sind, können sich in dem Netzwerk über Ansätze zur Wahrnehmung unternehmerischer Verantwortung (CSR) austauschen. Mitglied werden können nur jene Unternehmen, die sich den Prinzipien des Global Compact verschreiben.

Teil 6

Sicherheit, Frieden und Gerechtigkeit

Karl-Martin Hentschel

Armut und Wassermangel lösen Flüchtlingsströme aus. Die knapper werdenden Energierohstoffe verschärfen das Konfliktpotenzial. Indem DESERTEC die Versorgung mit Strom und sauberem Wasser verbessert, trägt es zu mehr Gerechtigkeit, nachhaltiger Stabilität, Sicherheit und Frieden bei.

Flüchtlinge durch Armut und Wassermangel

Bis 2050 wird es ca.

200

Mio. Klimaflücht-linge geben

In den vergangenen Jahren haben die Wüsten der Erde ihre Flächen fast verdoppelt. Ursache ist das Bevölkerungswachstum der dort lebenden Nomaden und Bauern und die stagnierende ökonomische Entwicklung. Dies hat zu einer Übernutzung der Böden geführt. Brunnenbohrungen haben zwar vorübergehend eine Vergrößerung der Viehherden oder eine Ausweitung des Ackerbaus ermöglicht. Oft reichen dann aber in Trockenperioden die Weideflächen nicht aus, und die Böden versalzen. So breiten sich die Steppen und Wüsten weiter aus. Der Klimawandel beschleunigt diese Entwicklung noch. In den reichen Ölstaaten und einigen anderen Staaten ist man vermehrt dazu übergegangen, Süßwasser durch Meerwasserentsalzung zu gewinnen.

Den größten Wasserbedarf hat die Bewässerungslandwirtschaft. In Zentralasien, dem Iran und Irak und am Nil sind so über Jahrtausende fruchtbare Landschaften entstanden, die auf ständige Bewässerung angewiesen sind. Auch hier besteht durch die wachsende Bevölkerungszahl die Gefahr, dass die Entwicklung aus dem Gleichgewicht gerät. In Zentralasien hat die Übernutzung der Flüsse bereits zur Austrocknung des Aralsees geführt. Extrem betroffen von dieser Entwicklung ist der südliche Rand der Sahara, die sogenannte Sahelzone. Hier löst der Verlust von Weide- und Ackerflächen ständige Flüchtlingsströme aus. Ein Teil der Menschen wandert nach Süden in die westafrikanischen Küstenstaaten bis hin nach Gabun in Zentralafrika oder auch in Richtung Nil ab. Die langjährigen Bürgerkriege in der Provinz Dafur und im Süden des Sudan sind zum Teil auch Folge von Wanderbewegungen angrenzender Stämme. Ein

anderer Teil der Menschen wandert nach Norden und versucht, über das Mittelmeer Europa zu erreichen. Tausende von Menschen kommen jedes Jahr auf dieser Flucht um. Einige verdursten beim Durchqueren der Wüsten, andere ertrinken auf überfüllten morschen Booten bei der Überquerung des Mittelmeers. Noch mehr Flüchtlinge werden in Nordafrika oder in Südeuropa aufgegriffen und zurück geschickt.

Mexiko – Migration als Antwort auf Dürre und Katastrophen

In Mexiko und Zentralamerika werden im Laufe des Jahrhunderts immer weniger Niederschläge fallen. Um bis zu 50 % wird der Regenabfluss abnehmen. In Regionen, die vom mit Regen bewässerten Ackerbau abhängen, sind die Existenzgrundlagen vieler Bauern bedroht. Zudem verschieben sich immer häufiger die Regenzeiten. Das erhöht die Unsicherheit und führt zu geringen Ernten und Einkommen. Die Antwort darauf ist Migration.

‖‖‖‖‖‖ *Barrieren gegen illegale Einwanderung: Zäune, Mauern, Militär- und Polizeikontrollen, elektronische und Infrarotüberwachung*

Herkunfts- und Transitländer, mit denen die EU Rücknahmeabkommen und polizeiliche Zusammenarbeit vereinbart hat

Zwischen 1993 und 2009 durch Ertrinken, Unterkühlung oder Erschöpfung ums Leben gekommene Flüchtlinge (Mindestzahl)

350.000 Flüchtlinge im Juni 2008

200.000 – 250.000 Flüchtlinge im Juni 2008

100.000 – 150.000 Flüchtlinge im Juni 2008

50.000 – 70.000 Flüchtlinge im Juni 2008

20.000 und weniger Flüchtlinge im Juni 2008

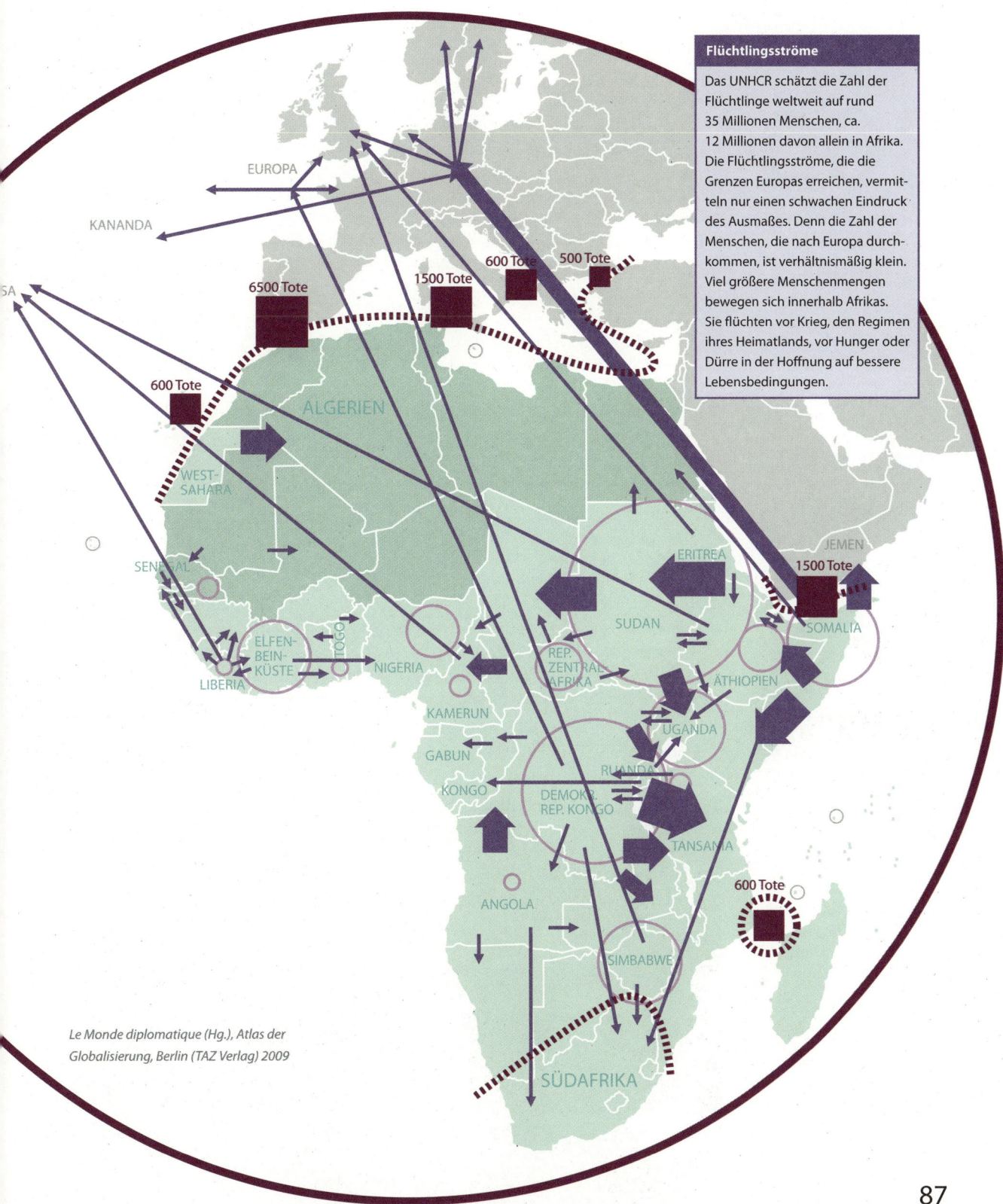

Flüchtlingsströme

Das UNHCR schätzt die Zahl der Flüchtlinge weltweit auf rund 35 Millionen Menschen, ca. 12 Millionen davon allein in Afrika. Die Flüchtlingsströme, die die Grenzen Europas erreichen, vermitteln nur einen schwachen Eindruck des Ausmaßes. Denn die Zahl der Menschen, die nach Europa durchkommen, ist verhältnismäßig klein. Viel größere Menschenmengen bewegen sich innerhalb Afrikas. Sie flüchten vor Krieg, den Regimen ihres Heimatlands, vor Hunger oder Dürre in der Hoffnung auf bessere Lebensbedingungen.

Le Monde diplomatique (Hg.), Atlas der Globalisierung, Berlin (TAZ Verlag) 2009

Mehr als

300

Mio. Menschen in
Afrika leben mit
Wasserknappheit

Deswegen verknüpft das DESERTEC-Konzept die Erzeugung von elektrischer Energie auch mit der Wassergewinnung. Denn Zäune, Auffanglager und Seepatrouillen sind keine Hilfe für die Menschen und lösen kein Problem. Eine Versorgung mit elektrischem Strom und mit sauberem, trinkbarem Wasser, verbunden mit einer besseren Bildung und Ausbildung, ist die Grundlage für akzeptable Lebensbedingungen. Dies alles kann nur in Partnerschaft geschehen. Deswegen ist das DESERTEC-Konzept auch ein politisches Entwicklungskonzept, das auf gegenseitiger Partnerschaft der beteiligten Regionen basiert. Um dieser Aufgabe gerecht zu werden, bezieht das DESERTEC-Konzept zum Beispiel nicht nur die Mittelmeeranrainer, sondern auch die Sahelstaaten mit ein. Die Sahelstaaten sind zwar dünn besiedelt, sie sind aber die ökologisch am meisten gefährdete Region und Ausgangspunkt von großen Flüchtlingsbewegungen, die die angrenzenden Staaten destabilisieren. Eine Einbeziehung zahlt sich letztlich auch deshalb aus, weil hier die Maxima der Sonneneinstrahlung und der Windenergie zeitlich versetzt zu Nordafrika und Europa auftreten, was Investitionen im beidseitigen Interesse erleichtern würde.

Die Grenze zwischen Spanien und Marokko bei Melilla

Militär und Zäune sichern die Grenze zwischen Marokko und Spanien. Immer wieder kommt es zu gewaltsamen Szenen, wenn Flüchtlinge aus den afrikanischen Ländern davon abgehalten werden, die Grenze nach Spanien und in die EU zu überschreiten. Die europäischen Außengrenzen werden von der europäischen Grenzschutzagentur FRONTEX geschützt. Sie gibt es seit 2004. Ihr Finanzhaushalt ist der am stärksten wachsende in der Europäischen Union. 2006 verfügte sie über 6,2 Mio. Euro, 2011 waren es ca. 88 Mio. Euro.

Kanada

33.250

23.160

USA

49.020

55.530

KANADA

USA

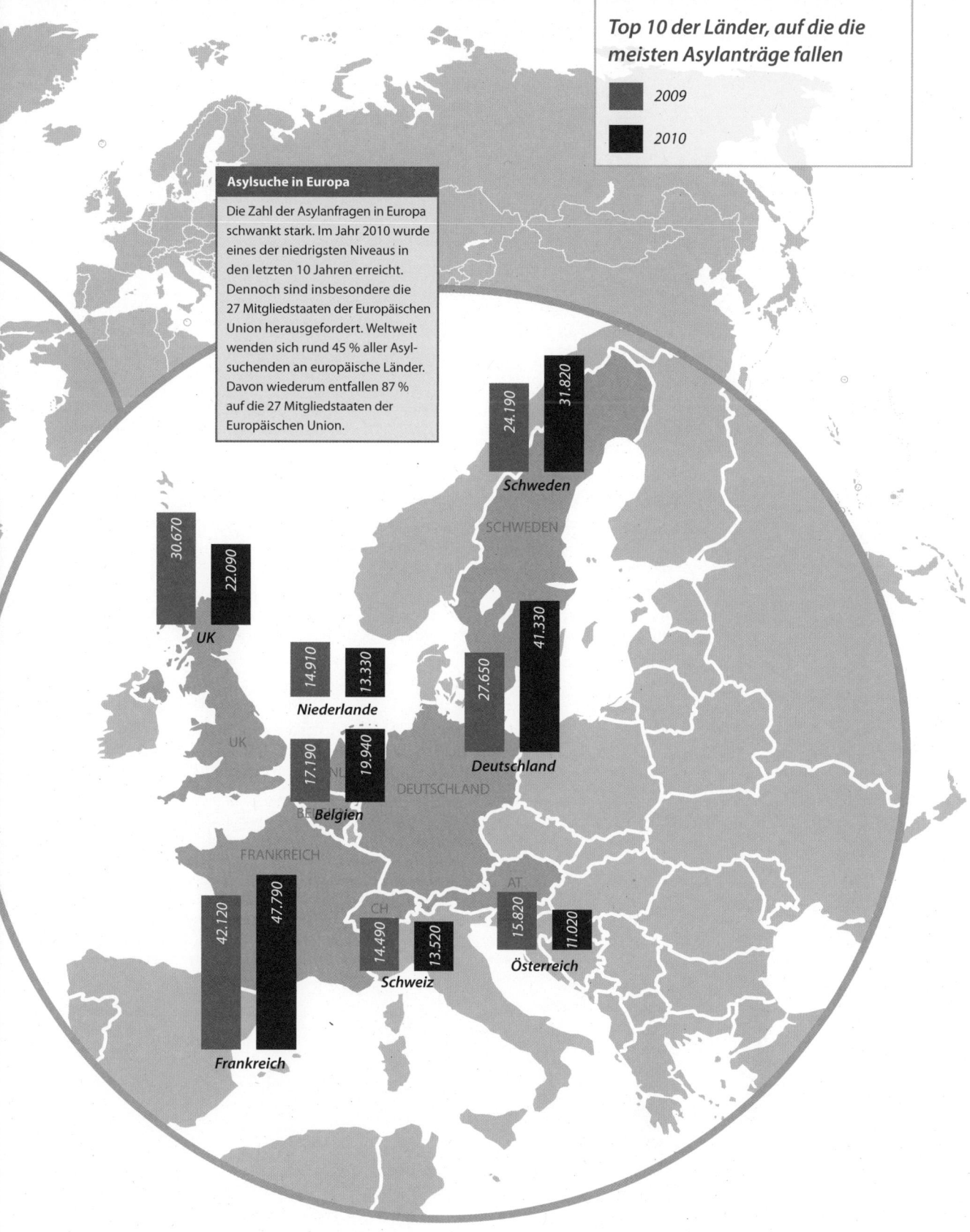

Asylsuche in Europa

Die Zahl der Asylanfragen in Europa
schwankt stark. Im Jahr 2010 wurde
eines der niedrigsten Niveaus in
den letzten 10 Jahren erreicht.
Dennoch sind insbesondere die
27 Mitgliedstaaten der Europäischen
Union herausgefordert. Weltweit
wenden sich rund 45 % aller Asyl-
suchenden an europäische Länder.
Davon wiederum entfallen 87 %
auf die 27 Mitgliedstaaten der
Europäischen Union.

24.190
31.820
Schweden

30.670
22.090
UK

14.910
13.330
Niederlande

27.650
41.330
Deutschland

17.190
19.940
Belgien

42.120
47.790
Frankreich

14.490
13.520
Schweiz

15.820
11.020
Österreich

Stromimporte

Die Stromversorgung ist die Lebensader der Zivilisation. Ohne Strom läuft in den hochentwickelten Ländern – fast – nichts mehr: Elektroherde, Kühlschränke, Zentralheizungen, Wasserleitungen, Telefone, Beleuchtung und vieles andere sind von der Stromversorgung abhängig. Kein Wunder also, dass die Vorstellung, die Industriestaaten würden eines Tages ihren Strom aus politisch instabilen Wüstengebieten beziehen, Befürchtungen auslöst. Führt der Wechsel von fossilen und nuklearen Energiequellen hin zu den erneuerbaren Energien also zu einer neuen Abhängigkeit und Gefährdung der Energieversorgung in den europäischen Industriestaaten?

Im Weißbuch der DESERTEC Foundation wurde vorgeschlagen, in Zukunft 15 % des Stroms für Europa aus Afrika und dem Nahen Osten zu importieren. Heute importiert Europa mehr als 70 % seiner Energie. Es kann also nicht die Rede davon sein, dass Europa in Zukunft von Energieimporten abhängiger wäre als heute.

Das Gegenteil ist der Fall. Ein Beispiel: Die einzige Energiequelle, die in Deutschland heute reichlich zur Verfügung steht, ist die Braunkohle. Braunkohle ist zugleich die Energiequelle, die die meisten Probleme für das Klima hervorruft. Das in Deutschland verbrauchte Erdgas kommt überwiegend aus Russland und wurde schon mehrfach von der russischen Regierung als Druckmittel instrumentalisiert. Das Öl wird heute überwiegend von Großbritannien und Norwegen geliefert. Aber deren Ölquellen werden in den kommenden Jahren immer weniger hergeben, so dass die Abhängigkeit von den Öllieferanten aus dem Nahen Osten – von Aserbaidschan, dem Iran, Irak bis hin zu Saudi-Arabien und Libyen – wachsen wird. Diese Länder haben entweder keine demokratisch gewählten Regierungen, oder aber die politische Situation ist instabil. Beim Uran sieht es nicht viel besser aus. Dieses muss über große Entfernungen aus Amerika, Afrika oder gar Australien herbei transportiert werden.

Reserven

Unter den „Reserven" werden diejenigen fossilen Energierohstoffe verstanden, die nachgewiesen und mit heutiger Technik abbaubar sind und zu heute geltenden Preisen wirtschaftlich gewonnen werden können.

Ressourcen

Der Begriff „Ressourcen" beschreibt die Energierohstoffe, die nachgewiesen sind, aber bei heutigem Stand von Wirtschaft und Technik nicht wirtschaftlich und/oder nicht technisch abgebaut werden können.

Alle Reserven gehen dieses Jahrhundert zu Ende – nur die besonders klimaschädliche Kohle reicht noch etwas länger.

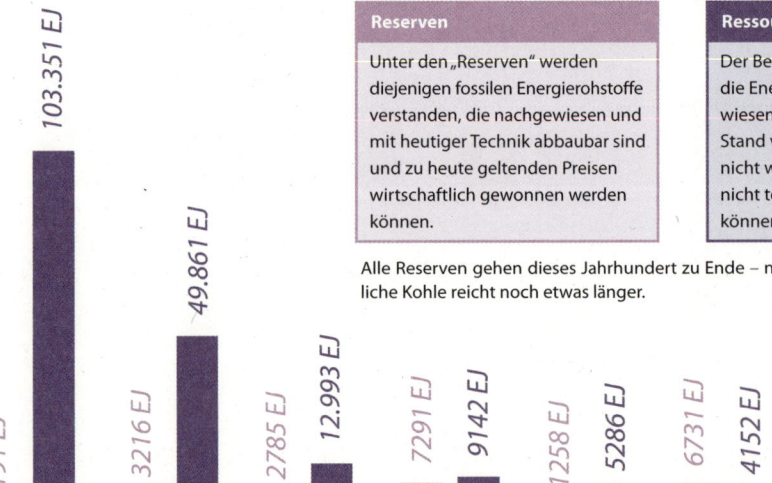

| | 425.886 EJ |
| 17.906 EJ | |

Hartkohle

191 EJ / 103.351 EJ — nicht konventionelles Erdgas

3216 EJ / 49.861 EJ — Weichbraunkohle

2785 EJ / 12.993 EJ — nicht konventionelles Erdöl

7291 EJ / 9142 EJ — Erdgas

1258 EJ / 5286 EJ — Uran

6731 EJ / 4152 EJ — Erdöl

415 EJ / 2508 EJ — Thorium

Öl- und Gas-Pipeline-Projekte

Bestehende oder im Aufbau und/oder Sanierung	in Planung	Förderung durch
▬▬▬▬	• • • • • • •	China
▬▬▬▬	• • • • • • •	Russland
▬▬▬▬	• • • • • • •	USA
▬▬▬▬	• • • • • • •	Europäische Union
▬▬▬▬	• • • • • • •	Iran

andere wichtige Pipelines
▬▬▬▬

wichtigste Öl- und Gasvorkommen

Öl- und Erdgasimporte

Die meisten Staaten Zentraleuropas sind heute abhängig von Erdgas- und Erdölimporten. Der Anteil der Importe zur Bedarfsdeckung an Erdgas und Erdöl wird voraussichtlich weiter zunehmen und so auch die Abhängigkeit der Europäischen Union von den führenden Exportländern wie Russland, Libyen oder Algerien.

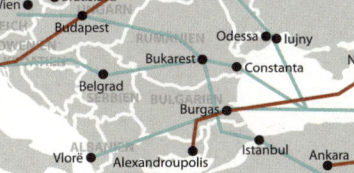

IMPORTABHÄNGIGKEIT DER DEUTSCHEN ENERGIEVERSORGUNG

Energie	Import (%) (2009)	Hauptlieferanten (2006 – 2007)
Braunkohle	0	–
Steinkohle	72	Russland, Kolumbien, Australien, Südafrika
Erdgas	84	Russland, Niederlande, Norwegen
Öl	97	Russland, Norwegen, Großbritannien
Uran	100	Kanada, Frankreich, USA, Großbritannien*

* Großbritannien und Frankreich haben keine Uranvorkommen. Sie sind Zwischenhändler und beziehen das Uran überwiegend aus Nordamerika, Kasachstan, Australien und Namibia.

91

Sämtliche noch vorhandenen Ölreserven der Welt entsprechen in ihrem Energiegehalt

2

Wochen Sonnen-einstrahlung in den Wüsten der Erde

Im Vergleich dazu ist die weltweite Verteilung der erneuerbaren Energien wesentlich günstiger. Energie aus Wind, Sonne, Biomasse und Wasser lässt sich auf fast allen Kontinenten in großen Mengen produzieren, aber leider nicht immer in jeder Region im gewünschten Mix. So bläst der Wind in den gemäßigten Breiten und in den subtropischen Wüsten und Steppen besonders stark. Strom aus Sonnenenergie kann am günstigsten im Wüsten- und Steppengürtel, der sich rund um die Erde zieht, und in den Hochgebirgen wie in Tibet und den bolivianischen Anden mit starker Sonneneinstrahlung gewonnen werden. Wasser findet man besonders an den Hängen der Gebirge und in niederschlagsreichen Gegenden – also dort, wo die Sonne oft durch Wolken abgeschirmt wird – und Biomasse in allen fruchtbaren Gebieten, also gerade nicht in den Wüsten und Steppen.

Ein Handel mit Strom aus erneuerbaren Energien könnte also nicht nur dazu dienen, die Stromproduktion zu verstetigen, sondern auch optimierte Lösungen zu finden, die nachhaltig sind.

Energiebörsen

An Energiebörsen wird wie an anderen Börsen gehandelt, jedoch werden Strommengen und nicht Waren angeboten. Der Preis für den Strom ist durch Angebot und Nachfrage bestimmt. Ein hohes Angebot und niedrige Nachfrage führen zu niedrigen Preisen. Während eines Sturmtiefs im Jahr 2009 fiel der Preis an der europäischen Strombörse in Leipzig aufgrund des hohen Angebots an Windstrom sogar ins Negative. Eine MWh entsprach einem Preis von -200,- Euro.

USA

Die besten Standorte für Sonnenkraftwerke befinden sich in den Wüsten im Südwesten der USA. Die besten Windgebiete sind die Steppen im mittleren Westen von Texas bis zur kanadischen Grenze. Geeignete Potenziale für Wasserkraft- und Biomassenutzung findet man im Nordosten. Das größte Energiespeicherprojekt ist die Nutzung des Eriesees.

Nordamerika

nördliches Südamerika
(Brasilien, Kolumbien, Venezuela)

südliches Südamerika, Anden

Potenzial der erneuerbaren Energien

 sehr großes Potenzial, kann die Energieversorgung überwiegend übernehmen

 großes Potenzial, kann einen wesentlichen Beitrag liefern

 kann einen zusätzlichen Beitrag liefern

kann keinen relevanten Beitrag liefern

Europa und Nordafrika

Die Potenziale von Europa und Nordafrika ergänzen sich. Im Norden Europas und an den Atlantikküsten weht Wind – die jahreszeitlichen Maxima in Europa und in Afrika sind zeitversetzt. Für Solarkraftwerke ist Afrika aufgrund der Sonneneinstrahlung besser geeignet. Dafür verfügt Europa über bedeutende Wasserkraftpotenziale. Freie Ackerflächen für die Biomasseproduktion sind besonders in Osteuropa vorhanden.

Japan

Der Inselstaat Japan mit knapp 127 Millionen Einwohnern verfügt über einen umfangreichen Mix erneuerbarer Energien. Die Studie „Energy Rich Japan" zeigt die Möglichkeit zur Vollversorgung ohne Atomkraftwerke mittels Windkraft, Photovoltaik, Wasserkraft und Geothermie auf.

Europa

Nordasien

Ostasien

  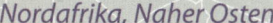

Zentralasien
(mit Tibet und den Steppen Nordwestchinas)

Nordafrika, Naher Osten

Südasien

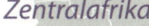

Zentralafrika

China

In den Wüsten und Steppen Chinas weht der Wind permanent, so dass ideale Bedingungen für die Nutzung der Windkraft herrschen. Sonnenenergie kann im Süden des Landes gewonnen werden. Die Hochplateaus von Tibet sind dafür besonders geeignet. Die großen Gebirge im Osten sind Quellgebiete riesiger Flusssysteme. Kein Land der Welt hat so große Wasserkraftpotenziale wie China. Die Erschließung ist aber oft mit großen sozialen und ökologischen Problemen verbunden.

südliches Afrika

Australien

Sicherheit

2071

km lang ist die HGÜ-Leitung, die Strom aus dem Xiangjiaba-Wasserkraftwerk in China nach Shanghai überirdisch transportiert

Hochspannungs-Gleichstrom-Übertragung (HGÜ)

Ein leistungsfähiges Stromnetz auf Basis erneuerbarer Energien muss in der Lage sein, Strom von den besten Produktionsstätten zu den größten Bedarfszentren mit hoher Effizienz zu transportieren. Eine Kombination von HGÜ-„Stromautobahnen" für den Transport über große Entfernungen mit dem konventionellen Wechselstromnetz für die lokale Verteilung („Landstraßen") ist hierfür besonders geeignet. Die Stromverluste bei den HGÜ-Leitungen sind mit 3 bis 4 % pro 1000 km gering. Je länger die Übertragungsstrecke, desto geringer die Kosten.

Je knapper die Rohstoffe werden, desto größer werden die Konflikte um sie. Schon in der Vergangenheit hat der Kampf um Rohstoffe und Energie immer wieder zu bewaffneten Auseinandersetzungen geführt. Pipelines wurden durch politische Gruppen oder Terroristen sabotiert. Die Sicherung der Energieversorgung ist einer der Hauptgründe für das Engagement der USA im Nahen Osten. Die Erdgaslieferungen aus Russland sind in den letzten Jahren mehrfach zum Instrument politischen Drucks geworden.

Die zu überwindenden Distanzen für den Stromtransport werden in Zukunft zunehmen. Heute beträgt die durchschnittliche Entfernung vom Kraftwerk bis zum Kunden in den hoch entwickelten Staaten ca. 100 Kilometer. In einem zukünftigen kontinentalen Netzverbund, in den Windkraftwerke an den Küsten, Solarkraftwerke aus den Wüsten und Wasserkraft in den Gebirgen eingebunden werden, muss der Strom vom Kraftwerk quer über den Kontinent zu den Verbrauchszentren transportiert werden. Die Entfernung vom Kraftwerk zum Kunden wird dadurch auf durchschnittlich über 1000 Kilometer anwachsen. Es kann der Eindruck entstehen, dass die Energieversorgung immer unsicherer wird. Ein Vergleich mit der jetzigen Situation relativiert diesen Aspekt. Heute hängen die Industriestaaten insbesondere beim Öl und beim Erdgas an wenigen hochsensiblen Transportwegen. Oft sind es auch wenige politisch instabile Lieferantenländer. Ganze Staaten wie Albanien werden heute durch eine einzige Pipeline beliefert – eine Versorgung über andere Staaten ist nur sehr begrenzt möglich. Und die Importe von Öl, Kohle und Uran zum Beispiel für Zentraleuropa werden heute von ganz wenigen Nordseehäfen abgewickelt.

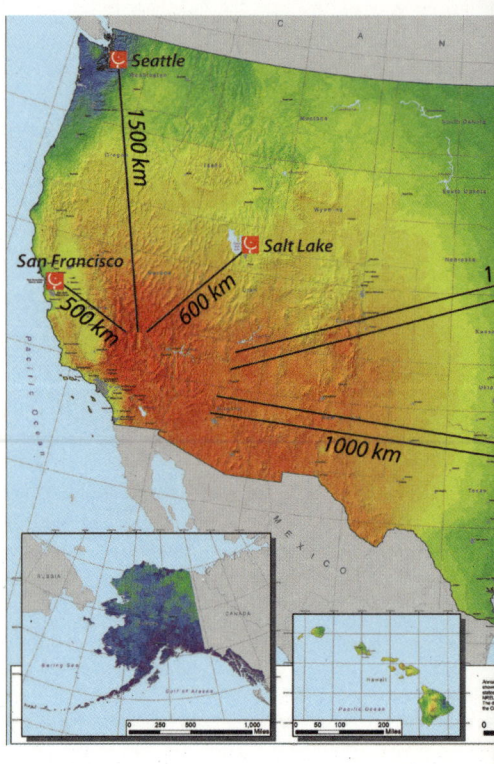

Das großräumige Stromnetz der Zukunft wird dagegen ein Vielfaches dichter sein als die wenigen Gasleitungen und Ölhäfen, die heute im Gebrauch sind. Bald werden zahlreiche Seekabel unterschiedliche Staaten Afrikas und Europas verbinden und für Sicherheit sorgen. Und selbst wenn alle Leitungen auf einmal ausfallen sollten, dürfte das kaum Auswirkungen auf die Versorgungssicherheit haben. In dem EUMENA-Szenario ist ein Anteil Wüsten- und Windstrom aus Afrika für Europa von 15-17 % für das Jahr 2050 geplant. Ein Totalausfall wäre nicht existentiell und könnte eine Zeit lang verkraftet werden. Auch die Sicherheit innerhalb der Industriestaaten wird sich durch die großräumige Vernetzung eher verbessern. Heute sind die großräumigen Verbindungen relativ schwach. So konnte im November 2006 der Ausfall einer einzi-

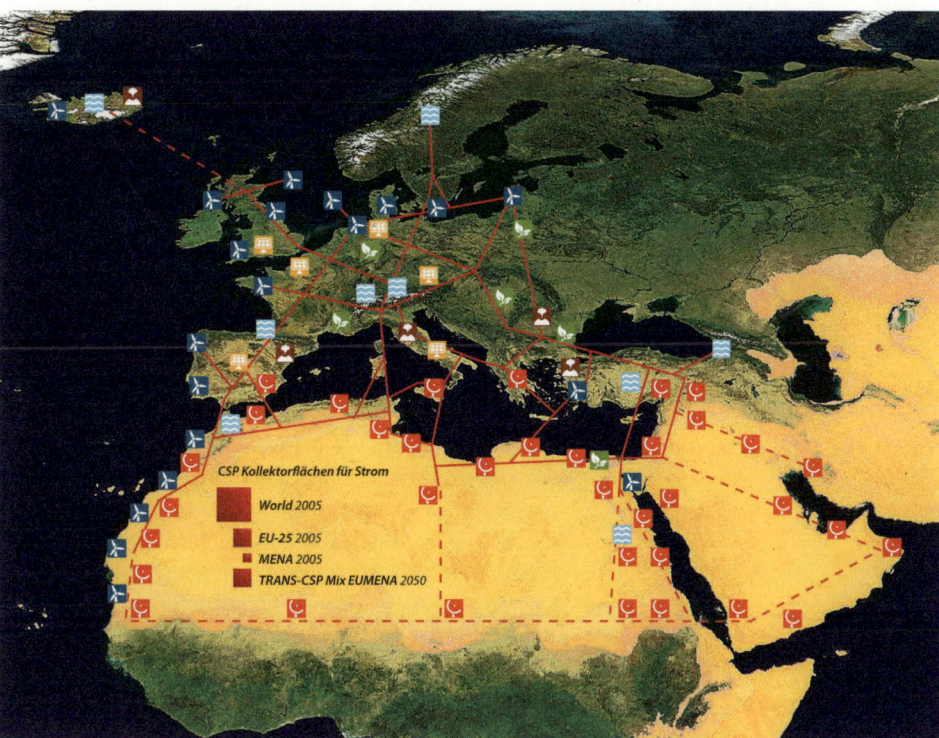

CSP Kollektorflächen für Strom

World 2005

EU-25 2005

MENA 2005

TRANS-CSP Mix EUMENA 2050

gen Leitung in Norddeutschland zu einem Zusammenbruch großer Teile des europäischen Netzes führen, wodurch Kraftwerk- und Stromabschaltungen von Polen bis nach Spanien und Süditalien erforderlich wurden. Der geplante Bau eines Backbone-Netzes zur großräumigen Versorgung mit erneuerbaren Energien wird für solche Fälle viel mehr Sicherheit schaffen. Am weitesten ist dabei China: Dort wurden bereits über 10000 Kilometer hocheffiziente Gleichstromleitungen mit 800 kV Spannung quer durch das Land gebaut.

Wichtig ist dabei auch die Entwicklung dezentraler Stromnetze. Neben den großen zu überbrückenden Entfernungen werden bei der Stromerzeugung durch erneuerbare Energien zwangsläufig auch die kleineren Wege zunehmen. Stromerzeugung durch erneuerbare Energien erfordert eine Menge kleinerer Generatoren, die innerhalb der Stromnetze ganz in der Nähe dessen, wo die Leistung auch gebraucht wird, aufgestellt sind. Diese dezentrale Stromerzeugung wird immer mehr die zentrale ergänzen oder gar ablösen. Die Stromgewinnung wird auf diese Weise also zunehmend sicherer anstatt anfälliger für Terrorangriffe. Dazu kommt, dass sich Strom als politisches Druckmittel kaum eignet. Denn Kohle, Öl, Gas oder Uran, die heute zurückgehalten werden, können morgen immer noch verkauft werden. Strom aus Wind, Wasser oder Sonne, der nicht geliefert wurde, ist kaum aufzubewahren. Die Einnahmen dafür sind unwiederbringlich verloren. Die Lieferanten haben also ein sehr großes Eigeninteresse, die Stabilität der Stromversorgung sicherzustellen.

Ressourcenfluch, Monopolisierung, Good Governance

20%

aller Millionäre der Welt stammen aus Entwicklungsländern

Extractive Industries Transparency Initiative (EITI)

Die 2003 gegründete EITI (deutsch: Initiative für Transparenz in der Rohstoffwirtschaft) soll die Korruption in Entwicklungsländern bekämpfen und die „Good Governance" stärken, indem man Steuern und Abgaben von rohstofffördernden Unternehmen und deren Verwendung transparent macht. Damit soll verhindert werden, dass diese Gelder an öffentlichen Haushalten vorbei geleitet, unterschlagen oder für missbräuchliche Zwecke (wie Finanzierung von privaten Milizen) verwendet werden. Die EITI veröffentlicht auf ihrer Webseite eine Liste aller Länder, die ihre Zahlungsströme bereits offenlegen, die Offenlegung vorbereiten oder dies angekündigt haben *(www.eiti.org)*.

Immer wieder werden gegenüber dem DESERTEC-Konzept Bedenken vorgetragen, ob es sich nicht um eine neue Form von Ausbeutung handele. Europa sichere sich wieder einmal fremde Ressourcen auf Kosten anderer Staaten. Möglicherweise könnten damit undemokratische Regime stabilisiert werden. Die Geschichte des Kolonialismus enthält viele Beispiele für den sogenannten „Ressourcenfluch". Der Export von Rohstoffen wie Öl, Gas oder Mineralien hat häufig nur zur Bereicherung der Eliten und zur Verelendung der Mehrheit – oft sogar zu Bürgerkriegen – geführt. Kongo, Angola und Nigeria sind dafür typische Beispiele. Das hat mehrere Gründe. Der Export von Rohstoffen ermöglicht es den Eliten auf leichte Weise, Vermögen zu monopolisieren und damit einen Unterdrückungsapparat zu finanzieren. Die hohen Rohstoffexporte können in armen Ländern zu einer Aufwertung der Währung führen, die die einheimischen Produkte verteuert und Importe billig macht. So wird oft die einheimische Wirtschaft zerstört und die Abhängigkeit von den Exporten immer größer. Schließlich sind die Schwankungen der Rohstoffpreise eine ständige Bedrohung für die Wirtschaft vieler Länder und oft sogar die Ursache von Hungerkatastrophen.

Diese Gefahren sind kein Automatismus – aber sie müssen bedacht werden. Deswegen sollte die Implementierung des DESERTEC-Konzepts mit einer außen- und entwicklungspolitischen Vision verbunden werden. Stark schwankende Rohstoffpreise sind zum Glück nicht zu erwarten. Denn die Sonne und der Wind sind kostenlos und machen langfristige Verträge mit festen Preisen

möglich. Berechnungen haben ergeben, dass die Hauptgewinner des Konzeptes die Wüsten-Regionen wie zum Beispiel die nordafrikanischen Staaten wären, da sie so eine erneuerbare und bezahlbare Strom- und Wasserversorgung erhalten. Die Strompreise in diesen Ländern würden gegenüber dem heutigen Stand nahezu halbiert werden können. Auf diese Weise würde auch die Konkurrenzfähigkeit der einheimischen Wirtschaft gestärkt werden. Um dies zu erreichen, geht die Empfehlung an DESERTEC, Verträge auch auf politischer Ebene zu schließen und die Finanzierungszusagen im Rahmen einer Umsetzung des DESERTEC-Konzepts mit der Implementierung von rechtsstaatlichen und demokrati-

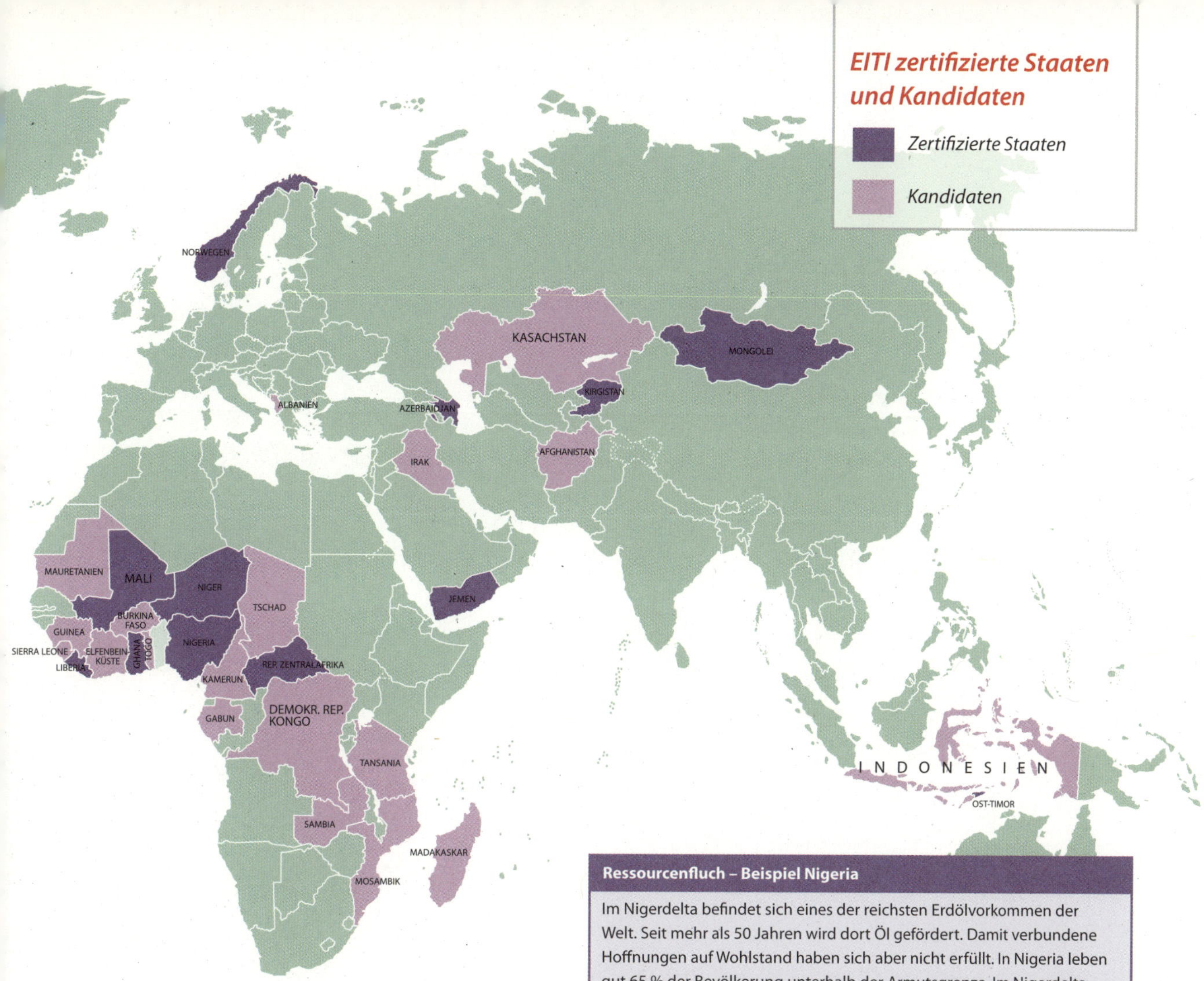
EITI zertifizierte Staaten und Kandidaten
Zertifizierte Staaten
Kandidaten
NORWEGEN
KASACHSTAN
MONGOLEI
KIRGISTAN
ALBANIEN
AZERBAIDJAN
IRAK
AFGHANISTAN
JEMEN
MAURETANIEN
MALI
NIGER
TSCHAD
BURKINA FASO
GUINEA
SIERRA LEONE
ELFENBEIN-KÜSTE
GHANA
TOGO
LIBERIA
NIGERIA
REP. ZENTRALAFRIKA
KAMERUN
GABUN
DEMOKR. REP. KONGO
TANSANIA
SAMBIA
MADAKASKAR
MOSAMBIK
INDONESIEN
OST-TIMOR

schen Strukturen zu verbinden. So könnten Monopolisierung von Gewinnen und Korruption vermieden werden. Das Stichwort heißt „Good Governance". Gerade dafür sind die demokratischen Revolutionen in Nordafrika eine große Chance. Das ist kein einfaches Vorhaben – aber ein lohnenswertes. Denn Frieden mit seinen Nachbarn kann man nur durch Zusammenarbeit und Gegenseitigkeit und nicht durch Autarkiebestrebungen erreichen. Ein gutes Beispiel für eine Initiative auf diesem Weg ist die Extractive Industries Transparency Initiative (EITI), eine Initiative zur Eindämmung der Korruption und Sicherung der Transparenz in der Rohstoffwirtschaft.

Ressourcenfluch – Beispiel Nigeria

Im Nigerdelta befindet sich eines der reichsten Erdölvorkommen der Welt. Seit mehr als 50 Jahren wird dort Öl gefördert. Damit verbundene Hoffnungen auf Wohlstand haben sich aber nicht erfüllt. In Nigeria leben gut 65 % der Bevölkerung unterhalb der Armutsgrenze. Im Nigerdelta sind mehr als 60 % der Menschen auf Landwirtschaft, Fischerei oder das Sammeln von Waldprodukten angewiesen. Eine intakte Umwelt ist für sie die Voraussetzung ihrer Lebensgrundlage. Das Nigerdelta gehört indes zu den fünf Gebieten weltweit, die am stärksten durch die Erdölförderung verseucht sind. Im Mai 2010 traten aus einer Erdöl-Pipeline sieben Tage lang insgesamt eine Million Gallonen Öl aus und zerstörten damit einen der größten Mangrovenwälder der Erde. Immer wieder explodieren Öl-pipelines und reißen Menschen in den Tod. Seit 1998 waren es über 2000.

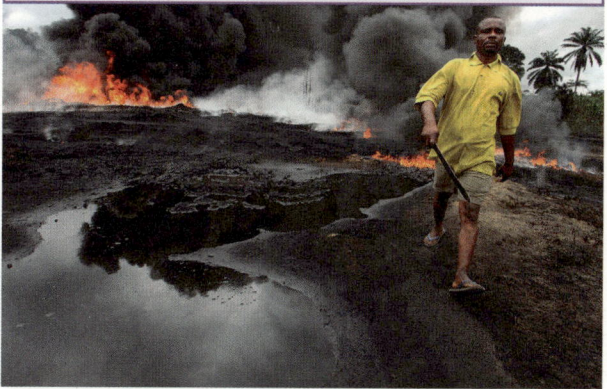

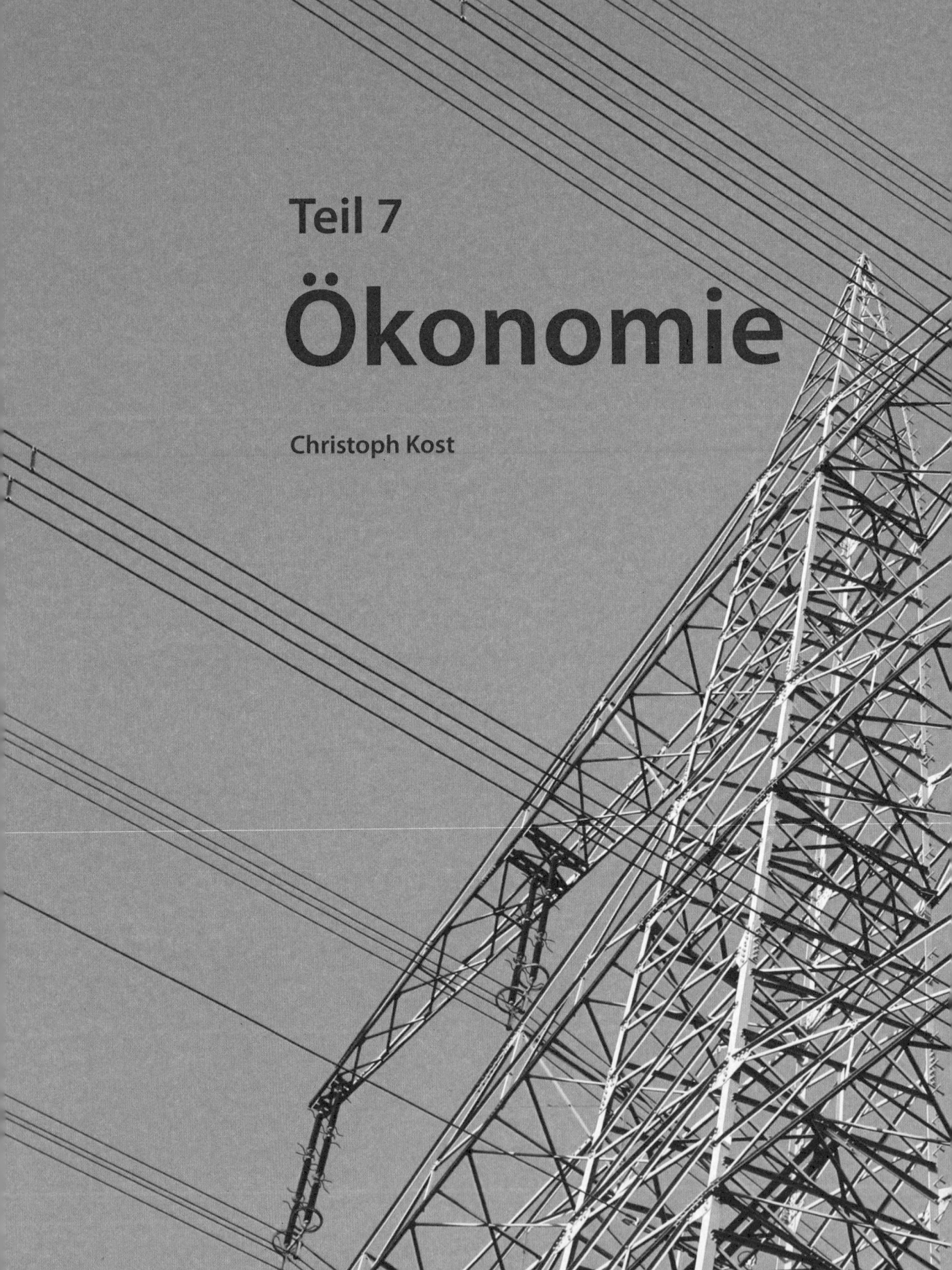

Teil 7

Ökonomie

Christoph Kost

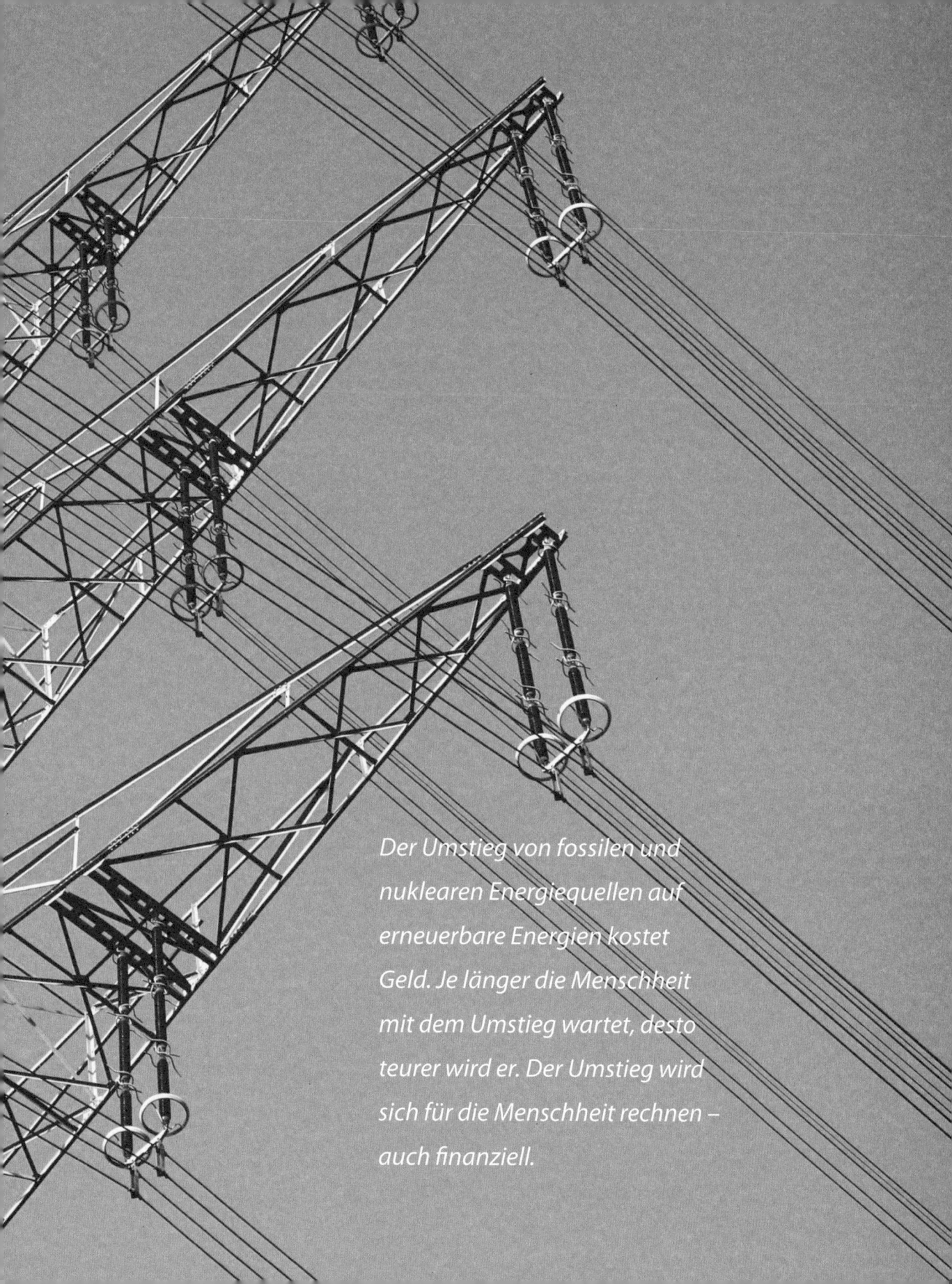

Der Umstieg von fossilen und nuklearen Energiequellen auf erneuerbare Energien kostet Geld. Je länger die Menschheit mit dem Umstieg wartet, desto teurer wird er. Der Umstieg wird sich für die Menschheit rechnen – auch finanziell.

Der Markt für erneuerbare Energien

211

Mrd. USD

wurden 2010 weltweit in erneuerbare Energien investiert. Das ist mehr als das Fünffache der Investitionssumme aus dem Jahr 2004

In den letzten zehn Jahren erlebten erneuerbare Energien einen ungeahnten technologischen Aufschwung und erhöhte gesellschaftliche Aufmerksamkeit. Diese Entwicklung wurde durch die wachsende Wirtschaftlichkeit der Alternativ-Technologien und staatliche Förderprogramme für eine nachhaltige Stromerzeugung unterstützt. Die Implementierung regulatorischer Förderbedingungen in Form von rechtlichen Rahmenbedingungen und marktunterstützenden Instrumenten wie günstigen Darlehen, Einspeisetarifen, Quotenregelungen und dem CO_2-Zertifikatehandel in zahlreichen Staaten schuf ein positives Investitionsklima. Die Staaten reagieren damit auf die absehbare Ressourcenknappheit von fossilen Energieträgern sowie die Klimaproblematik. Auf dem Markt für erneuerbare Energien führte dies zum Einsatz neuer Technologien mit höheren Systemwirkungsgraden und verbesserter Anlagentechnik. Dadurch sind

die spezifischen Kosten sowohl für den Bau als auch für den Betrieb derartiger Anlagen gesunken. Mit dem weltweiten Ausbau der Kraftwerkskapazitäten von erneuerbaren Energien auf eine installierte Leistung von 400 GW bis Ende 2010 und jährlichen Investitionen in neue Anlagen von bis zu 211 Milliarden USD lässt sich diese Entwicklung zu einem leistungsfähigen Markt auch in Zahlen ausdrücken. Aufgrund unterschiedlicher Kosten- und Marktstrukturen entwickeln sich die Teilmärkte der einzelnen Technologien jedoch sehr unterschiedlich.

Wasserkraftwerke und Biomasseanlagen sind schon seit Jahrzehnten wichtige Eckpfeiler vieler nationaler Energiesysteme. Windenergieanlagen erreichten in den letzten Jahren wettbewerbsfähige Marktpreise im Vergleich zu konventionellen Kraftwerken und haben heute in zahlreichen Ländern große Absatzmärkte gefunden, so dass

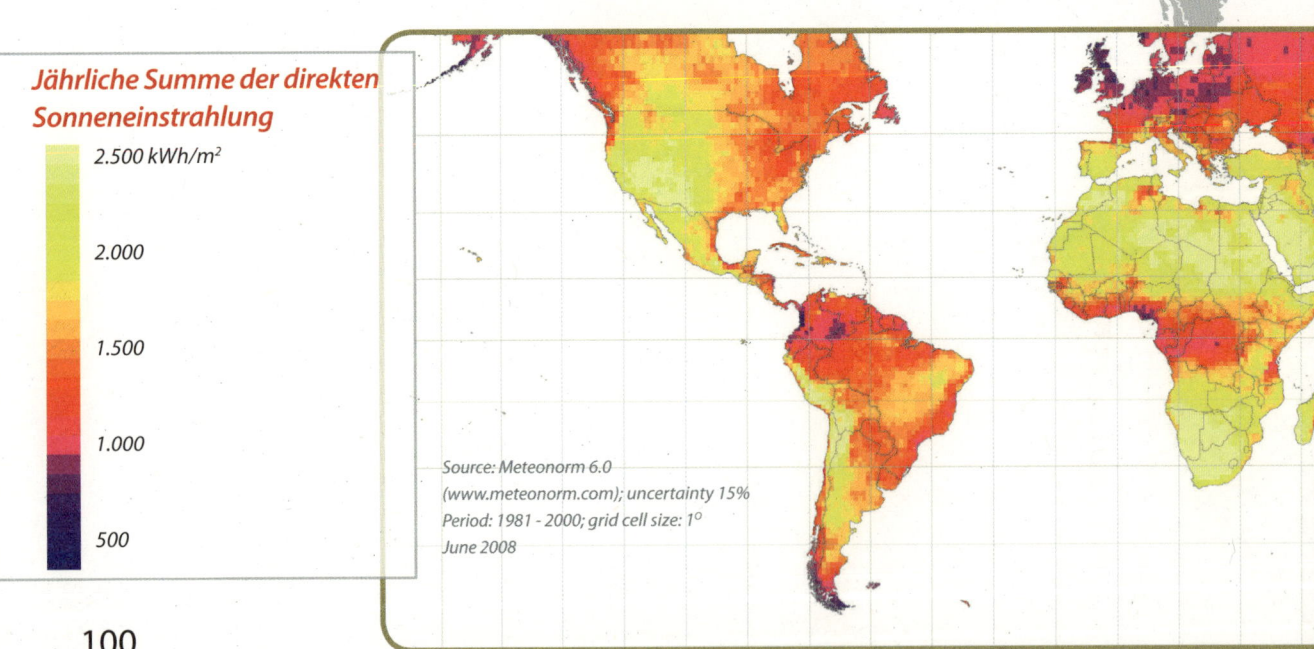

Jährliche Summe der direkten Sonneneinstrahlung

2.500 kWh/m²

2.000

1.500

1.000

500

Source: Meteonorm 6.0
(www.meteonorm.com); uncertainty 15%
Period: 1981 - 2000; grid cell size: 1°
June 2008

752.435 — 772.448 — 795.903 — 825.224 — 857.248

Wasserkraft 2004-2008

Solarthermische Kraftwerke 2000-2010: 410 — 410 — 410 — 410 — 410 — 410 — 410 — 410 — 485 — 900 — 1.200

Solarthermische Kraftwerke 2000-2010

Photovoltaik 2000-2010: 1.428 — 1.762 — 2.201 — 2.795 — 3.847 — 5.167 — 6.770 — 9.162 — 14.730 — 20.547 — 39.000

Photovoltaik 2000-2010

Biomasse und Müllverbrennung: 44.796 — 49.067 — 51.826 — 56.123

Biomasse und Müll-verbrennung 2005-2008

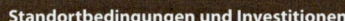

Windenergie: 6.100 — 7.600 — 10.200 — 13.600 — 17.400 — 23.900 — 31.100 — 39.431 — 47.620 — 59.091 — 74.052 — 93.820 — 120.291 — 158.908 — 197.039

Windenergie 1996-2010

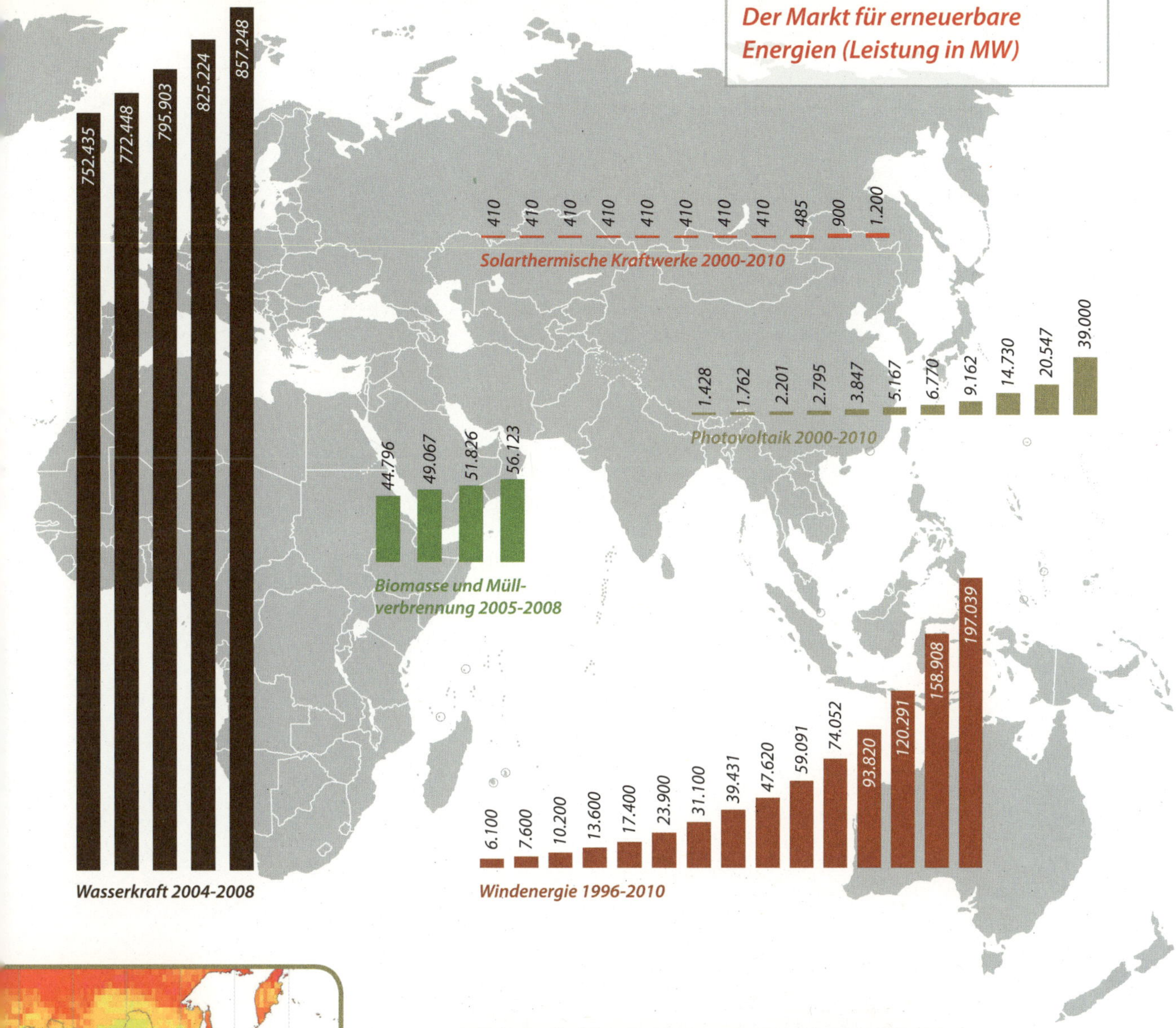

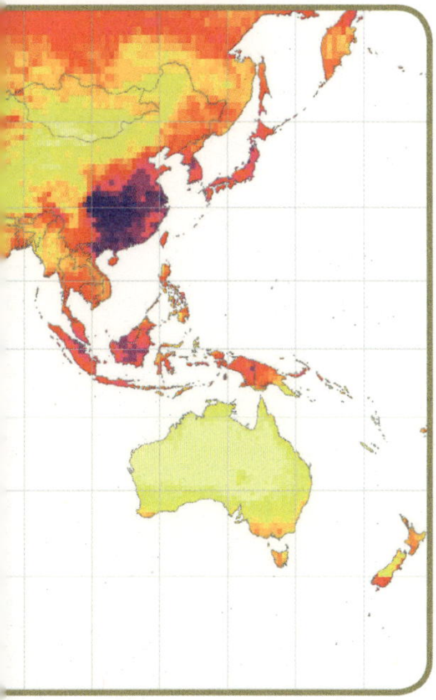

Standortbedingungen und Investitionen

2010 erreichten zum ersten Mal die weltweiten Investitionen in der Solarenergie den Bereich der bis dahin dominanten Windenergie. 94,7 Mrd. USD wurden dort investiert, während die Solarenergie auf 86,1 Mrd. USD kam. Allein 60 Mrd. USD davon wurden in die Photovoltaik investiert, eine Steigerung um fast 100 % zum Jahr 2009. Ein wesentlicher Grund hierfür liegt in der staatlichen Unterstützung der Solarenergie durch garantierte Einspeisetarife. Sie sind elementar für die Implementierung und den weiteren Ausbau der Solarenergie. Gerade diejenigen Länder und Regionen, die von der Sonne am meisten begünstigt werden, zählen zu den eher wirtschaftlich schwächeren Standorten, so dass Investoren bzw. Endabnehmer zumindest in der Implementierungsphase von Solarenergie auf staatliche Einspeisevergütungen angewiesen sind. Um so bedenklicher ist es für das Vertrauen potenzieller Investoren und damit für die gesamte Solarindustrie, wenn zugesagte Einspeisetarife für bereits fertiggestellte und arbeitende Anlagen nachträglich beschnitten werden.

72

Mrd. USD

wurden 2010 in erneuerbare Energien in den Entwicklungs-ländern investiert. Damit übertrafen die Entwicklungs-länder erstmals die Industriestaaten bei Neuinvestitionen

die Installationen bis Ende 2010 auf fast 200 GW angestiegen sind. Im Photovoltaik-markt nahm seit 2008 die Zahl der weltwei-ten Produktionsstätten mit hochindustriel-len Fertigungen zu, wodurch ein intensiver Wettbewerb innerhalb der Photovoltaik-industrie entstanden ist. Weltweit wurde so die Marke von fast 40 GW installierter Leis-tung gebrochen. In sonnenreichen, wüsten-artigen Regionen erleben solarthermische Kraftwerke nach ersten Kraftwerksbauten in den USA zwischen 1982 und 1990 in ei-nigen Ländern einen enormen Aufschwung. Zwischenzeitlich sind zahlreiche neue Kraft-werke mit über 1200 MW installiert worden. Einen positiven Ausblick in die Zukunft geben zahlreiche Marktstudien. Diese pro-gnostizieren für jede der genannten Tech-nologien große Entwicklungspotenziale, deren Ausschöpfung von technologischen, wirtschaftlichen und energiepolitischen Entscheidungen abhängen wird. So soll die Solarthermieleistung in den nächsten 20 Jahren um mehr als das 200-fache auf ca. 250 GW im Vergleich zu der Leistung im Jahre 2010 ansteigen, die aus der Photovoltaik gewonnene Energie um ca. das 60-fache auf dann 2200 GW und die Windenergie-Leis-tung um etwa das 10-fache auf ca. 2500 GW.

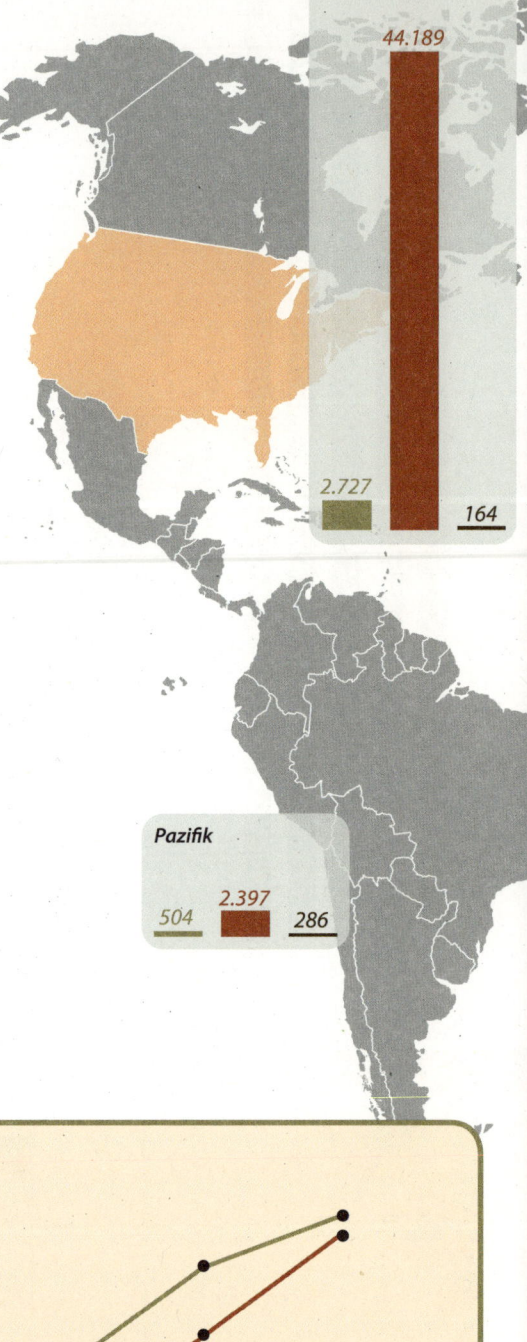

Nordamerika

44.189

2.727   *164*

Pazifik

504   2.397   *286*

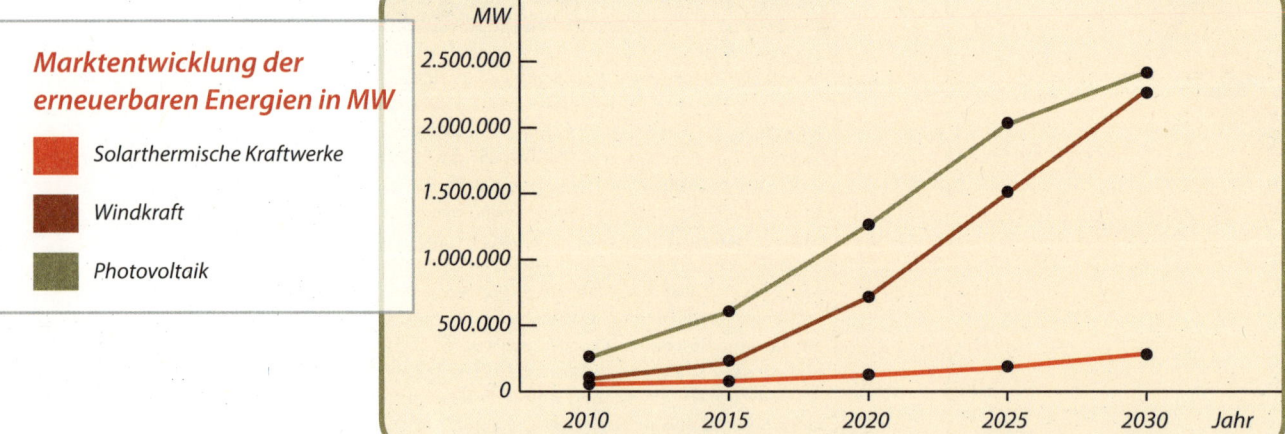

Marktentwicklung der erneuerbaren Energien in MW

- Solarthermische Kraftwerke
- Windkraft
- Photovoltaik

MW

2.500.000

2.000.000

1.500.000

1.000.000

500.000

0

2010   2015   2020   2025   2030   *Jahr*

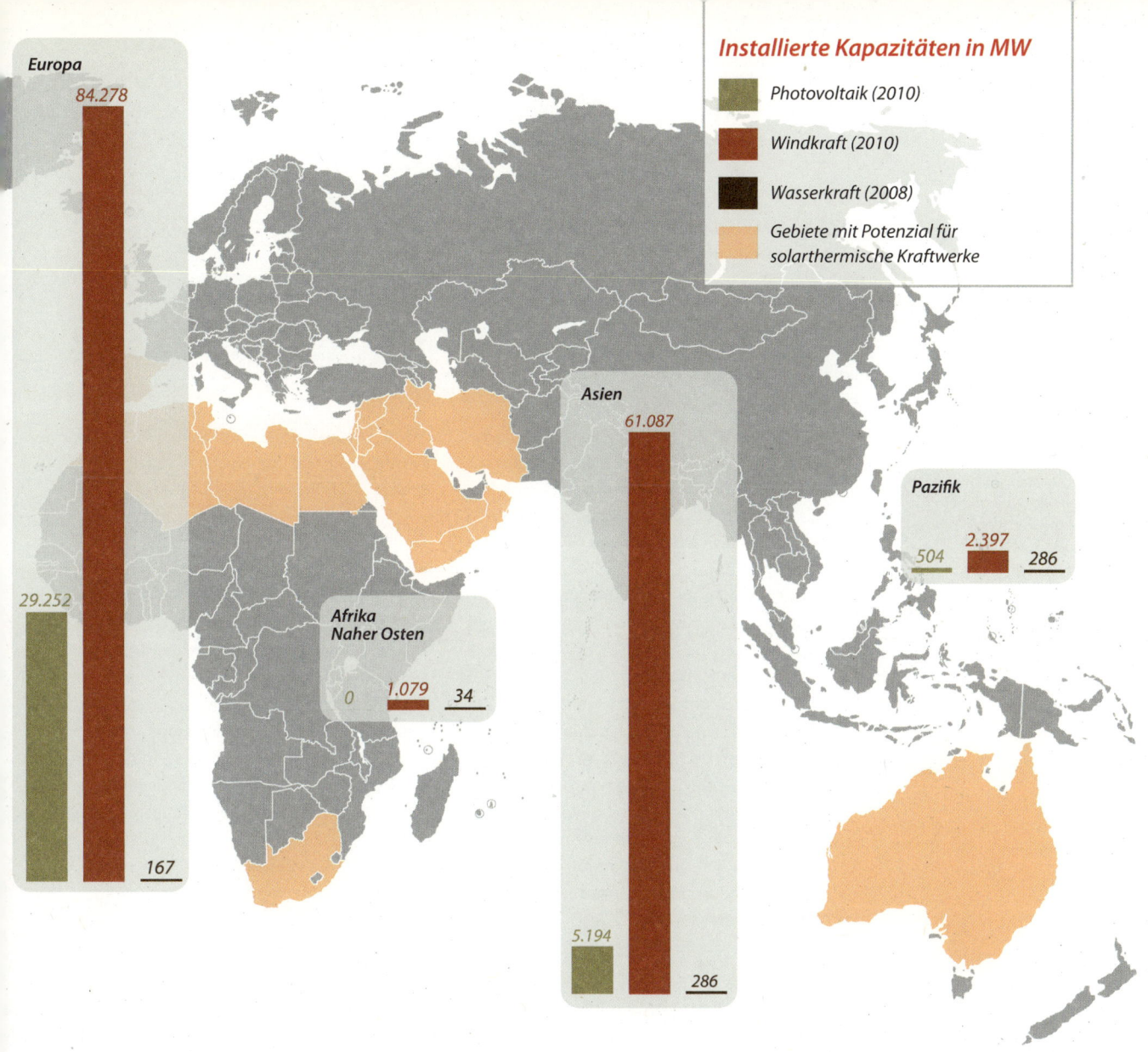

Installierte Kapazitäten in MW

- Photovoltaik (2010)
- Windkraft (2010)
- Wasserkraft (2008)
- Gebiete mit Potenzial für solarthermische Kraftwerke

Europa
84.278
29.252
167

Asien
61.087
5.194
286

Pazifik
504   2.397   286

Afrika Naher Osten
0   1.079   34

NEUINVESTITIONEN IN ERNEUERBAREN ENERGIEN IN MRD. USD

	2004	2005	2006	2007	2008	2009	2010
Nordamerika	3,8	10,3	24,6	29,4	32,3	19,7	30,1
Süd-/Mittelamerika	0,5	2,8	4,7	7,7	15,7	9,4	13,1
Europa	9,0	18,4	27,3	46,6	47,6	45,0	35,2
Afrika/Naher Osten	0,3	0,1	1,5	1,5	2,4	2,4	5,0
Asien/Ozeanien	5,6	11,0	18,3	26,2	34,4	45,7	49,3

103

Stromgestehungskosten

Stromgestehungskosten

Mit Stromgestehungskosten werden diejenigen Kosten bezeichnet, die im Mittel für die Umwandlung von einer Energieform in Strom anfallen. Dazu werden im Prinzip alle über die Lebensdauer des Kraftwerks anfallenden Kosten durch den erzeugten Strom geteilt. Das Ergebnis ist ein Wert in €/kWh. Dieser Wert drückt also aus, wie viel jede einzelne kWh des mit dieser Technologie erzeugten Stroms durchschnittlich kostet.

Gesunkene Stromgestehungskosten verdeutlichen die wachsende Marktfähigkeit und Wirtschaftlichkeit von erneuerbaren Energien. Die Wettbewerbsfähigkeit von Onshore-Windenergieanlagen gegenüber konventionellen Kraftwerken wird an guten Windstandorten mit Stromgestehungskosten von 5 bis 8 Cent pro kWh erreicht. Offshore-Windenergieanlagen verzeichnen trotz höherer Volllaststunden (3600 Stunden jährlich) aufgrund ihrer höheren Betriebskosten und teureren Installation auf dem Meeresgrund mit 12 bis 15 Cent pro kWh deutlich höhere Kosten. Wasserkraftwerke produzieren schon seit über 100 Jahren günstigen Strom zu Kosten von 3 bis 8 Cent pro kWh. In ländlichen Gebieten ist die Biomasse mit 8 bis 12 Cent pro kWh ebenfalls seit Jahren eine günstige Alternative für die Stromerzeugung. Abhängig von der lokalen Einstrahlung und ihrer Anlagengröße liegen Photovoltaik-Anlagen bei Kosten zwischen 15 und 30 Cent pro kWh. Vor wenigen Jahren waren diese Werte doppelt so hoch. Der Vergleich von Photovoltaik mit solarthermischen Kraftwerken zeigt aktuell Kostenvorteile für die Photovoltaik an Standorten mit einer jährlichen Einstrahlung von 2000 kWh/m²/Jahr. Die Parität von Endkundenstrompreis und Solarstromkosten (sog. »Grid Parity«) ist in Regionen mit hoher Einstrahlung und hohem Endkundenstrompreis (z. B. Süditalien) bereits heute gegeben.

Der Markt für Photovoltaikanlagen entwickelt sich nach einem weltweiten Ausbau von Produktionskapazitäten für Solarmodule zu einem wettbewerbsfähigen Massenmarkt. Bisher wurde der Absatzmarkt wesentlich von wenigen Ländern, insbesondere Deutschland, Spanien und in der Vergangenheit auch Japan, dominiert. Im Jahr 2010 lag Deutschland an der Spitze der größten Absatzmärkte mit neuinstallierten 7 GW. Doch die Anzahl der installierten Anlagen steigt auch in vielen anderen europäischen Staaten sowie in den USA und China. Für die Zukunft werden der Photovoltaik wachsende Absatzmärkte auf allen Kontinenten vorhergesagt.

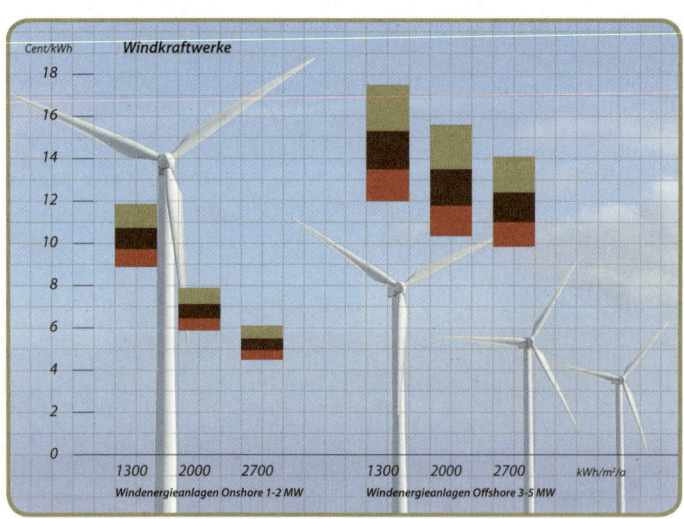

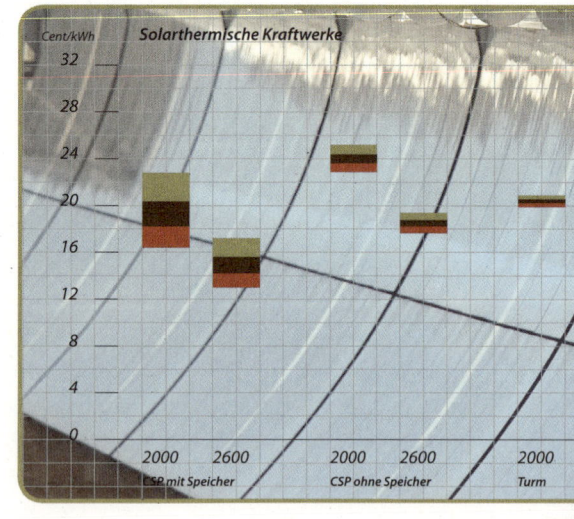

Gleichzeitig entstanden in den letzten Jahren Produktionsstandorte von der Wafer- über die Zell- bis zur Modulfertigung in den USA, in Europa und besonders in Asien (China). Durch den breiten Ausbau von Produktionskapazitäten konnten Engpässe bei der Siliziumproduktion reduziert sowie Kostensenkungen erreicht werden. Die Schaffung von Absatzmärkten für Solarmodule in Asien kann diese Entwicklung weiter fördern. Der Preisverfall von Solarmodulen betrug innerhalb von zwei Jahren über 45 % bei Großhandelspreisen bis Ende 2010. Er wurde durch die Wirtschaftskrise ab Ende 2008 und den Zusammenbruch des spanischen Photovoltaikmarktes bei gleichzeitig starkem Anstieg der weltweiten Produktionskapazitäten ausgelöst. Folglich sanken die Stromgestehungskosten für kleinere Photovoltaik-Anlagen mit Installationskosten von 2,80 Euro pro Watt deutlich unter 30 Cent pro kWh für Photovoltaik-Anlagen in Deutschland. Für größere Anlagen können sogar Stromgestehungskosten von unter 25 Cent pro kWh realisiert werden. Bei In-

stallationskosten von 2,20 Euro je Watt erreichen die Stromgestehungskosten bereits einen Wert von 23 Cent. In Ländern mit hoher Sonneneinstrahlung wie Italien oder Spanien können bei Einstrahlungen von 2000 kWh/m²/Jahr selbst für Kleinanlagen Stromgestehungskosten von 19 bis 21 Cent pro kWh erreicht werden. An Standorten mit diesen hohen Einstrahlungen sind die Stromgestehungskosten in einem wettbewerbsfähigen Bereich gegenüber Endkundenstrompreisen angelangt.

Ausgelöst durch eine attraktive staatliche Förderung in den USA und Spanien, hat die solarthermische Kraftwerkstechnologie (CSP – Concentrating Solar Power) in den letzten fünf Jahren einen neuen Aufschwung erfahren. Zuvor konnte der Bau von neun Solarkraftwerken in Kalifornien mit einer Gesamtkapazität von 354 MW in den Jahren zwischen 1980 und 1990 keine Wachstumseffekte entfachen. Besonders die Länder mit einer sehr starken Direktnormalstrahlung (sonnenreiche Wüstengebiete)

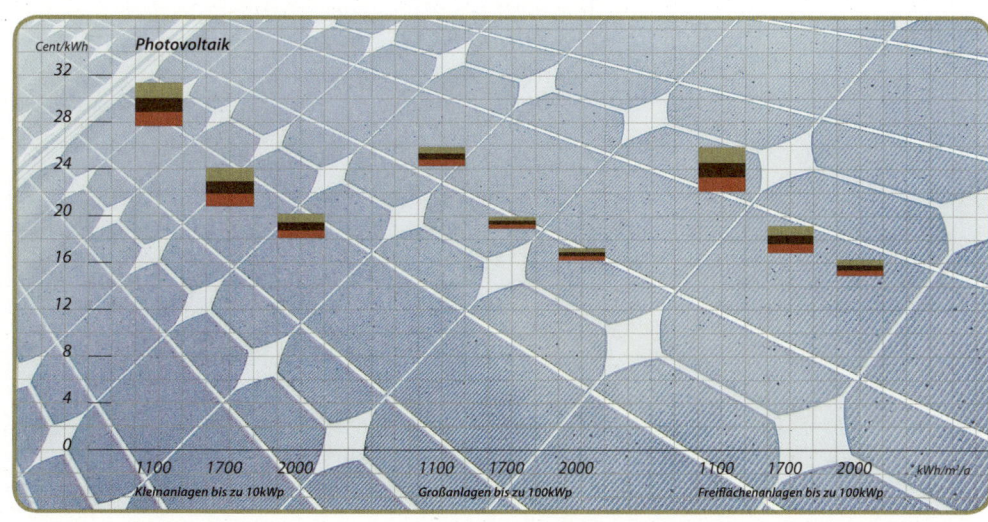

Wind als Standortvorteil für Europa

Investitionsentscheidungen sind Standortentscheidungen. Eines der ersten und wichtigsten Kriterien einer Standortentscheidung ist das Potenzial natürlich vorhandener Ressourcen. Europa verfügt über einzigartige Voraussetzungen zur Nutzung von Windenergie. Dieses gilt insbesondere für die küstennahen Gebiete (Offshore- und Onshore-Anlagen) Westeuropas. 90 Mrd. USD wurden 2010 weltweit in Windenergie investiert, der größte Teil davon in Offshore-Projekte mit einer Kapazität von insgesamt 1,2 GW, was einer Wachstumsrate von 59 % entspricht. Weltweit wurden in 12 Ländern Offshore-Anlagen gebaut, 10 von ihnen lagen in Europa. UK verfügt über mehr als die Hälfte des weltweiten Offshore-Marktes an installierter Windkraft (1,2 GW), gefolgt von Dänemark und den Niederlanden. Der Offshore-Markt in Belgien wuchs 2010 um 0,2 GW, was 49 % seines Windmarktes repräsentiert. Frankreich installierte 2010 Windanlage-Kapazitäten von 1,1 GW. Dänemarks Windanteil an der gesamten Stromerzeugung beträgt 21 %. Damit ist das Land weltweit führend. Mit 18 % folgt Portugal. Der Windanteil in Spanien beträgt 16 %, in Deutschland 9 % (zum Vergleich: China 1,2 %, USA 2 %). Diese Dynamik trug dazu bei, dass die Preise für Windturbinen in den letzten zwei Jahren um 18 % je MW fielen. Damit rückt die Wettbewerbsfähigkeit der Windenergie immer stärker in die Nähe konventioneller Energieträger.

entwickeln zur Zeit umfangreiche Ausbaupläne für erste CSP-Kraftwerksprojekte. Waren Anfang 2011 weltweit solarthermische Kraftwerke mit einer Gesamtkapazität von 1,2 GW installiert, so beläuft sich der Umfang aller geplanten und im Bau befindlichen Kraftwerksprojekte, deren Inbetriebnahme bis 2014 abgeschlossen sein kann, auf 13,5 GW. Die Stromgestehungskosten von solarthermischen 50 MW-Kraftwerken mit thermischen Salzspeichern, die mit einem Speichervolumen von bis zu sechs Stunden auch in den Abendstunden Strom produzieren können, liegen bei einer Jahreseinstrahlung von 2000 kWh/m²/Jahr zwischen 16 und 22,5 Cent pro kWh. Damit schneiden sie besser ab als Kraftwerke ohne Speicher mit 23,8 Cent pro kWh, da ein größeres Solarspiegelfeld mit kombinierten Salzspeichereinheiten für eine gute Auslastung der Kraftwerksturbinen und damit für eine höhere Volllaststundenzahl sorgt. Bei größeren Kraftwerkseinheiten über 100 MW-Turbinenleistung sinken die Stromgestehungskosten auch ohne den Einsatz von Speichertechnologien auf bis zu 19,1 Cent pro kWh. In Regionen mit höherer Sonneneinstrahlung von bis zu 2600 kWh/m²/Jahr wie in Nordafrika oder den Wüsten in Kalifornien können Stromgestehungskosten von 15 Cent pro kWh erreicht werden. In den nächsten Jahren sind bei der CSP-Technologie im Vergleich zu den ersten Kraftwerken Kostensenkungen durch höhere Automatisierung, Projekterfahrung, den Einsatz verbesserter Materialien und Komponenten sowie durch weitere Großprojekte zu erwarten.

Von allen erneuerbaren Energien besitzt die Windkraft derzeit aufgrund ihrer hohen Wettbewerbsfähigkeit gegenüber konventioneller Stromerzeugung weltweit die höchste Anzahl von Neuinstallationen. Ausgehend von Märkten wie Dänemark und

UK – Boom bei Kleinen Windsystemen

Mehr als die Hälfte des weltweiten Offshore-Markets an installierter Windkraft kommt aus UK. UK spielt auch auf dem Markt der kleinen Windsysteme (unter 100 kW) eine bedeutende Rolle. Mit staatlicher Unterstützung wuchs der inländische Anteil um 65 % im Jahr 2009. Die über 20 heimischen Hersteller produzieren etwa 45% für den inländischen Markt, gut 55% ihrer Produktion wird exportiert.

Belgien – größte Windturbine der Welt mit internationaler Beteiligung

Vor der Küste Belgiens entsteht die mit 6 MW Leistung größte Windturbine im Rahmen eines 300 MW-Windparks. Die Projektkosten sind mit 1,7 Mrd. USD veranschlagt. Projekte solcher Größenordnung sind vielfach nur noch unter internationaler Beteiligung durchführbar. An diesem Projekt sind Firmen und Banken aus Dänemark, Deutschland, Frankreich, den Niederlanden und Indien beteiligt.

Spanien – Europameister bei Neuinstallationen

2010 installierte Spanien Windkraftleistungen von 1,8 GW. Mit insgesamt 20,7 GW nimmt Spanien im Weltmarkt den vierten Platz bei neuen Windanlagen ein. Obwohl Spanien über weniger Windanlagenkapazität als Deutschland verfügt, produzierte es 2010 mehr Strom als Deutschland aus dieser Quelle, vornehmlich aufgrund höherer Windgeschwindigkeiten in Spanien und modernster Turbinentechnologie.

Windressourcen in Höhe von 50 Metern über Grund für vier topografische Bedingungen

	Offenes Gelände		Küstenregion		Offenes Meer		Hügel und Berge	
	ms⁻¹	Wm⁻²	ms⁻¹	Wm⁻²	ms⁻¹	Wm²	ms⁻¹	Wm⁻²
	> 7.5	> 500	> 8.5	> 700	> 9.0	> 800	> 11.5	> 1.800
	6.5 – 7.5	300 – 500	7.0 – 8.5	400 – 700	8.0 – 9.0	600 – 800	10.0 – 11.5	1.200 – 1.800
	5.5 – 6.5	200 – 300	6.0 – 7.0	250 – 400	7.0 – 8.0	400 – 600	8.5 – 10.0	700 – 1.200
	4.5 – 5.5	100 – 200	5.0 – 6.0	150 – 250	5.5 – 7.0	200 – 400	7.0 – 8.5	400 – 700
	< 4.5	< 100	< 5.0	< 150	< 5.5	< 200	< 7.0	< 400

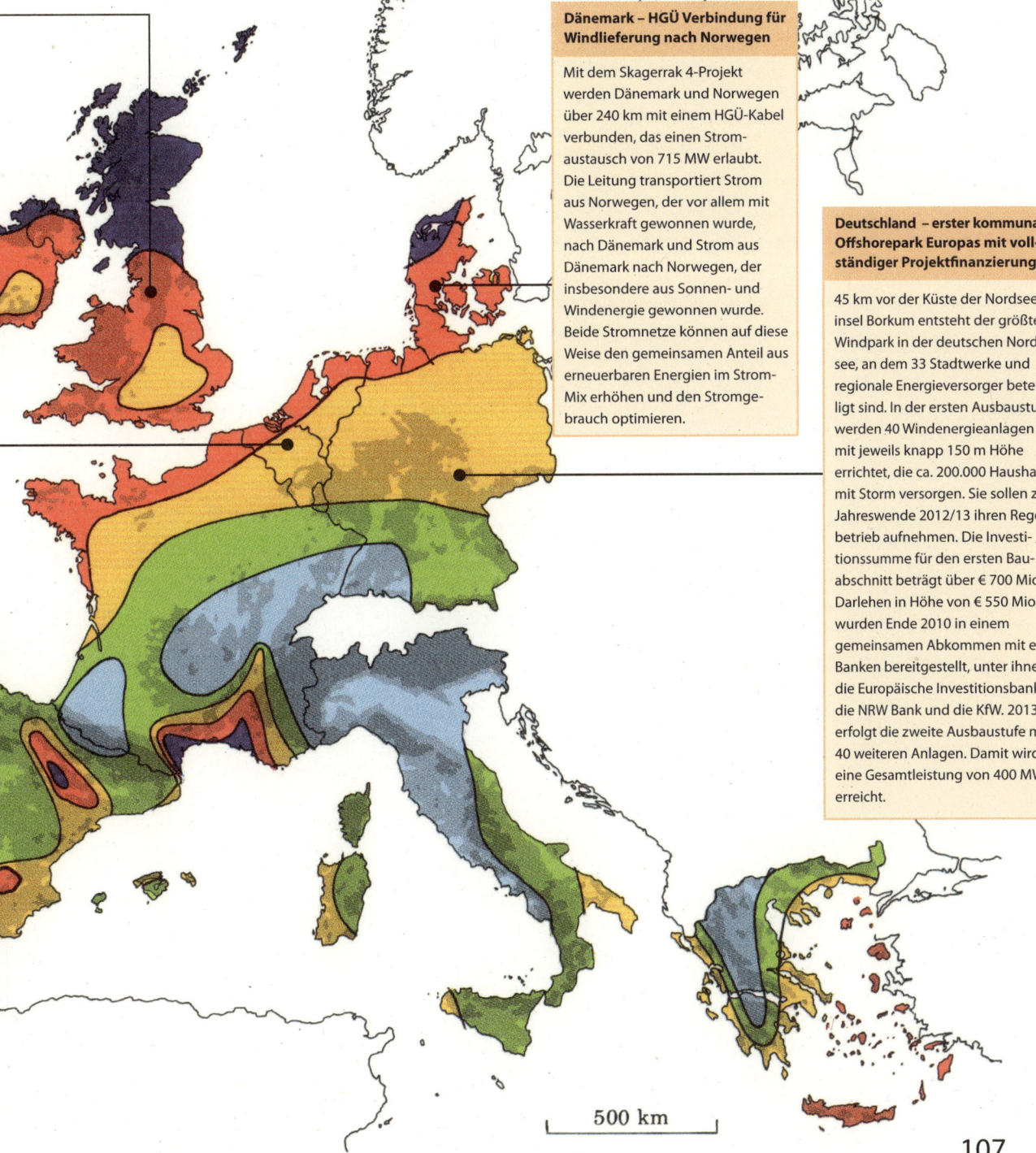

Dänemark – HGÜ Verbindung für Windlieferung nach Norwegen

Mit dem Skagerrak 4-Projekt werden Dänemark und Norwegen über 240 km mit einem HGÜ-Kabel verbunden, das einen Stromaustausch von 715 MW erlaubt. Die Leitung transportiert Strom aus Norwegen, der vor allem mit Wasserkraft gewonnen wurde, nach Dänemark und Strom aus Dänemark nach Norwegen, der insbesondere aus Sonnen- und Windenergie gewonnen wurde. Beide Stromnetze können auf diese Weise den gemeinsamen Anteil aus erneuerbaren Energien im Strom-Mix erhöhen und den Stromgebrauch optimieren.

Deutschland – erster kommunaler Offshorepark Europas mit vollständiger Projektfinanzierung

45 km vor der Küste der Nordsee-insel Borkum entsteht der größte Windpark in der deutschen Nordsee, an dem 33 Stadtwerke und regionale Energieversorger beteiligt sind. In der ersten Ausbaustufe werden 40 Windenergieanlagen mit jeweils knapp 150 m Höhe errichtet, die ca. 200.000 Haushalte mit Storm versorgen. Sie sollen zur Jahreswende 2012/13 ihren Regelbetrieb aufnehmen. Die Investitionssumme für den ersten Bauabschnitt beträgt über € 700 Mio.; Darlehen in Höhe von € 550 Mio. wurden Ende 2010 in einem gemeinsamen Abkommen mit elf Banken bereitgestellt, unter ihnen die Europäische Investitionsbank, die NRW Bank und die KfW. 2013 erfolgt die zweite Ausbaustufe mit 40 weiteren Anlagen. Damit wird eine Gesamtleistung von 400 MW erreicht.

500 km

Die konzentrierende Photovoltaik

Bei der zweiachsig nachgeführten, konzentrierenden Photovoltaik (Concentrating Photovoltaic – CPV) werden die Sonnenstrahlen durch eine Optik – Linsen oder Spiegel – auf eine Solarzelle fokussiert. Die Konzentration der Sonnenstrahlen auf diese Zelle ist etwa 400 bis 1000-fach so stark wie bei den herkömmlichen Photovoltaik-Zellen. Nach zweijährigem, erfolgreichem kommerziellem Anlagenbetrieb an Kraftwerksstandorten in Spanien und den USA haben zahlreiche Marktteilnehmer den Schritt zur industriellen Modulfertigung vollzogen. Stromgestehungskosten von 18 bis 22 Cent je kWh für einen Standort mit einer Direktnormalstrahlung von 2000 kWh/m²/Jahr lassen schon heute einen Vergleich mit den marktreiferen Technologien zu.

Deutschland, konnten in den vergangenen Jahren zahlreiche neue Windparks in Spanien, Großbritannien, den USA, China und Indien gebaut werden. Neben diesen Massenmärkten entwickeln sich Windprojekte und Windparks mit mehreren hundert MW in zahlreichen weiteren Industriestaaten sowie in einigen ersten Schwellen- und Entwicklungsländern. In Deutschland hat die Windkraft bereits einen Anteil von 6 % an der gesamten Stromerzeugung, der zukünftig durch den Ausbau an Offshorestandorten gesteigert wird. Küstennahe Standorte mit 2700 Volllaststunden erzielen Stromgestehungskosten von 5,4 Cent pro kWh, wohingegen küstenfernere Standorte mit schwächerem Windangebot ihren Strom zu Kosten zwischen 8,9 und 11,9 Cent pro kWh produzieren. Demgegenüber zeigt die Analyse aktueller Offshore-Windenergieanlagen höhere Stromgestehungskosten aufgrund des Einsatzes von widerstandsfähigeren Materialien, problematischer Verankerung im Meeresgrund, aufwändigerer Installation und Logistik der Anlagenkomponenten sowie höheren Wartungsaufwands.

Küstennahe Offshore-Anlagen erreichen 14,5 Cent pro kWh, im Vergleich zu sehr guten Meeresstandorten mit 11,7 Cent. Diese küstenfernen Standorte haben jedoch den Nachteil einer aufwändigen und teureren Netzanbindung, die zusätzliche Kosten verursacht. Die Verknüpfung von mehreren großen Windparks mit einer Gleichstromverbindung reduziert die spezifischen Kosten für einzelne Anlagen und schafft gleichzeitig die Möglichkeit eines verlustarmen Transports über Entfernungen von 100 bis 200 km.

Die Stromgestehungskosten aller erneuerbaren Energien sinken seit vielen Jahren durch Einsatz von leistungsfähigeren Ma-

terialien, durch reduzierten Rohstoffverbrauch und effizientere Produktionsprozesse. Mit Erfahrungskurven kann dieser industrielle Lerneffekt, der sich in fallenden Kosten ausdrückt, abgebildet werden. Für Solar- und Windtechnologie konnten in den vergangenen 20 Jahren jeweils sehr konstante Lernraten beschrieben werden. Der Preis von Photovoltaik-Modulen sank einer Lernrate von 20 % folgend. Im Vergleich dazu folgten Kosten für Windenergieanlagen einer Lernrate von 3 bis 12 % und für solarthermische Kraftwerke von 8 %. Wenn die Kostenentwicklung der erneuerbaren Energien diesen Lernraten weiterhin folgt, wird die Netzparität in vielen Ländern ermöglicht. Photovoltaik-Anlagen unter einer jährlichen Einstrahlung von 1000 kWh/m²/Jahr fallen schon ab 2015 unter die Marke von 20 Cent pro kWh. Ab 2020 sinken die Stromgestehungskosten unter den Wert von 15 Cent je kWh. An Standorten mit sehr guten Einstrahlungsbedingungen (2000 kWh/m²/Jahr) kann die Photovoltaik im Jahr 2025 bei einem Marktwachstum auf 1400 GW ähnliche Kosten erreichen wie Onshore-Windanlagen. Im Vergleich dazu fallen Kostenreduktionspotenziale für Offshore-Windenergieanlagen geringfügiger aus. Solarthermische Kraftwerke sollten besonders in den kommenden fünf Jahren von starken Rückgängen bei den Stromgestehungskosten durch ein erhöhtes Marktwachstum profitieren. Bis 2017 liegen die Kosten mit 12 Cent pro kWh von solarthermischen Kraftwerken dann im Bereich von Erzeugungskosten von Offshore-Windenergieanlagen.

Ansteigende Kosten für die Stromerzeugung aus konventionellen Kraftwerken wie Kohle-, Gas-, Öl- und Kernkraftwerken laufen entgegen dieser Entwicklung. Die Gründe hierfür sind vielfältig: Anstieg der Bezugskosten von Öl, Gas und Kohle, Einpreisung

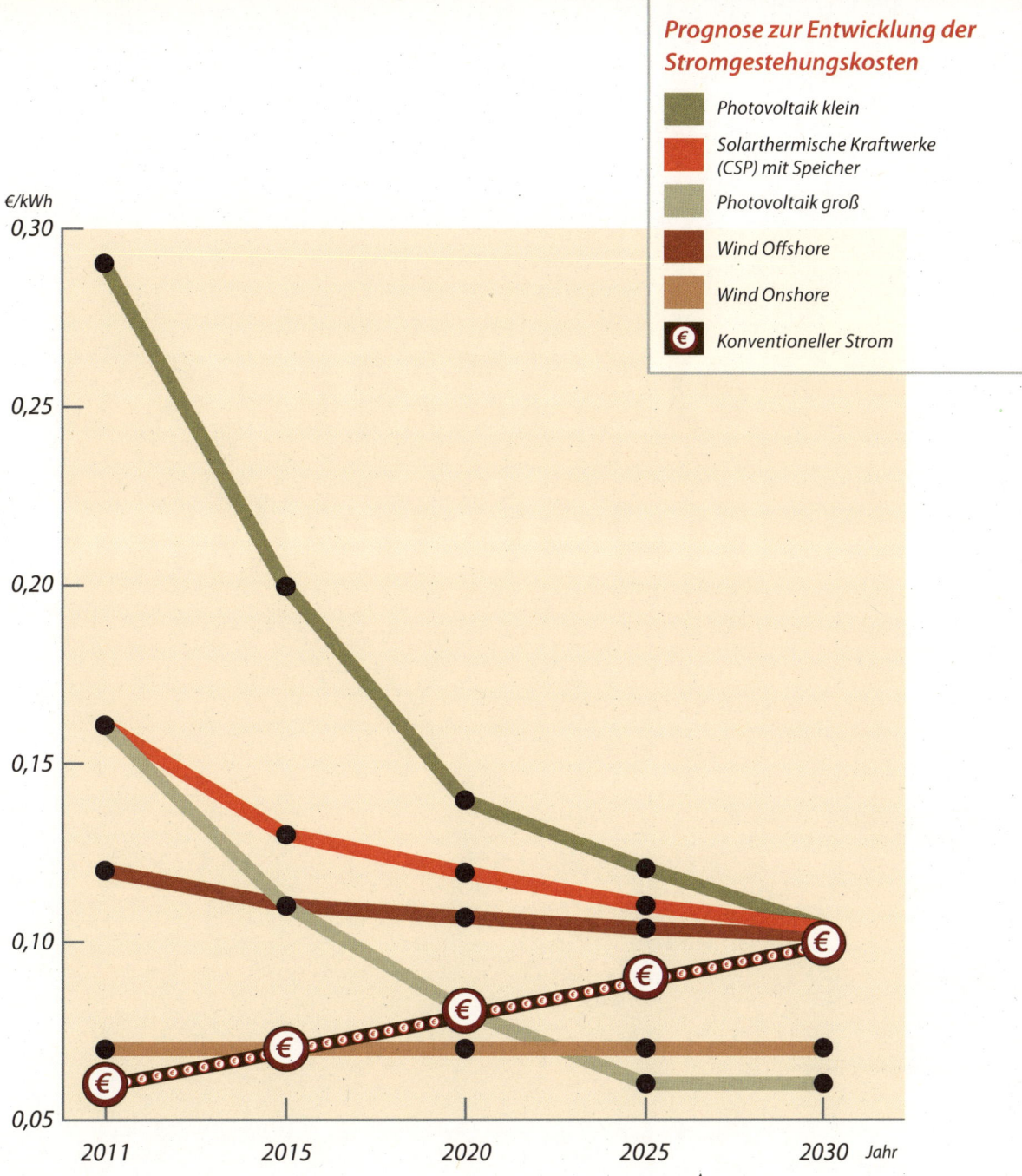

€/kWh

0,30

0,25

0,20

0,15

0,10

0,05

2011   2015   2020   2025   2030   Jahr

von CO_2-Emissionen mittels CO_2-Zertifikaten oder externe Kosten durch Sicherheitsauflagen und Finanzierungsbedingungen von unsicheren Kernkraftwerken. Zudem sind viele Folgeschäden der konventionellen Kraftwerke, die durch Gewinnung oder Endlagerung der Rohstoffe oder durch andere Umweltschadstoffe entstehen, nicht in den Preisen berücksichtigt. Wenngleich diese zu beziffern schwierig bis unmöglich ist, so bleibt doch klar, dass unter einer Vollkostenbetrachtung die Kosten für die Stromerzeugung aus konventionellen Kraftwerken noch einmal erheblich ansteigen würden.

Teil 8

DESERTEC-Realisierung

Michael Straub

Gerhard Knies

Peter Höppe

Ulrich Hueck

Meriem Rezgaoui

Dirk Scheelje/Christian Jussen

Das DESERTEC-Konzept ist ein ganzheitlicher Lösungsvorschlag für das Energieproblem und den anthropogenen Klimawandel der Menschheit in den kommenden Jahrzehnten. Dieses Konzept ist realisierbar. Eine adäquate Umsetzung des Konzeptes verspricht bessere Lebensbedingungen für alle. Erste vielversprechende Schritte für dessen Realisierung sind auf unterschiedlichen Feldern bereits erfolgt.

Die Wurzeln für die technologische Lösung des Energieproblems reichen weiter zurück, als man vermuten möchte. Das Herzstück des DESERTEC-Konzepts, der Strom aus der Wüste, wurde schon zu Beginn des 20. Jahrhunderts in Ägypten anfänglich realisiert, wie Michael Straub in seinem Beitrag ausführt. Technisch liegen zwischenzeitlich die Lösungen im Wesentlichen bereit. Sie sind nicht mehr der limitierende Faktor für die Umsetzung.

Dieser liegt eher in der noch nicht hinreichend ausgebildeten Bewusstseinslage der Gesellschaft über Zustand und Entwicklung des globalen Energie- und Klimaproblems. Hier setzt einer der maßgeblichen Initiatoren der DESERTEC-Bewegung, Gerhard Knies, an. In seinem Beitrag schildert er die Schwierigkeiten, die es zu überwinden galt, bis es zu dieser Akzeptanz kam, und den Erfolg, den seine Beharrlichkeit letztlich bescherte. Bewusstseinslage der Zivilbevölkerung ist das eine, die wirtschaftliche Realisierung des Konzeptes das andere – das Einbringen der Industrie bzw. Wirtschaftsunternehmen. Pionierarbeit hat hier das größte Rückversicherungsunternehmen der Welt, Munich Re, geleistet. Als ein Unternehmen, das von den zunehmenden, großen, klimatisch bedingten Naturkatastrophen der Welt unmittelbar betroffen ist, hat es sich zur Aufgabe gemacht, gemeinsam mit der DESERTEC Foundation eine Industrieinitiative zur Umsetzung des DESERTEC-Konzepts in der EUMENA-Region (Europa, Mittlerer Osten und Nordafrika) zu gründen. Peter Höppe von Munich Re beschreibt den Werdegang der Industrieinitiative Dii GmbH. Er führt aus, wie Unternehmen aktiv wurden, welche Ziele die Dii verfolgt und was zwischenzeitlich schon erreicht worden ist.

Dass in Ländern wie Marokko und Spanien die Zukunft mit DESERTEC bereits begonnen hat, machen die Beiträge von Meriem Rezgaoui und Ulrich Hueck deutlich. Installierte und geplante Referenzprojekte unterstreichen den politischen Willen der jeweiligen Staatsregierungen, im Sinne des DESERTEC-Konzepts zu handeln. Sie dokumentieren damit, dass die betroffenen Länder DESERTEC als Chance für die eigene Landesentwicklung begreifen. Marokko will bis zum Jahr 2020 den Anteil installierter Leistung aus erneuerbaren Energien auf ca. 40 % der gesamten installierten Kapazität erhöhen.

Politische Initiativen finden sich mittlerweile auch auf Ebenen jenseits von Staatsregierungen. Beispiele dafür sind der staatenübergreifende Mittelmeer Solarplan, dessen wesentliche Ziele sich mit jenen des DESERTEC-Konzepts decken, oder die Bundeslandkooperation von Schleswig-Holstein in Deutschland mit Marokko. Dirk Scheelje vom Ministerium für Landwirtschaft, Umwelt und ländliche Räume des Landes Schleswig-Holstein und Christian Jussen skizzieren die Erfahrungen, die das Bundesland in seiner Kooperation mit Marokko bei der Errichtung von Solar- und Windkraftwerken zur Nutzung neuer Energiequellen zwischenzeitlich sammeln konnte.

Der Anfang: „Sun of 1913"

Die Idee zur Nutzung der Wüstensonne zur Energiegewinnung schwebte schon lange vor ihrer Realisierung durch DESERTEC im Raum – weitaus länger, als man vielleicht denken könnte.

Bereits vor rund 100 Jahren erkannte der amerikanische Ingenieur Frank Shuman das gewaltige Potenzial der Wüstensonne und baute das erste solarthermische Kraftwerk in Ägypten. Das Buch „Sun of 1913" widmet sich liebevoll diesem fast vergessenen Stück technologischer Zeitgeschichte. Die Publikation erschien im Zusammenhang mit dem Beitrag der Schweizer Künstler Christina Hemauer und Roman Keller zur 11. Kunstbiennale in Kairo 2008/9. Originalfotographien und Texte über das visionäre Bauprojekt führen den Leser nach Ägypten – wenige Jahre vor Ausbruch des Ersten Weltkrieges.

Um das Problem der Bewässerung des fruchtbaren Niltals zu lösen, entwickelte der Amerikaner Frank Shuman das erste solarthermische Dampfkraftwerk der Welt. Fünf Reihen großer Parabolspiegel sollten das Sonnenlicht konzentrieren und durch Dampferzeugung so viel Energie gewinnen, dass ein einziges Kraftwerk die Pumparbeit von 1000 Arbeitern leisten konnte. Auf dem Weg zur Fertigstellung der Anlage bewältigte Shuman zahlreiche technologische und finanzielle Hürden. Nach jahrelanger Arbeit konnte er der Weltöffentlichkeit schließlich 1913 sein solarthermisches Kraftwerk präsentieren.

Doch der Erste Weltkrieg sollte den Beginn des Solarzeitalters noch um Jahrzehnte hinauszögern. Die Entscheidung, die Kriegsflotten mit Diesel anzutreiben, läutete den Beginn des Ölzeitalters ein, verbunden mit massiven Investitionen in Rüstung und Ölförderung. Die zu Kriegszwecken geförderte Weiterentwicklung der auf fossilen Brennstoffen basierenden Energiegewinnung bescherte Kohle und Erdöl einen großen Vorsprung gegenüber der zuvor noch konkurrenzfähigen Sonnenenergie.

Frank Shuman

Ohne eine militärische Anwendbarkeit fanden sich zu dieser Zeit keine weiteren Investoren mehr für solarthermische Kraftwerke. Die Ingenieure des Projektes verließen Ägypten, um in ihren Heimatländern in der Rüstungsindustrie zu dienen. Kurze Zeit später bauten britische Kräfte die Anlage wieder ab, um die Metallteile für andere Zwecke zu verwenden.

Die Zeit war noch nicht reif für Frank Shumans Technologie. Seine Weitsicht indes dokumentieren seine rund 100 Jahre alten Aussagen, die gleichsam DESERTEC das Wort zu reden scheinen und sich wie ein modernes Bekenntnis zur Solarenergie lesen:

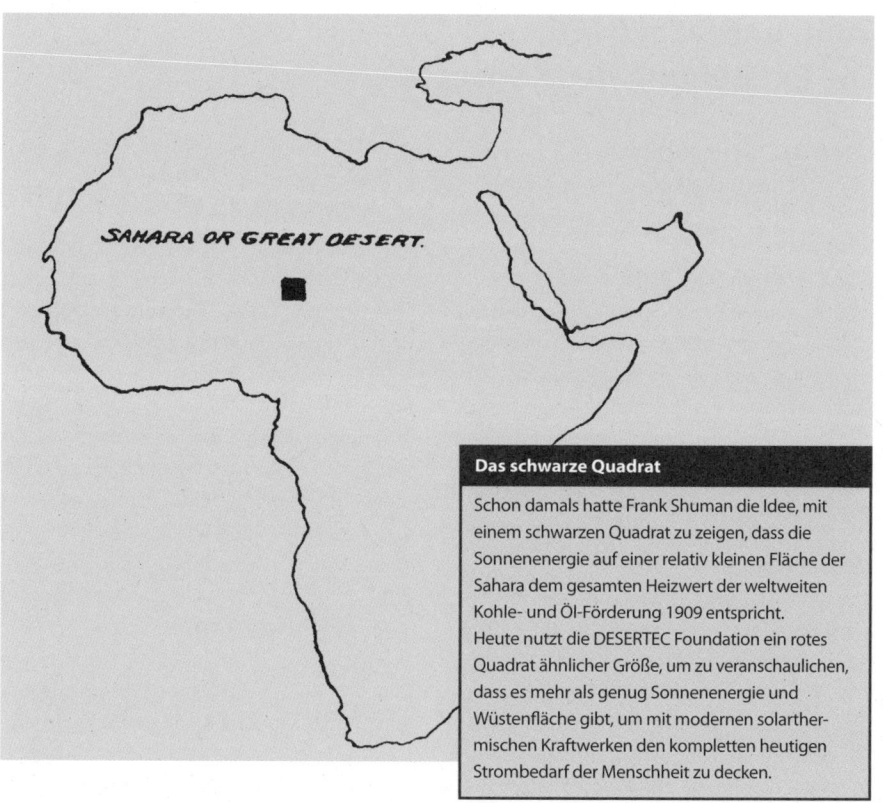

SAHARA OR GREAT DESERT.

Das schwarze Quadrat

Schon damals hatte Frank Shuman die Idee, mit einem schwarzen Quadrat zu zeigen, dass die Sonnenenergie auf einer relativ kleinen Fläche der Sahara dem gesamten Heizwert der weltweiten Kohle- und Öl-Förderung 1909 entspricht.

Heute nutzt die DESERTEC Foundation ein rotes Quadrat ähnlicher Größe, um zu veranschaulichen, dass es mehr als genug Sonnenenergie und Wüstenfläche gibt, um mit modernen solarthermischen Kraftwerken den kompletten heutigen Strombedarf der Menschheit zu decken.

„Wir sind sicher, dass die größten Entwicklungen in der Solarenergie kommen werden, wenn die Geister vieler tausender Denker durch die Ergebnisse unserer Arbeit in diese Richtung gelenkt werden." „Die zukünftige Entwicklung der Sonnenenergie ist grenzenlos (…) und in ferner Zukunft, wenn fossile Brennstoffe erschöpft sind, wird sie fortbestehen als die einzige Grundlage menschlicher Existenz."

Parabolrinnenkollektor Maadi, Kairo 1913

TREC und DESERTEC:
Die Entstehung des Konzepts

URKNALL „TSCHERNOBYL"

Ohne die Reaktorkatastrophe in Tscherno-
byl am 26. April 1986 gäbe es DESERTEC
nicht – zumindest nicht in dieser Form. Als
Physiker, der mit der Entwicklung der Kernenergie aufgewachsen war, hatte ich damals
eine eher grundsätzlich positive Einstellung
zur Kernenergie als Energiequelle der Zukunft, genauer: als Brückentechnologie bis
zur Kernfusion. Letztere erschien mir hinreichend unerschöpflich. In der Abwägung
gegen die Nachteile wie ungelöste Probleme des langfristigen Mülls sowie möglichen
Missbrauchs zum Atomwaffenbau gab es
zwar Kopfschmerzen. Doch die waren am
Tage nach der Reaktorkatastrophe vorbei:
Kernenergie hatte sich selbst disqualifiziert.
Die Menschheit darf ihre Energieversorgung nicht auf das Risiko einer weltweiten
Zerstörung ihrer Lebensgrundlagen bau-
en. Aber woher soll die Energie kommen?
Ein Blick auf den Wert der Solarkonstante
$E_0 = 1,367$ kW/m², auf die Größe der Erdoberfläche sowie auf den globalen Primär-
Energieverbrauch von 13 Gigatonnen Stein-
kohleäquivalent zeigte, dass im Vergleich
dazu die Erde insgesamt von der Sonne
etwa das 11000-fache an Energie erhält
und dass allein die 36000 km² Wüsten in
sechs Stunden den Jahresenergieverbrauch
der Menschheit erhalten. Damit war die
Richtung für eine künftige Lösung des Energieproblems vorgezeichnet.

DAS INTERNATIONALE NETZWERK TREC

Solarstrom aus Wüsten zu nutzen war als
Gedanke nicht neu. Für Europa wurde das
in den 90er Jahren auch in der Deutschen
Physikalischen Gesellschaft (DPG) und im
Hamburger Klimaschutzfonds (HKF) disku-
tiert. Doch niemand nahm die Realisierung

gezielt in Angriff. Da sollte mir ein entscheidender Schritt vorbehalten bleiben. Dabei
wurde ich besonders von zwei Energieex-
perten unterstützt: Gregor Czisch vom Max-
Planck-Institut für Plasmaphysik und Franz
Trieb vom Deutschen Zentrum für Luft- und
Raumfahrt (DLR). Mit Letzterem habe ich
1997 ein 50-Jahre-Konzept für die Entwicklung der Wüsten zu einer universellen Quelle sauberer Energie diskutiert. Dem lag ein
systemischer Ansatz zugrunde. Es verband
die technologische Seite mit einem Ansatz zur Entwicklung in den Ländern Nordafrikas durch internationale Kooperationen.
Entsprechend erhielt es die Bezeichnung
„SYNTHESIS-Programm".

Das SYNTHESIS-Programm stand im Juni
2003 im Zentrum einer Fachtagung, organisiert von der Deutschen Gesellschaft CLUB
OF ROME, auf der von Experten die Frage
diskutiert wurde, welches Potenzial erneuerbare Energien zur Lösung des Klimaproblems tatsächlich bereitstellen können. Die
Experten kamen zu dem Schluss, dass sich
das Klimaproblem mit erneuerbaren Energien lösen lasse, wenn die besten Potenziale für Wind und die Solarenergie in den
Wüsten mit bereits erprobten Technologien
speziell zur Fernübertragung elektrischer
Energie genutzt würden. Eine weitere Fachtagung mit Teilnehmern aus Nordafrika und
dem Nahen Osten am 23. September 2003
bestätigte diese Einschätzung und führte
zur Gründung der Trans Mediterranean Renewable Energy Cooperation (TREC). Davon
erfuhr der damalige Präsident des CLUB OF
ROME, Prinz Hassan bin Talal von Jordanien.
Er brachte nur drei Wochen später das Thema TREC auf die Agenda der Jahrestagung
des CLUB OF ROME in Amman und damit

zur Kenntnis der internationalen Öffentlichkeit. Ziel des TREC-Netzwerks war es, einen „Masterplan" für Energie- und Klimasicherheit sowie für internationale Zusammenarbeit zur Nachhaltigkeit aufzustellen, zunächst mit einem Schwerpunkt auf Europa, dem Nahen Osten (engl. Middle East) und Nordafrika (zusammengefasst EUMENA).

Das von TREC entwickelte Konzept wurde in zwei vom deutschen Ministerium für Umwelt, Naturschutz und Reaktorsicherheit (BMU) finanzierten Studien durch das DLR wissenschaftlich untersucht. Eine Studie (MED-CSP) widmete sich den erwarteten Energiebedarfen nördlich und südlich des Mittelmeers sowie den Solarpotenzialen zur Stromgewinnung, die andere den Möglichkeiten einer Vernetzung von Europa und MENA (TRANS-CSP) über einen interkontinentalen Stromtransfer. Erste Ergebnisse wurden im Mai 2004 in Sanaa im Rahmen der MENAREC Vorbereitungskonferenz für die internationale Renewable Energy Conference 2004 in Bonn präsentiert.

DIE MENAREC KONFERENZ SERIE

Die MENAREC Konferenz war weitgehend von TREC gestaltet worden und stieß bei den arabischen Regierungsdelegationen auf fruchtbaren Boden. Daraufhin beschloss TREC, die MENAREC-Konferenz als eine jährliche Veranstaltung zu etablieren, vorwiegend fokussiert auf die Vorteile einer Zusammenarbeit von Europa und der MENA-Region, und praktische Möglichkeiten der Umsetzung zu diskutieren. Die Durchführung der nächsten Konferenz im Jahre 2005 wurde von der jordanischen Regierung übernommen. Viele Minister aus arabischen Ländern nahmen teil. Daraufhin boten mehrere arabische Länder die Durchführung weiterer MENAREC Konferenzen an. 2006 fand die MENAREC3 in Kairo und 2007 die MENAREC4 in Damaskus statt. Im Jahre 2006 zog das deutsche Umweltministerium BMU die Federführung der Veranstaltungsreihe an sich, veränderte aber ihren Charakter. Die schon für 2008 in Marokko geplante Konferenz kam nicht mehr zustande.

DESERTEC UND DESERTEC FOUNDATION

Ein erneuter Anlauf wurde nötig. Dazu prägte ich als Konferenznamen den Begriff DESERTEC: DESERts & TEChnology. Der Begriff DESERTEC hat sich seitdem als kommunikativer Glücksgriff erwiesen. Er transportiert die Ziele des Netzwerks TREC in exzellenter Weise: pointiert und direkt verständlich sowie nicht mehr eingegrenzt auf den geografischen Bereich rund um das Mittelmeer. Entsprechend wurde aus dem TREC-Masterplan das DESERTEC-Konzept, das für Energie- und Klimasicherheit einer Welt mit rund 10 Milliarden Menschen steht und dazu die vorhandene Technologie und die Energie der Wüsten zum Einsatz bringen will. Zunächst aber ging es darum, die Studien des DLR mit ihren bahnbrechenden Ergebnissen einer breiten Öffentlichkeit zu präsentieren. Dazu fasste TREC, zusammen mit der Deutschen Gesellschaft CLUB OF ROME, die wichtigsten Ergebnisse der DLR-Studien in einem Weißbuch „DESERTEC-Konzept" zusammen.

Mit dem Weißbuch und dem suggestiven Begriff DESERTEC wurden die Ergebnisse der Studien in weite Kreise hinein kommunizierbar. Das Weißbuch wurde im November 2007 in Berlin dem deutschen Bundestag und in Brüssel dem EU-Parlament vorgestellt – mit großer Resonanz. Mit der förmlichen Übergabe an den Präsidenten des Europäischen Parlaments war DESERTEC auf der politischen Bühne Europas angekommen. Davon zeugt unter anderem der Mittelmeer Solarplan (MSP) der Union für das Mittelmeer (UfM), dessen inhaltlicher Mittelpunkt sich am DESERTEC-Konzept orientiert. Der Solarplan sieht die Zusammenarbeit von Europa und südlichen Mittelmeerländern zur Nutzung der Sonnenenergie vor. Er wurde zum Flaggschiff Projekt der im Juli 2008 gegründeten Union für das Mittelmeer. 43 Staaten der EU und der MENA-Region haben ein entsprechendes Abkommen im Juli 2008 unterzeichnet.

Ein weiterer entscheidender Schritt war die Gründung der gemeinnützigen Stiftung „DESERTEC Foundation" im Januar 2009. Als Stiftungsgründer fungierten die Deutsche Gesellschaft CLUB OF ROME, Mitglieder des internationalen Wissenschaftlernetzwerkes TREC sowie engagierte Privatpersonen, die sich schon seit langem für die DESERTEC-Idee einsetzten. In der Satzung heißt es: „Die DESERTEC Foundation dient – im Rahmen des globalen DESERTEC-Netzwerkes – der Förderung des Aufbaus einer nachhaltigen, ausreichenden und kostengünstigen Energieversorgung durch die Gewinnung regenerativer Energien in sonnenreichen Wüstengebieten und durch die Übertragung in die Regionen des Bedarfs." Als „Modellfall" für eine globale Realisierung sieht die DESERTEC Foundation die EUMENA-Region an. Im weiteren Fokus ihrer Strategie werden der ostasiatische Raum stehen sowie Untersuchungen über das weltweite Potenzial von DESERTEC zur Lösung der globalen Energie- und Klimaproblematik.

INDUSTRIEINITIATIVE DII GMBH

Verbreitung des DESERTEC-Konzepts ist das Eine, die Umsetzung das Andere. Für die Verbreitung gab es jetzt die DESERTEC Foundation. Wie aber kommt die Umsetzung in Gang? Die Zeit drängt. Die Antwort darauf lautete: die möglichen Gewinner müssen organisiert werden, also die, die ein ökonomisches Interesse an der Umsetzung haben.

Das lenkte den Blick auf die Industrie- und Finanzwelt. Nach verschiedenen Sondierungs- und Planungsgesprächen initiierten schließlich die gemeinnützige DESERTEC Foundation und Munich Re im Oktober 2009 zusammen mit Partnern aus der Industrie- und Finanzwelt die Industrieinitiative Dii GmbH. Deren Aufgabe ist – im Unterschied zum globalen Ansatz der gemeinnützigen DESERTEC Foundation – regional fokussiert: die Beschleunigung der Umsetzung des DESERTEC-Konzepts in der EUMENA-Region.

Die DESERTEC Foundation als Gesellschafterin der Dii GmbH arbeitet eng mit dieser und auch mit Gesellschaftern und Partnern der Dii GmbH zusammen. Ihr kommt im Gesellschafterkreis die wichtige und verantwortungsvolle Aufgabe zu, auf die Übereinstimmung der Planungen der Dii GmbH mit dem DESERTEC-Konzept zu achten, also als Hüterin des DESERTEC-Konzepts zu agieren.

DESERTEC UNIVERSITY NETWORK DUN

Jüngstes „Kind" der DESERTEC Foundation ist das DESERTEC University Network DUN. Es wurde im Oktober 2010 in Tunis von 18 Universitäten und Forschungseinrichtungen aus Marokko, Algerien, Tunesien, Libyen, Ägypten und Jordanien sowie vier Einzelpersonen und der DESERTEC Foundation gegründet. Dieses Netzwerk will in den MENA-Ländern Ausbildung, Forschung und Entwicklung für die Umsetzung des DESERTEC-Konzepts organisieren. Dabei sollen Technologietransfer erleichtert und Voraussetzungen für eine hohe Teilhabe dieser Länder und ihrer Gesellschaften an der Durchführung und an den sozioökonomischen Resultaten des DESERTEC-Konzepts geschaffen werden. Weitere Einrichtungen, auch aus Europa, sind inzwischen aufgenommen worden. Im DESERTEC University Network sollen vorwiegend junge Menschen fachlich qualifiziert werden. Dazu wird regionen- und religionsübergreifend an dem gemeinsamen Ziel einer nachhaltigen und gerechten Entwicklung gearbeitet.

DESERTEC GLOBAL

Leitidee der Entwicklung des DESERTEC-Konzepts war das Ziel globaler Energie- und Klimasicherheit. Es müssen in 40 bis 50 Jahren etwa 10 Milliarden Menschen mit Energie versorgt und gleichzeitig die Verbrennung fossiler Brennstoffe fast vollständig beendet werden, wenn die 2°C-Grenze eingehalten und ein unkontrollierbarer Klimawandel noch verhindert werden soll.

10 Milliarden Menschen werden in einer entwickelten Zivilisation bis zu 60000 TWh/Jahr Elektrizität benötigen. Wenn die Hälfte davon aus den Wüsten kommen soll, müssen etwa 35 Jahre lang jeden Tag Solar-Kollektoren für 1 GW Elektrizität produziert und installiert werden. Dass dieses technisch und logistisch grundsätzlich möglich ist, wurde von Industrievertretern auf der Hannover Messe 2007 bestätigt. Die Meisterung dieser neuartigen industriellen Herausforderung ist Voraussetzung zur Sicherung der Lebensbedingungen der Menschheit („humankind security"), insbesondere auch für die nachfolgenden Generationen.

Über 90 % der künftigen Weltbevölkerung könnten mit Strom aus den Wüsten versorgt werden, wenn die beste Technologie an den besten Solarstandorten in schnellstmöglicher Weise zum Einsatz gebracht wird. Das wäre zugleich die ideale Entwicklungspolitik für viele Wüstenregionen und die beste Energiesicherheitspolitik für die Menschheit. Genau das ist das DESERTEC-Konzept: Nord-Süd Allianzen für globale Energie- und Klimasicherheit und für globale Entwicklungsgerechtigkeit.

Industrieinitiative Dii GmbH

ENTSTEHUNG DES GESELLSCHAFTER-KREISES DER DII GMBH

Das Netzwerk Trans-Mediterranean Renewable Energy Cooperation (TREC) und die Deutsche Gesellschaft CLUB OF ROME untersuchten seit längerer Zeit verschiedene Möglichkeiten, wie das DESERTEC-Konzept am effizientesten umgesetzt werden könne. Dabei wurde unter anderem auch die Möglichkeit erörtert, Kooperationen mit ausgewählten Industriepartnern einzugehen. Diese Idee gewann Kontur, als man 2008 mit einem Vertreter des weltgrößten Rückversicherers, Munich Re, ins Gespräch kam. Man beschloss, wichtige andere Unternehmen für das DESERTEC-Konzept zu begeistern, wobei Munich Re eine Vorreiterrolle einnehmen solle. Dessen Engagement war wohl motiviert, engagiert sich das Unternehmen doch seit langem für aktiven Klimaschutz. Denn Teil ihres Kerngeschäfts ist die Versicherung von Naturkatastrophenschäden, die vom Klimawandel besonders betroffen sind.

Entsprechend organisierte Munich Re in der Folgezeit verschiedene Treffen mit Vertretern der Deutschen Gesellschaft CLUB OF ROME und der neu gegründeten DESERTEC Foundation, um ausfindig zu machen, wie die Begeisterung anderer großer Unternehmen für das DESERTEC-Konzept am erfolgversprechendsten gelingen könne. Als bestmöglicher Weg wurde die Gründung einer Industrieinitiative identifiziert. Ein erstes vorbereitendes Arbeitstreffen zur Gründung des „DESERTEC Industrie Clubs" fand am 6. Februar 2009 in München statt. Konzept, Zielrichtung und Teilnehmerkreis wurden eingehend analysiert. Teilnehmer waren neben der DESERTEC Foundation und Munich Re das Deutsche Zentrum für Luft- und Raumfahrt, das Potsdam-Institut für Klimafolgenforschung, das Wuppertal Institut für Klima, Umwelt, Energie und Siemens. Man vereinbarte, in den folgenden Monaten einen Gründungsworkshop durchzuführen, an dem auch hochrangige Politiker teilnehmen sollten. Die Aufgabe, das Industriekonsortium zusammenzuführen, wurde der Munich Re übertragen. Das Unternehmen bot sich hierfür deshalb besonders an, weil es mit den potenziellen, für die Sache zu interessierenden Unternehmen nicht im Wettbewerb stand. Ein Interessenkonflikt war also von vornherein ausgeschlossen. Die Kontakte mit Industrieunternehmen, die zu Technologie und Finanzierung wesentliche Beiträge leisten konnten, führten schnell zu einer Kerngruppe mit relevanter kritischer Masse. Weitere Unternehmen ließen sich von der Idee anstecken und folgten. Geradezu katalytisch wirkte sich die Ankündigung der Gründung einer Industrieinitiative zur Umsetzung von DESERTEC im Rahmen eines Interviews von Munich Re in der Süddeutschen Zeitung im Juni 2009 aus. Zahlreiche Firmen und Einrichtungen meldeten daraufhin Interesse an, noch in den Kreis der Gründungs-Gesellschafter aufgenommen zu werden, unter ihnen Strategie- und Rechtsberatungsunternehmen und wissenschaftliche Institutionen.

GRÜNDUNG DER DII GMBH

Am 13. Juli 2009 schließlich geschah der erste rechtliche Schritt: 12 Industrieunternehmen sowie die DESERTEC Foundation unterzeichneten ein Memorandum of Understanding, in dem sie die Gründung der DESERTEC Industrieinitiative Dii bis Ende Oktober 2009 bekanntgaben. Das Ereignis fand in Politik und Öffentlichkeit ein großes Echo und avancierte zum Top-Thema in den Medien des Tages. Wenige Monate später,

Tagesschau

Bericht der Tagesschau am 13.7.2009 zu DESERTEC

am 30. Oktober 2010, erfolgte die notarielle Gründung der Dii GmbH. Firmenstandort wurde München, mit Paul van Son wurde der CEO bestellt, konkrete Ziele wurden definiert. Die 13 Gründungsgesellschafter waren ABB, Abengoa Solar, Cevital, DESERTEC Foundation, Deutsche Bank, E.ON Climate&Renewables, HSH Nordbank, MAN Solar Millennium, Munich Re, M&W Zander, RWE, Schott Solar und Siemens.

ZIELE DER DII GMBH

Die Dii GmbH hat sich zum Ziel gesetzt, die Rahmenbedingungen für eine nachhaltige und klimafreundliche Energieerzeugung in den Wüsten Nordafrikas und des Nahen Ostens zu schaffen. Dadurch sollen sowohl die Erzeugerländer als auch Europa mit CO_2-freiem Strom versorgt werden. Bis Ende 2012 soll die Dii GmbH umsetzungsfähige Ergebnisse erarbeiten. Dazu gehören die Entwicklung eines detaillierten Rollout-Plans bis 2020, eines groben Rollout-Plans bis 2050, die Schaffung eines geeigneten politischen Rahmens für Investitionen in Nordafrika und im Nahem Osten, die Initiierung konkreter Referenz-Projekte sowie die Vergabe wissenschaftlicher Studien. Die Dii GmbH ist technologieoffen. Die am jeweiligen Standort effizientesten erneuerbaren Energien sollen zum Einsatz kommen. Als wichtigste Technologien zur Stromerzeugung wurden Solarthermie, Photovoltaik und Wind angesehen. In Referenz-Projekten sollen alle drei Stromerzeugungsarten abgebildet und Skaleneffekte aufgezeigt werden. Gerade im Skalieren der Größendimensionen in den weitläufigen Wüstengebieten der MENA-Region kann ein großer Kostenvorteil liegen. Als potenziell chancenreichste Stromerzeugungs-Technologie gelten gegenwärtig konzentrierende Solarthermie-Kraftwerke (CSP-Anlagen), die insbesondere die Grundlastfähigkeit, d.h. eine Stromversorgung Tag und Nacht, ermöglichen würden. Für die Stromübertragung von Nordafrika/Naher Osten nach Europa ist der Einsatz von Hochspannungs-Gleichstrom-Technologie (HGÜ) vorgesehen.

AUFBAU DER DII GMBH

Nach Gründung der Dii GmbH begann man, weitere Gesellschafter aufzunehmen. Mit dem assoziierten Partnerschaftsmodell wurde eine zusätzliche Möglichkeit für Unternehmen und Forschungseinrichtungen geschaffen, die Dii GmbH zu unterstützen und sie an den Fortschritten der Dii GmbH teilhaben zu lassen. Leitend für die Neuaufnahme von Gesellschaftern waren zwei Gesichtspunkte: Zum einen inhaltlich eine breitere Repräsentanz von Unternehmen und Einrichtungen in der Wertschöpfungskette, zum anderen geografisch eine Ausweitung auf Firmen und Einrichtungen aus der MENA-Region. So will man dem Ziel nahe kommen, allen vom „Strom aus der Wüste"-Konzept betroffenen Ländern ein Stimmrecht zu verleihen – Ländern, in denen die Kraftwerke entstehen, Ländern, durch die der Strom durchgeleitet wird, und Ländern, in denen der Wüstenstrom verbraucht wird. Einige Gesellschafter und assoziierte Partner stammen aus der Branche der Stromversorger. Sie wurden bewusst ausgewählt, da sie für die Etablierung lokaler Infrastrukturen von großer Bedeutung sind. Ende 2010 zählte die Dii GmbH 19 Gesellschafter und 32 assoziierte Partner. Alle an der Dii GmbH partizipierenden Unternehmen verfolgen zwar primär eigene Geschäftsinteressen. Sie eint jedoch das übergreifende Interesse, an dem Erreichen von Klimaschutzzielen mitzuwirken und eine nachhaltige Energieversorgung auf Basis erneuerbarer Energien aufzubauen und zu gewährleisten.

VERNETZUNG DER DII GMBH

Um auch auf eine breite Unterstützung seitens der Wissenschaft, Politik und Wirtschaft bauen zu können, wurde mit dem Dii Advisory Board ein Beratungsgremium geschaffen, in dem ausgewiesene Experten zu einer Vielzahl von Fragestellungen zur Weiterentwicklung erneuerbarer Energien, zur Schaffung geeigneter Stromübertragungsleitungen und zur Etablierung effizienter Energiemärkte ihr Wissen einbringen. Dem Advisory Board steht mit Prof. Müller-Steinhagen der ehemalige Leiter des Instituts für Technische Thermodynamik am Deutschen Zentrum für Luft- und Raumfahrt (DLR) vor, das die Machbarkeitsstudien MED-CSP, TRANS-CSP und AQUA-CSP zur Etablierung der Solarthermie durchgeführt hat. Außerdem wurde 2010 mit Prof. Klaus Töpfer, dem ehemaligen Umweltminister der deutschen Bundesregierung in den 90er Jahren sowie ehemaligen Exekutivdirektor der UN-Umweltbehörde UNEP in Nairobi, ein international bekannter und vor allem in Afrika versierter strategischer Berater berufen.

EIN JAHR DII GMBH – ERSTE ERFOLGE

Nach Ablauf des ersten Jahres der Dii GmbH ist in einigen Ländern Nordafrikas eine hohe Dynamik zu beobachten. So beabsichtigt Marokko, bis 2020 Solarkraftwerke mit einer Kapazität von 2 Gigawatt zu bauen. In einem ersten Schritt sollen Anlagen mit insgesamt 500 Megawatt realisiert werden, die Ausschreibungen laufen bereits. In Tunesien wurde ein Solarplan vorgestellt; weitere Länder in der MENA-Region entwickeln ähnliche Vorhaben. Ein wesentlicher Erfolgsfaktor wird neben der politischen Unterstützung die Frage sein, wie schnell die Kosten für die Stromerzeugung aus solarthermischen Kraftwerken gesenkt werden können. Der Ausbau vieler wertvoller Beziehungen zu Mittelmeer-Anrainer-Staaten, zur EU-Kommission und zu Staaten aus Nordafrika und dem Nahen Osten ist ebenfalls als erfolgreich zu bewerten. Im Oktober 2010 konnte die erste Jahreskonferenz der Dii GmbH in Barcelona mit großem Zuspruch (ca. 300 Teilnehmer) und Erfolg abgehalten werden. In einer vielbeachteten Rede stellte der EU-Kommissar für Energie, Günther Oettinger, in Aussicht, sich für einen europaweiten Einspeisetarif für Strom aus dem MENA-Raum in der EU einzusetzen. Insgesamt ist die Dii GmbH auf einem guten Weg, die hoch gesteckten, ehrgeizigen Ziele auch zu erreichen.

Memorandum of Understanding (MoU)
regarding the establishment of a
DESERTEC Industrial Initiative planning entity (DII)
based on the DII principles

Preamble
A secure and sustainable global energy supply and efficient climate protection measures are key to securing the well-being of present and future generations. We, the signatories of this MoU, regard the DESERTEC concept as a scientifically substantiated and economically feasible way of achieving this strategic goal. Therefore, the signatories of this MoU intend to establish a planning entity in order to create a basis for putting the DESERTEC concept into practice as soon as possible. Work on the Mediterranean Solar Plan (Union for the Mediterranean) are intended to be included in this effort.

Basic principles
Our objectives are based on the DII principles, to which all future shareholders of the planning entity subscribe. To achieve these objectives, it is the intent of the companies signatory to this MoU to establish a planning entity in the form of an incorporated company. The company's task will be to clarify the technological issues and create the necessary political, socio-political and economic foundations and develop a viable implementation plan within the next three years. The DII is expected to network closely with the scientific community, non-government organisations (NGOs) and government organisations (GOs). The DESERTEC Foundation will play a central role in this respect.

Shareholders
All signatories of the MoU intend to become DII shareholders. It is envisaged that other companies will join the DII once the company has been established. The aim is for the DII to include interested companies from a variety of different countries.

Legal form
The DII is intended to be established at the latest by 31 October 2009 in consultation with the DESERTEC Foundation and the founding shareholders. The entity is intended to be organised as a GmbH (limited liability company) under German law.

Financing
The DII shall be financed from contributions made by the participating companies. Additional funds may be raised from public sources.

Other agreements
The specific organisational structure of the DII, the amount of the shareholders' contributions, and the conditions governing such contributions will be defined in due course. The details of cooperation will be worked out by deep consultations between Munich Re and the DESERTEC Foundation within the next few weeks, and agreed with the other original signatories.

Munich, 13 July 2009

Länderinitiative Spanien

BEITRAG REGENERATIVER ENERGIEN ZUR STROMVERSORGUNG

In Spanien liefern regenerative Energien einen bedeutenden Beitrag zur Stromerzeugung. Bei der installierten elektrischen Leistung von solarthermischen Kraftwerken steht Spanien – nach den USA – weltweit an zweiter Stelle. Auf dem spanischen Festland war zum Ende des Jahres 2010 eine elektrische Leistung von insgesamt 97447 MW installiert. Davon entfielen 20 % auf Windkraft und 17 % auf Wasserkraft, mit denen 16 % bzw. 14 % des spanischen Stroms erzeugt wurden. Windkraft und Wasserkraft leisten damit die größten regenerativen Beiträge zur Energieversorgung in Spanien. Der Solarstrom

aus Photovoltaik und aus solarthermischen Kraftwerken trug mit insgesamt 6,91 TWh im Jahr 2010 etwa 2,5 % zur gesamten Stromerzeugung auf dem spanischen Festland bei.

Zählt man alle Beiträge zur Stromerzeugung aus regenerativen Quellen zusammen, dann ist deren Beitrag beachtlich: In der Nacht zum 8. November 2009 erreichte der Anteil der erneuerbaren Energien an der gesamten spanischen Stromproduktion bis zu 53 %. Der größte Beitrag hierzu kam von Windkraftanlagen. Dies war vermutlich ein Weltrekord. Im Folgenden werden insbesondere solarthermische Kraftwerke in Spanien betrachtet, denn mit ihnen lässt sich ein Grundlastbetrieb verwirklichen.

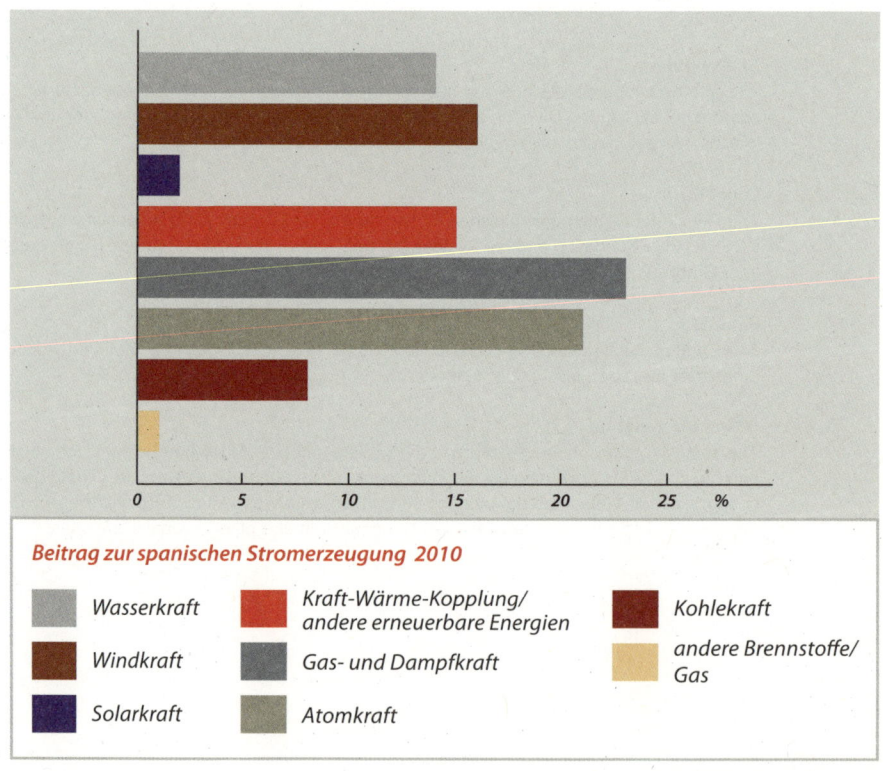

Beitrag zur spanischen Stromerzeugung 2010

- Wasserkraft
- Windkraft
- Solarkraft
- Kraft-Wärme-Kopplung/ andere erneuerbare Energien
- Gas- und Dampfkraft
- Atomkraft
- Kohlekraft
- andere Brennstoffe/ Gas

ZENTRUM FÜR SOLARTHERMISCHE FORSCHUNGSARBEITEN

Die Geschichte der spanischen solarthermischen Anlagen beginnt im Jahr 1980 mit der Gründung des Forschungszentrums „Plataforma Solar de Almería" als zunächst europäisch-amerikanisches und dann deutschspanisches Gemeinschaftsprojekt, das sowohl mit öffentlichen als auch privaten Geldern finanziert wurde. Auf dem etwa 100 ha großen Gelände in Andalusien befinden sich verschiedene Testeinrichtungen, bei denen die Sonnenstrahlung durch Spiegel konzentriert wird, um hohe Temperaturen für verschiedene technische Anwendungen zu erzeugen. Zu den Testeinrichtungen gehören unter anderem kleine Solarturmkraftwerke, Felder mit Parabolrinnenspiegeln und Dish-Stirling-Systeme. Die Systementwicklung für die solare Stromerzeugung ist eine der verschiedenen Hauptaktivitäten des Forschungszentrums.

ANZAHL UND BAUFORMEN SOLARTHERMISCHER KRAFTWERKE

Spanien verfügte Anfang 2011 über eine installierte elektrische Leistung von mehr als 4000 MW für die photovoltaische und solarthermische Nutzung der Sonnenenergie. Hierbei sind 18 solarthermische Kraftwerke mit einer elektrischen Leistung von ca. 750 MW in Betrieb. Ferner waren zu diesem Zeitpunkt in Spanien 19 solarthermische Kraftwerksblöcke mit einer Leistung von ca. 880 MW in Bau und weitere 23 Anlagen mit einer Leistung von ca. 840 MW in Planung. Die Bauform mit Parabolrinnenspiegeln bei einer Blockleistung von 50 MW ist in Spanien dominierend. Deutlich weniger und zugleich kleinere Anlagen in Spanien sind mit Fresnel-Spiegeln, mit reinen Parabolspiegeln oder als Solarturmkraftwerke ausgeführt.

WÄRMESPEICHER FÜR SOLARTHERMISCHE KRAFTWERKE

Ein bedeutender Vorteil solarthermischer Anlagen gegenüber der Photovoltaik liegt in der Möglichkeit, die Sonnenenergie als Wärme zu speichern und dann nachts für die Stromerzeugung zu nutzen. Bei dem spanischen Kraftwerk Andasol 1 wurde eine solche Wärmespeicherung zum ersten Mal für den kommerziellen Betrieb bei einer elektrischen Anlagenleistung von 50 MW realisiert. Dabei werden 28500 Tonnen einer Nitratsalzmischung als flüssiges Speichermedium zwischen einem heißen und einem kalten Tank hin und her gepumpt. Mit Hilfe von Wärmetauschern wird ein Grundlastbetrieb für 7,5 Stunden nach Sonnenuntergang ermöglicht. Diese Form der Wärmespeicherung kommt bei mehreren anderen spanischen Anlagen und auch international zur Anwendung. Nachteilig bei dieser Bauart ist das Risiko einer nicht zulässigen Erstarrung des Salzes. Daher werden Alternativen für solarthermische Wärmespeicher entwickelt. So erprobt das Deutsche Zentrum für Luft- und Raumfahrt (DLR) in Spanien eine Bauart, die den Phasenwechsel von Salz für die Wärmespeicherung nutzt. Die Durchströmung eines solchen Wärmespeichers mit Wasser/Dampf erlaubt es, das Salz als Speichermedium stets am selben Ort zu belassen.

STAATLICHE FÖRDERUNG SOLARTHERMISCHER ANLAGEN

Ein schnell ansteigender Primärenergieverbrauch und eine Begrenzung der Emissionszunahmen durch das Kyoto-Protokoll hatten die Regierung Spaniens in den 90er Jahren bewogen, stark auf regenerative Energien zu setzen. Im „Plan de Fomento de las Energías Renovables en España" (Plan zur Förderung regenerativer Energien in Spanien) wurden dazu anspruchsvolle Ziele formuliert. Die breit angelegte staatliche

Förderung erneuerbarer Energien zielt auf die Verwendung von Wind, Wasser, Sonne und Biomasse zur Energieerzeugung. Eine großzügige Einspeiseregelung ähnlich dem deutschen Erneuerbare-Energien-Gesetz (EEG) wurde mit dem Königlichen Erlass RD2818/1998 verabschiedet. Seit dem Jahr 2002 wird in Spanien auch Strom aus solarthermischen Kraftwerken mit einer Einspeisevergütung bedacht. Im Dezember 2009 betrug diese Vergütung 0,28 Euro/kWh. Die Förderung ist bei solchen Anlagen auf eine Größe bis 50 MW beschränkt. Im Jahr 2009 flossen ca. 4,7 Mrd. Euro aus dem spanischen Staatshaushalt in die Förderung erneuerbarer Energien. Das waren etwa 1,1 Mrd. Euro mehr, als die Regierung erwartet hatte. Dies veranlasste sie zu deutlichen Kürzungen. Für neue Solarkraftwerke bedeutete das ein Moratorium für die Einspeisevergütung im ersten Betriebsjahr und eine Begrenzung auf 4000 Betriebsstunden pro Jahr, für die die genannte, besondere Einspeisevergütung bezahlt wird.

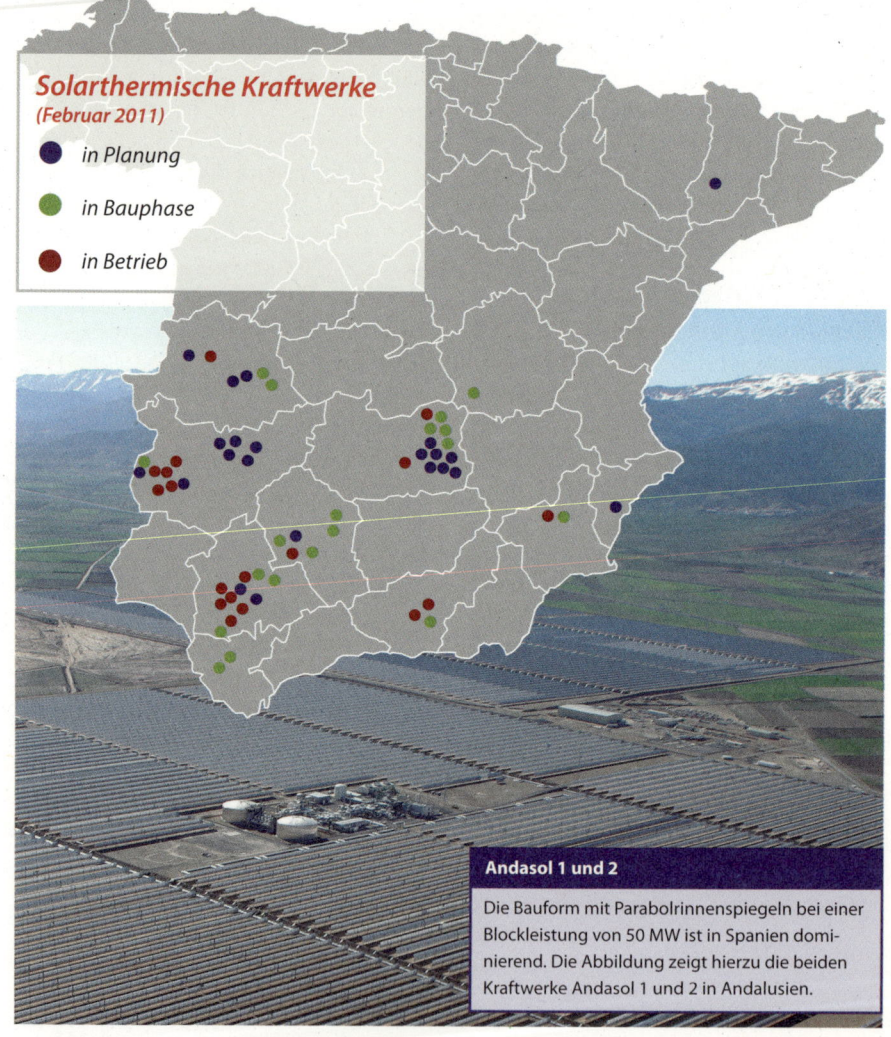

Solarthermische Kraftwerke
(Februar 2011)

- in Planung
- in Bauphase
- in Betrieb

Andasol 1 und 2

Die Bauform mit Parabolrinnenspiegeln bei einer Blockleistung von 50 MW ist in Spanien dominierend. Die Abbildung zeigt hierzu die beiden Kraftwerke Andasol 1 und 2 in Andalusien.

Länderinitiative Marokko

ÜBERBLICK

Südlich von Spanien auf der anderen Seite der 14 km breiten Meerenge von Gibraltar scheint Marokko vom nordwestlichen Zipfel Afrikas auf. Nördlich grenzt es ans Mittelmeer, östlich an Algerien, westlich an die ca. 3500 km lange Atlantikküste und südlich an Mauretanien. Klimatisch herrscht im Nordwesten Marokkos ein mediterranes, im Südosten und Süden ein saharisch-kontinentales Klima. Marokkos Bevölkerung, 2011 bei ca. 31 Millionen Einwohnern auf 710850 km² Fläche, wächst jährlich um 1,7 %. Das resultierende sozioökonomische Wachstum begleitet notwendigerweise ein nicht zu stillendes Verlangen nach primären Energien – insbesondere Erdöl und Kohle, die Marokko nur durch Import zur Verfügung stellen kann. Auf diesem Wege werden 96 % des heutigen Energiebedarfs über Importe gedeckt. Allein zwischen 2002 und 2009 ist der Konsum primärer Energien von 10,5 Megatonnen Erdöläquivalent (Mega Tons of Equivalent Petroleum MTEP) auf 15 MTEP gestiegen, was eine Zunahme von 42,9 % bedeutet. In dieser Periode blieben die Anteile von Erdöl und Kohle im Energiemix trotz abnehmender Tendenz mit 60,1 % bzw. 23 % dominierend. Diese Abnahme wird durch die erhöhte Nutzung von Erdgas (Anstieg um 0,5 % auf 3,9 %), Windenergie (Anstieg um 0,5 % auf 0,7 %), Wasserkraft (Anstieg um 2,1 % auf 4,4 %) und durch Stromimporte aus Spanien (Anstieg um 3,5 % auf 7,9 %) begründet. Der Strombedarf wuchs zwischen 2002 und 2009 im Durchschnitt um jährlich 6,8 %; bis 2020 wird er laut marokkanischem Ministerium für Energie und Minen auf 13 % steigen. Langfristig stellt dies eine hohe Belastung für das Land dar, zum einen für die marokkanische Wirtschaft durch den hohen Druck auf fossile Energieträger und zum anderen für die Umwelt durch die erhöhte Emission von CO_2 und anderen Treibhausgasen.

ERNEUERBARE ENERGIEN

Marokkos Potenzial zur Nutzung erneuerbarer Energien, seien es Sonne, Wind oder Wasser, stellt in der Tat die Bestände an fossilen Energieträgern in den Schatten. Würde Marokko es zu mobilisieren wissen, könnte dies der bedrohlichen sozioökonomischen Entwicklung entgegenwirken. Insbesondere aufgrund von Windgeschwindigkeiten von bis zu 10 m/s und 2700 bis 3000 Sonnenstunden im Jahr weist das nordafrikanische Land enormes Potenzial für die Nutzung von Wind- und Solarenergie auf. Mit einem Umdenken im Energiesektor und einem Umstieg zu erneuerbaren Energien könnten sowohl eine nachhaltige und umfassende Entwicklung als auch Umweltschutz und Wohlstand gewährleistet werden.

2009 stellte Marokko einen neuen Plan zur Energieversorgung vor. Es fügt sich ein in Konzepte wie DESERTEC und den Plan Solaire Mediterranéen, welche ganzheitliche Lösungsansätze sowohl zur globalen als auch zur regionalen Stromversorgung verfolgen. Dieser neue Plan vereint sowohl Verfügbarkeit, Sicherheit und Umweltfreundlichkeit als auch Allgemeinzugänglichkeit und nicht zuletzt Erschwinglichkeit. Durch Mobilisierung und Diversifizierung der verfügbaren erneuerbaren Energien sieht der Strategieentwurf vor, eine Gesamtleistung von 6,5 GW zu implementieren und damit den Anteil installierter Leistung aus erneuerbaren Energien bis 2020 auf 42 % der gesamtinstallierten Leistung zu erhöhen.

Der projektierte Energieplan Marokkos umfasst die Nutzung von Sonnen-, Wind- und Wasserkraft:

- Plan Solaire Marocain mit 2000 MW Leistung
- Programm Windenergie mit 2000 MW Leistung
- Wasserkraft mit 2593 MW Leistung

Für eine wirksame Umsetzung seines Energieplans, das Förderung erneuerbarer Energien einerseits und Steigerung der Energieeffizienz andererseits vereint, musste Marokko zuerst eine geeignete institutionelle Struktur schaffen. Dazu gehört die Neugründung der marokkanischen Agentur für Solar Energie (Moroccan Agency for Solar Energy, MASEN) und der Gesellschaft für Investitionen im Energiesektor (SIE). Das Zentrum zur Entwicklung der erneuerbaren Energien „Centre de Développement des Energies Renouvelables, CDER" wurde zur nationalen Energieagentur „ADEREE", Agence de Développement des Energies Renouvelables et de l'Èfficacité Energétique. Das Ganze wurde durch neue Gesetzgebungen zur Auflockerung der lokalen Stromproduktion und Einspeisung ins nationale Stromnetz sowie zur Energieeffizienz untermauert.

DER MAROKKANISCHE SOLARPLAN „PLAN SOLAIRE MAROCAIN"

Im November 2009 kündigte Marokko den 9 Milliarden USD teuren „Plan Solaire Marocain" an. Fünf Solaranlagen mit insgesamt 2 GW Leistung sollen durch Konzentration der Sonnenenergie bereits im Jahr 2020 rund 18 % des aktuellen nationalen Elektrizitätsbedarfs decken. Dies entspricht einer jährlichen Ersparnis von 1 MTEP bzw. 500 Millionen USD und einer Reduktion der CO_2-Emission von 3,7 Millionen Tonnen/Jahr. Die fünf vorgesehenen Standorte erstrecken sich auf eine Fläche von insgesamt 10000 ha. Die Betreuung des Solarvorhabens von der

Planung bis hin zur Realisation sowie der Verwaltung der Stationen gewährleistet MASEN.

WINDENERGIE

Mit Windgeschwindigkeiten von mehr als 8 m/s verfügt Marokko über ein hohes Potenzial zur Nutzung der Windenergie. Aus diesem Grund kommt neben der direkten Sonnenenergie auch der Windenergie ein hoher Stellenwert zu. So wurde ein umfassendes Programm entworfen, das sowohl die Weiterentwicklung der vorhandenen als auch die Fertigstellung neuer Windparks beinhaltet. Damit setzt sich Marokko zum Ziel, im Jahr 2020 eine Gesamtleistung von 2 GW zu errichten; das entspricht 38 % der aktuellen nationalen installierten Leistung. Durch das Zwei-Säulen-Programm sollen jährlich rund 6600 GWh elektrischer Strom produziert werden, was 26 % der aktuellen nationalen Stromproduktion ausmacht. Planung, Konzeption und Durchführung des 3,5 Milliarden USD teuren Windprogramms obliegen dem Office National d'Électricité. Durch das Programm wird Marokko eine Ersparnis von 1,5 MTEP/Jahr, d.h. 750 Millionen USD/Jahr, und eine Reduktion der CO_2-Emission um 5,6 Millionen Tonnen erzielen. Geplant ist eine Inbetriebnahme des ersten neuen Windparks im Jahr 2014, während die restlichen Parks erst ab 2020 genutzt werden können. Aktuell sind in Marokko Windparks mit einer Leistung von 280 MW installiert:

- Tanger I (Dhar Saadane) mit einer Leistung von 140 MW. Es ist der größte Windpark Afrikas. Kofinanziert durch die Europäische Investitionsbank (EIB), das spanische Instituto Crédito Official (ICO) und die deutsche Kreditanstalt für Wiederaufbau (KfW), wurde der 275 Millionen Euro teure Windpark mit 165 Windrädern am 28. Juni 2010 in Betrieb genommen
- Abdelkhalek Torres (Inbetriebnahme

29. August 2000) mit einer Leistung von 50 MW

■ Amougdoul in Essaouira mit 60 MW Leistung

Zurzeit findet sich eine Reihe von Windparks mit insgesamt 1720 MW Leistung in der Entwicklung. Das 300 MW Windprojekt Tarfaya wird bereits 2012 in Betrieb genommen. Weitere Windparks in Sendouk, Haouma, Akhfenir und Laayoune werden im Rahmen des neuen Erneuerbare-Energien-Gesetzes (Gesetz 13-09) vom Privatsektor realisiert und bringen eine Gesamtleistung von 420 MW. Zusätzlich wurden fünf weitere Windparks identifiziert, die eine Gesamtleistung von 1000 MW erbringen sollen.

WASSERKRAFT

Bereits seit 1935 haben Wasserkraftwerke als erste genutzte Quelle erneuerbarer Energien eine große Bedeutung in der Stromproduktion in Marokko. Diese Bedeutung wird auch in Zukunft so bleiben. Im Jahr 2020 sollen Wasserkraftwerke mit einer

Leistung von 2593 MW betrieben werden.

DAS STROMNETZ IN MAROKKO UND UMGEBUNG

Seit 1997 ist Marokko durch die Straße von Gibraltar zu Spanien mit zwei 400 kV Leitungen mit 1400 MW Kapazität vernetzt. Eine dritte 400 kV Leitung mit 700 MW Kapazität befindet sich in der Bauphase. Zu Algerien besteht ein Netz mit zwei Leitungen à 200 MW Kapazität, das seit 1988 in Betrieb ist. Durch eine dritte 400 kV Verbindung wurde die Gesamtkapazität auf 1200 MW erhöht. Durch die bereits bestehenden Hochspannungsleitungen zu den Nachbarländern Spanien und Algerien sieht sich Marokko in einer Schlüsselposition für eine rasche Umsetzung des DESERTEC-Konzepts in der EUMENA-Region.

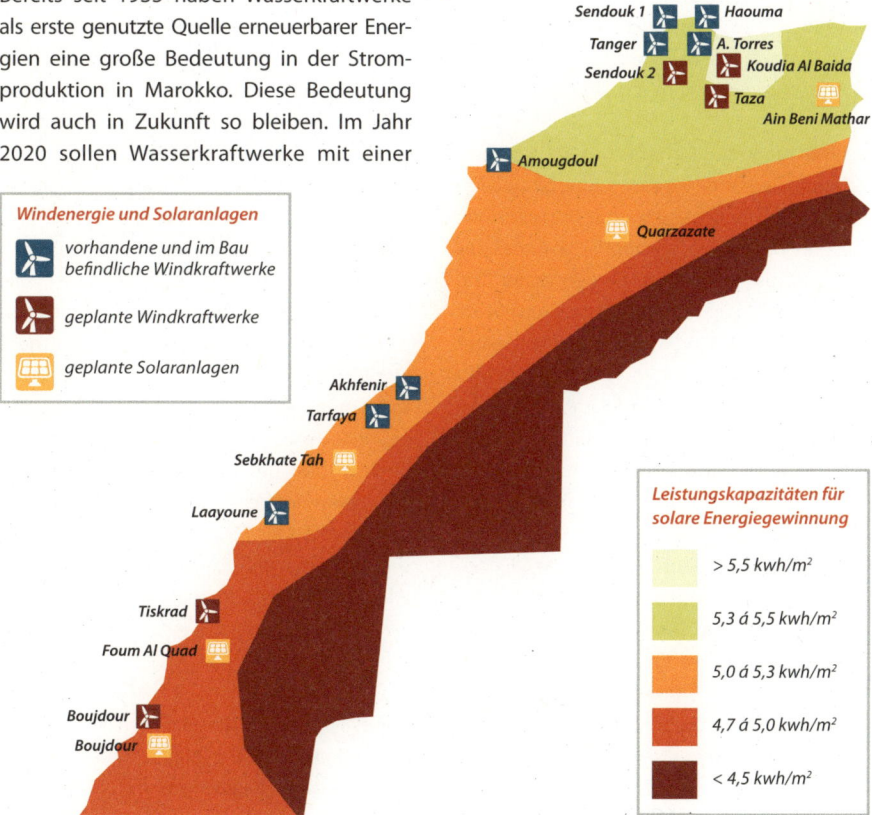

Windenergie und Solaranlagen

- vorhandene und im Bau befindliche Windkraftwerke
- geplante Windkraftwerke
- geplante Solaranlagen

Sendouk 1 · Haouma
Tanger · A. Torres
Sendouk 2 · Koudia Al Baida
Taza
Ain Beni Mathar
Amougdoul
Quarzazate
Akhfenir
Tarfaya
Sebkhate Tah
Laayoune
Tiskrad
Foum Al Quad
Boujdour
Boujdour

Leistungskapazitäten für solare Energiegewinnung

> 5,5 kwh/m²

5,3 á 5,5 kwh/m²

5,0 á 5,3 kwh/m²

4,7 á 5,0 kwh/m²

< 4,5 kwh/m²

Politische Initiative: Schleswig-Holstein/Marokko

GRUNDLAGEN

Klimawandel, Treibhausgasemissionen und Energieerzeugung können in einer globalisierten Welt nicht mehr lokal betrachtet werden. Die Industrialisierung hat in der Atmosphäre deutliche Spuren hinterlassen, und mittlerweile bestehen keine Zweifel, dass eine globale, vom Menschen verursachte Klimaerwärmung stattfindet. Als küstenreiche Regionen sind Schleswig-Holstein und Marokko besonders von den Folgen des Klimawandels wie zum Beispiel dem steigenden Meeresspiegel betroffen. Dies ist nur einer der Gründe, warum sich Schleswig-Holstein und Marokko mit dem Kooperationsprojekt „Wind Energy, Renewable Energy and Energy Efficiency in Maroc" (WEREEMa) für die Nutzung der erneuerbaren Energien und den Klimaschutz einsetzen.

Schleswig-Holstein nimmt bei der Stromerzeugung aus erneuerbaren Energiequellen innerhalb Deutschlands eine Vorreiterrolle ein. 2008 betrug der rechnerische Anteil des Stroms aus Windenergie, gemessen am Endenergieverbrauch, bereits knapp 44 %. Mehr als 2600 Windkraftanlagen mit einer installierten Leistung von rund 2900 MW stellen diesen Strom bereit. Die Landesregierung geht davon aus, dass im Jahr 2020 die Stromerzeugung aus Windenergie den schleswig-holsteinischen Stromverbrauch um 30 % übersteigen wird. Die Stromerzeugung aus Biomasse, Biogas, Deponiegas, Klärgas und biogenen Abfällen in Schleswig-Holstein betrug 2008 etwas über 8 %, gemessen am Endenergieverbrauch. Deutschlandweit wurden 2010 insgesamt lediglich 17 % der Energie aus erneuerbaren Energiequellen bereitgestellt.

Diese Zahlen zeigen, dass die erneuerbaren Energien eine Alternative zu Kraftwerken darstellen, die mit fossilen Kraftstoffen (Kohle, Öl, Gas und Uran) betrieben werden. Gleichzeitig wird auch deutlich, dass der Transport und die Speicherung von Strom aus erneuerbaren Energiequellen eine immer wichtigere Rolle spielen. Während fossile Kraftwerke nach den Marktpreisen für Strom „angeschaltet" bzw. „abgeschaltet" werden, nehmen Wind und Sonne wenig Rücksicht auf die Nachfrage. Aus diesem Grund gewinnen der grenzübergreifende Stromhandel, die Speicherung von Strom und Themen wie Lastmanagement zunehmend an Bedeutung. Auch bei diesen Themen will Schleswig-Holstein eine Schlüsselrolle einnehmen. Der weitere Ausbau der Stromerzeugung aus erneuerbaren Energiequellen und der Stromübertragung wird in Zukunft nur durch internationale Zusammenarbeit von Politik, Wirtschaft und Gesellschaft zu bewältigen sein. Damit wächst auch ein neuer Markt heran, in dem Schleswig-Holstein eine besondere Rolle einnimmt. Bereits heute sind in Schleswig-Holstein im Umfeld der Windenergie mehr als 100 Unternehmen, Planer und Beratungsbüros tätig, die ca. 7000 Arbeitsplätze sichern. Eine ähnliche Entwicklung ist auch in den Bereichen der Biomasse und der Solarenergie zu beobachten. Es gibt bereits mehr als 350 Biogasanlagen, die für die landwirtschaftlich geprägte Region ein wichtiger Wirtschaftsfaktor sind. Bis 2020 werden es voraussichtlich mehr als 600 Biogasanlagen sein.

Marokko steht in dieser Entwicklung noch am Anfang. In den letzten Jahren wurde jedoch damit begonnen, vermehrt Windkraftanlagen und Solarkraftwerke zur Stromerzeugung einzusetzen. Anders als in Deutschland wird sich der Stromverbrauch in Marokko in den nächsten 20 Jahren vervierfachen. Um dieser Entwicklung Rechnung zu tragen, werden bereits heute wichtige Grundsteine für das zukünftige Energiesystem in Marokko gelegt. Ziel des Kooperationsprojektes WEREEMa ist es, Marokko die jahrzehntelange Erfahrung Schleswig-Holsteins im Bereich der erneuerbaren Energien und der Energieeffizienz zur Verfügung zu stellen.

MAROKKO UND SCHLESWIG-HOLSTEIN – GEMEINSAMKEITEN, UNTERSCHIEDE UND EINE STARKE PARTNERSCHAFT

Marokko und Schleswig-Holstein besitzen viele Gemeinsamkeiten wie z. B. ausgedehnte Küstengebiete, eine starke landwirtschaftliche Prägung und eine geringe Bevölkerungsdichte. All das sind gute Voraussetzungen, um die Energieversorgung mit erneuerbaren Energien zu entwickeln und zu nutzen. Während Schleswig-Holstein innerhalb der letzten 30 Jahre den Wandel hin zu einer Energieversorgung auf Basis erneuerbarer Energien auf den Weg gebracht hat, steht Marokko noch am Anfang dieser Entwicklung. In Marokko leben etwa 7-mal so viele Einwohner wie in Schleswig-Holstein, dennoch verbraucht Marokko pro Jahr weniger Strom als Schleswig-Holstein. Jeder Bewohner Schleswig-Holsteins konsumiert fast 10-mal so viel elektrische Energie wie ein Bewohner Marokkos. Obwohl Marokko über ausgezeichnete Standortbedingungen verfügt, um erneuerbare Energiequellen zu nutzen, stammt nur ein geringer Teil des Stroms aus diesen Energiequellen.

So beträgt die solare Einstrahlung in Marokko bis zu 3000 kWh/m² pro Jahr, in Schleswig-Holstein nur knapp 1000 kWh/m². An vielen Standorten (z. B. Essaouira, Tanger, Tetouan, Taza, Dakhla) werden bei Windgeschwindigkeiten zwischen 9,5 und 11 m/s in 40 Metern Höhe bis zu 4000 Volllaststunden erreicht. So kann eine Windkraftanlage in Marokko pro Jahr fast doppelt so viel Strom erzeugen wie eine in Schleswig-Holstein. Die hervorragenden Standortbedingungen für die Nutzung der erneuerbaren Energien in Marokko werden bislang nur zu einem Bruchteil genutzt.

Eine Gemeinsamkeit der beiden Regionen ist die Schlüsselrolle, die ihnen in Zukunft für den Stromhandel zukommt. Für Schleswig-Holstein ist der Transport von Windstrom und in Zukunft vielleicht auch von Strom aus norwegischer Wasserkraft von Bedeutung. Marokko kann mittelfristig beim Export von Strom aus erneuerbaren Energien nach Europa eine Schlüsselrolle einnehmen. In Schleswig-Holstein besteht umfangreiche Erfahrung mit dem Aufbau einer nachhaltigen Energiewirtschaft und mit der Einspeisung großer Mengen von Windstrom in das Stromnetz. Diese Erfahrung kann und möchte Schleswig-Holstein an Marokko weitergeben. In Kooperation mit dem marokkanischen Energieministerium leistet Schleswig-Holstein mit dem WEREEMa Projekt einen Beitrag zu einer nachhaltigen Energieversorgung in Marokko.

DAS WEREEMA PROJEKT

In den Jahren 2009 und 2010 haben das Ministerium für Landwirtschaft, Umwelt und ländliche Räume Schleswig-Holstein in Zusammenarbeit mit der Energieagentur der

Investitionsbank Schleswig-Holstein eine Kooperation mit dem marokkanischen Energieministerium aufgebaut, um Marokko bei dem Wandel hin zu einer nachhaltigen Energiewirtschaft auf Basis erneuerbarer Energien zu unterstützen. Seit Juni 2011 besteht die marokkanische Agentur für Erneuerbare Energie und Energieeffizienz (ADEREE) als eigenständige Agentur, die dem marokkanischen Energieministerium untergeordnet ist. Auf der marokkanischen Seite ist die ADEREE der direkte Kooperationspartner für das Kooperationsprojekt WEREEMa. Schwerpunkt des Projektes ist die Förderung der Windenergie und der Solarenergie in Marokko. Finanziert wird das Projekt aus Mitteln der Internationalen Klimaschutzinitiative des deutschen Bundesministeriums für Umwelt und dem EU-Förderprogramm „Programme for the Environment and Natural Ressources" (ENRTP), die die Ziele verfolgen, natürliche Ressourcen und vor allem Energie verantwortungsvoll zu nutzen.

Die Investitionsbank Schleswig-Holstein, die Hochschulnetzwerke CEWind und CEBiomasse, die DESERTEC Foundation und das marokkanische Energieministerium haben für das Projekt in mehreren Workshops 25 Aktivitäten identifiziert, die in den kommenden drei Jahren durchgeführt werden. Schwerpunkte bilden vor allem die Fortbildung von Mitarbeitern des marokkanischen Energieministeriums, die Analyse der Potenziale der erneuerbaren Energien in Marokko, die Zusammenarbeit mit den marokkanischen Hochschulen im Bereich der erneuerbaren Energien sowie die Konzentration auf Modellprojekte in drei Regionen. Dabei geht es nicht vorrangig um technische Hilfe, sondern um einen ganzheitlichen Ansatz entlang der gesamten Entwicklungskette bei der Nutzung der erneuerbaren Energien. Hierzu wurde das Projekt in vier thematische Säulen unterteilt.

Der erste Teil des Projekts soll die ADEREE durch verschiedene Maßnahmen bei der Entwicklung der erneuerbaren Energien und Energieeffizienzmaßnahmen unterstützen. Dies geschieht vorwiegend durch die Fortbildung von Mitarbeitern der ADEREE und durch die Analyse der vorhandenen Potenziale der erneuerbaren Energien.

Die zweite thematische Komponente des Projektes konzentriert sich auf den Bildungsbereich. Der Beitrag Schleswig-Holsteins ist hier zum Beispiel die Ausbildung von Technikern und Hochschulabsolventen sowie die Unterstützung dreier marokkanischer Hochschulen beim Aufbau von Bachelor- und Masterstudiengängen im Bereich der erneuerbaren Energien durch die Hochschulnetzwerke CEWind und CEBiomasse. Weiter beteiligt sich Schleswig-Holstein an der Ausbildung von Technikern im Bereich der Solar- und Windenergie, um Installation und Betrieb der Anlagen zu ermöglichen.

Eine weitere thematische Säule ist die Durchführung einzelner Pilotprojekte, um die Verlässlichkeit der erneuerbaren Energiequellen zu demonstrieren.

Das vierte Ziel des WEREEMa Projektes ist die Förderung des wirtschaftlichen Austauschs zwischen Marokko und Deutschland. Hierzu gehören gemeinsam veranstaltete Messen, Reisen und Workshops für Wirtschaftsdelegationen, Fortbildung von Fachpersonal in den Ministerien und viele weitere Aktivitäten. Auf diese Art und Weise können die enormen Potenziale für den Einsatz von erneuerbaren Energien und die guten wirtschaftlichen Rahmenbedingungen international besser wahrgenommen werden.

Häufig gestellte Fragen

Wer steckt hinter DESERTEC?

Das DESERTEC-Konzept wurde von einem Netzwerk von Politikern, Wissenschaftlern und Ökonomen rund um das Mittelmeer entwickelt. Daraus hervorgegangen ist die in Hamburg ansässige gemeinnützige DESERTEC Foundation. Sie setzt sich für die Umsetzung des Konzeptes ein. 2009 erhielt das DESERTEC-Konzept große öffentliche Aufmerksamkeit, als die DESERTEC Foundation die Industrieinitiative Dii GmbH zusammen mit Partnern aus der Industrie- und Finanzwelt gründete. Die Dii arbeitet an der Etablierung von Rahmenbedingungen, die eine schnelle Umsetzung des DESERTEC-Konzepts in der EUMENA-Region ermöglichen.

Wird die DESERTEC Foundation eigene Solarkraftwerke bauen?

Die Aufgabe der DESERTEC Foundation ist die eines Vermittlers. Sie begleitet den Weg zur Umsetzung des Konzeptes. Dazu betreibt sie eine transparente Öffentlichkeitsarbeit. Außerdem fördert und fordert sie die Setzung von Rahmenbedingungen, die zur geeigneten Umsetzung des Konzepts erforderlich sind.

Das DESERTEC-Konzept wird häufig mit Nordafrika bzw. „Strom aus der Sahara" identifiziert. Was ist mit der übrigen Welt?

Für eine Kooperation und Integration ins europäische Leitungsnetz bieten sich Nordafrika und der Nahe Osten – wegen der Nähe – an, eher als Süd-/Zentral-Afrika. Erneuerbare Energien allgemein und solarthermische Kraftwerke im Besonderen eignen sich für das übrige Afrika jedoch genauso, und es wird mit zunehmendem technologischen Fortschritt von den Kostenreduktionen im Norden profitieren. DESERTEC wirbt auch dort sowie in Amerika, Australien, China und Indien für eine Realisierung von „Sauberer Strom aus den Wüsten". Die Mittel der DESERTEC Foundation sind allerdings begrenzt. Deshalb baut DESERTEC weltweit regionale Netzwerke auf, die von DESERTECs Know-How und den Studien profitieren.

Warum ist DESERTEC nicht schon längst in die Realität umgesetzt?

In der Denkweise der Menschen wird vielfach kein Unterschied zwischen Energiequellen und Energiespeichern gesehen. Nur erneuerbare Energien sind in diesem Wortsinne jedoch wirkliche Quellen! Fossile Energieträger wie Kohle, Öl und Gas sind dagegen hervorragende, sehr wertvolle Energiespeicher. Für die Endenergieversorgung bedeutet dies keinen Unterschied, daher halten viele Menschen Quellen und Ressourcen für gleichwertig und austauschbar. Als Folge dieses Irrtums verzichten sie bisher weitgehend auf die Nutzung der unendlichen globalen Energie q u e l l e n und leeren stattdessen weltweit die begrenzten Energie s p e i c h e r. Die Menschen müssen lernen, die erneuerbaren Quellen umfassend zu nutzen und fossile Speicher nur noch vorübergehend als Überbrückung von Engpässen zum Einsatz kommen zu lassen. So und nur so sind Nachhaltigkeit und Klimaschutz zu erreichen.

Erneuerbare Energien werden auch in Deutschland immer billiger. Sind Solarstromimporte ab 2020 nicht überflüssig?

Solarthermische Kraftwerke können dank ihrer thermischen Energiespeicher an Standorten in Nordafrika rund um die Uhr und über das ganze Jahr günstigen Strom nach Bedarf liefern –

sei es zum Ausgleich von Bedarfsschwankungen oder zur Deckung der Grundlast. Die Zuverlässigkeit und Regelbarkeit machen Solarstromimporte für Deutschland zu einer wertvollen Energiequelle, die durchaus höhere Preise als z. B. fluktuierende Quellen wie Wind- und Photovoltaik-Generatoren erzielen kann. Die europäischen regelbaren und erneuerbaren Quellen Geothermie, Biomasse und Wasserkraft reichen für sich genommen zum Ersatz fossiler und atomarer Energiequellen nicht aus, um die dazu notwendige lastfolgefähige Regelenergie in einem aus Klimaschutzgründen gebotenen kurzen Zeitrahmen kostengünstig bereitzustellen. Im Kampf gegen Klimawandel und Preislawinen ergänzen sich dezentrale und international vernetzte erneuerbare Energien ideal: Während Wasserkraft, Offshore-Windkraft und Wüstenstrom die Stromerzeugungskosten der Energieversorger dauerhaft stabil halten und senken, wird in 5-10 Jahren die dezentrale Photovoltaik tagsüber mit den Endkundenstrompreisen der Energieversorger konkurrieren können und folglich die Strompreise niedrig halten. Denn die Kunden können dann selbst entscheiden, ob sie tagsüber Strom kaufen oder selber produzieren.

Windenergie ist derzeit viel billiger als Solarstrom. Ist es nicht sinnvoller, Windenergie aus den Wüsten zu importieren?

Importe von Strom aus Windkraft werden nicht ausgeschlossen. Die Windenergiepotenziale beispielsweise in der Sahara, vor allem an den Küsten des Atlantiks und des Roten Meers, sind in der Tat groß und kostengünstig zu erschließen. Sie haben aber Nachteile gegenüber Importen aus solarthermischen Kraftwerken. Sie sind nicht lastfolgefähig und daher zum Ausgleich von Lastschwankungen und zur Stabilisierung des europäischen Stromnetzes nicht geeignet. Außerdem sind sie nicht annähernd so groß wie die verfügbaren Solarenergiepotenziale, so dass sie weitgehend als kostengünstige Energiequelle für den lokalen Eigenbedarf in MENA gebraucht werden. Fluktuierenden Windstrom in großen Mengen in Regionen zu exportieren, die selbst vor allem über zu wenig regelbare Energiequellen verfügen, wäre kaum sinnvoll. Die Hochspannungs-Gleichstrom-Übertragungsleitungen (HGÜ) würden geringer (ca. zu 50 % ihrer Kapazität) ausgelastet und ihr Betrieb folglich teurer. Dasselbe gilt auch für die *Photovoltaik als Exportstromquelle*: die Auslastung der Leitungen wäre dann nur 25 %. Die erreichbaren zeitlichen Ausgleichseffekte wären nicht annähernd so groß wie beim gezielten Import von Regelenergie aus solarthermischen Kraftwerken. Solarthermische Kraftwerke können im Zusammenspiel mit Europas Quellen sowohl die benötigte Regelleistung als auch Grundlast liefern und für eine hohe Auslastung der HGÜ-Leitungen und damit auch für eine schnelle Amortisation sorgen.

Sind Stromleitungen über Tausende von Kilometern nicht viel zu teuer und schwer durchsetzbar?

Die elektrischen Verluste von Hochspannungs-Gleichstrom-Übertragungsleitungen (HGÜ) betragen derzeit ca. 3 % pro 1000 km Länge. Das verteuert den erzeugten Strom nur unwesentlich. Diese Kosten zuzüglich Kapital- und Betriebskosten der Leitungen ergeben einen Betrag von etwa 1-2 ct/kWh zusätzlich zu den Erzeugungskosten. Betrachtet man die MENA-Region, so gleicht die 2-3-fache Sonneneinstrahlung in Nordafrika die zusätzlichen Transportkosten nach Europa jedoch mehr als aus. DLR-Studien kommen zu der Einschätzung, dass die Kosten der Erzeugung inklusive der Übertragung des Stroms aus solarthermischen Kraftwerken zwischen 2020 und 2030 niedriger sein werden als die Kosten konventioneller Stromerzeugungstechnologien in Europa. Die Planungs- und Genehmigungszeiten für den Ausbau von HGÜ-Leitungen liegen im Ermessen der beteiligten Länder und könnten durch entsprechende Vorgaben der EU beschleunigt werden. Wichtig für die Akzeptanz des Netzausbaus in der Bevölkerung: Bei der HGÜ können über weite Strecken (im Gegensatz zur Wechselstromtechnologie) Erdkabel eingesetzt werden. Fließt zudem Solarstrom durch die Leitung, ist deren Notwendigkeit seitens der Bürger eher zu verstehen. Natürlich handelt es sich um einen Eingriff in die Umwelt, der jedoch gerechtfertigt ist, wenn nennenswerte Entlastungen und Vorteile entstehen. Dies ist bei DESERTEC der Fall und in einer wissenschaftlichen Arbeit des DLR zur „Ökobilanz eines Sozialstromtransfers von Nordafrika nach Europa" bereits belegt: *www.dlr.de/tt/desktopdefault.aspx/tabid-2885/4422_read-6587/*

Zu HGÜ siehe auch:

http://de.wikipedia.org/wiki/Hochspannungs-Gleichstrom-%C3%9Cbertragung
http://de.wikipedia.org/wiki/Liste_der_HG%C3%9C-Anlagen

Können die Spiegel unter den harten Bedingungen in der Wüste auch Sandstürme überstehen?

Solarthermische Kraftwerke arbeiten seit über 20 Jahren in der Mojave Wüste in Kalifornien. Sie haben Hagelstürme, Sandstürme und Zyklone überstanden. Bei Gefahr gibt es eine Schutzposition der beweglichen Spiegel. Was trotzdem Schaden nimmt – etwa ein halbes Prozent pro Jahr – wird ersetzt und ist Teil der Betriebskosten. Abnutzungserscheinungen der Spiegel sind in Kramer Junction (Mojave Wüste) nach 20 Jahren noch nicht relevant. Die Kraftwerke arbeiten heute aufgrund verbesserter Betriebs- und Wartungsmethoden mit höherem Wirkungsgrad als bei ihrer Inbetriebnahme.

Ist der Wasserverbrauch für Kühlung und Reinigung der Kraftwerke ein Problem für die trockenen Standortländer?

In Trockenregionen werden konventionelle Öl-, Gas- oder Kohlekraftwerke in der Regel luftgekühlt, und solarthermische Kraftwerke können ebenfalls so betrieben werden. Außerdem gibt es Reinigungsverfahren mit sehr geringem Wasserverbrauch. Wo die Standortbedingungen es erlauben, kommen Verdampfungskühltürme oder Meerwasserkühlung zum Einsatz, weil damit höhere Wirkungsgrade als bei Luftkühlung erreicht werden. Wenn man zur Kühlung in Küstennähe Meerwasser anstatt Trinkwasser nutzt, können mit einem Kollektorfeld, das für 250 Megawatt ausgelegt ist, eine 200 Megawatt Stromturbine betrieben und 100000 Kubikmeter Trinkwasser am Tag (über 4 Millionen Liter pro Stunde) durch Entsalzung gewonnen werden. Das entspricht dem Strom- und Wasserverbrauch von rund 200000 Haushalten.

Werden Solarstromimporte überhaupt noch gebraucht, wenn Elektroautos in Zukunft das solare Speicherproblem automatisch lösen?

Elektroautos sind in erster Linie zusätzliche Stromverbraucher. Sie verstärken damit die Stromnachfrage und die Nachfrage nach Solarstromimporten. Sie stellen neben ihrer großen Bedeutung für den Verkehrssektor eine wichtige Option für das elektrische Lastmanagement dar. Sie können aber nicht die erhöhten Erfordernisse der saisonalen Speicherung von Elektrizität erfüllen, die ein Verzicht auf Solarimporte zur Folge hätte. Solarkraftwerke in Afrika und dem Nahen Osten, die Strom nach Europa exportieren, müssen nicht saisonal speichern, weil die Sonnenenergie dort relativ gleichmäßig über das ganze Jahr verfügbar ist.

Ist die Abhängigkeit von politisch instabilen Ländern bei einem Solarstromimport aus den Wüsten in „Technologie-Regionen" nicht gefährlich?

Konflikte zwischen Parteien, die keine gegenseitigen Abhängigkeiten haben, sind wesentlich wahrscheinlicher als zwischen Verbundpartnern. Südlich des Mittelmeers liegen Wachstumsregionen, die 2050 ebenso viele Einwohner und eine ähnliche Wirtschaftskraft haben werden wie Europa und damit einen ähnlichen Energiebedarf. Eine Abschottung gegen diese Region wäre für Europa wesentlich trügerischer als eine gemeinsame Anstrengung in Richtung nachhaltiger Energieversorgung. Sicherheitspolitisch ist weltweit der Paradigmenwechsel zu vollziehen, die global zunehmenden Konflikte um begrenzte Ressourcen durch die gemeinsame internationale Erschließung erneuerbarer Ressourcen zu ersetzen.

Könnte ein Anschlag auf Leitungen oder Kraftwerke die europäische Stromversorgung lahmlegen?

Generell unterliegen HGÜ-Leitungen zum Stromtransport dem gleichen Risiko, zum Ziel eines Terroranschlags zu werden, wie dies bei Öl- und Gaspipelines der Fall ist. Der Stromerzeugungsmix für Europa im Jahr 2050 des Szenarios vom Deutschen Zentrum für Luft- und Raumfahrt sieht vor: 65 % eigene erneuerbare Energien, 17 % Solarstromimporte und 18 % fossile Reserve- und Spitzenlastkraftwerke. Der Ausfall von Kraftwerken und Leitungen kann problemlos bis zu deren Reparatur oder einer politischen Lösung durch bereitstehende Kraftwerke kompensiert werden. Darüber hinaus wird es nicht ein Kraftwerk, sondern vielmehr Hunderte Kraftwerke in einem Netz geben, die ihren Strom aus erneuerbaren Energien gewinnen. Diese Kraftwerke liegen verteilt auf mehreren Kontinenten, so dass nicht nur ein konzertierter Anschlag erschwert, sondern auch die Versorgungssicherheit bei einzelnen Ausfällen sichergestellt ist.

Warum sollten Länder, die zum Teil immer noch über riesige Gas- und Ölvorkommen verfügen, an Solarstromexporten überhaupt interessiert sein?

Öl und Gas, das man selbst verbraucht, kann man nicht verkaufen. Als der Ölpreis im Sommer 2008 bei 150 USD pro Barrel lag, war er etwa doppelt so hoch wie die Kosten für Wärme aus einem konzentrierenden Solarkollektorfeld. Gas- und Ölförderländer können also ihre wertvollen fossilen Energieträger schonen, wenn sie auf Sonnenenergie setzen. Außerdem verlangt wirksamer Klimaschutz vor allem, die Verbrennung fossiler Energieträger zu vermeiden. Das heißt zwingend, den globalen Verbrauch von Kohle, Öl und Gas ebenfalls zu verringern, so dass auf Dauer die Nachfrage danach sinkt. Solarstromexporte eröffnen somit auf kurz oder lang für viele Förder- und Exportländer von Öl, Gas und Kohle eine wirtschaftliche Alternative. Zunehmende Trinkwasserverknappung in Nordafrika, dem Mittleren Osten und weltweit wird außerdem mittelfristig riesige zusätzliche Energiemengen für die Meerwasserentsalzung erfordern. Diese können nur durch solarthermische Kraftwerke sicher, kostengünstig und umweltfreundlich bereitgestellt werden.

Autoren

PROF. DR. HARTMUT GRASSL

Direktor (em.) des Max-Planck-Instituts für Meteorologie, Hamburg; von 1994 bis 1999 Leiter des Weltklimaforschungsprogramms der World Meteorological Organization (WMO) bei den Vereinten Nationen; von 1992 bis 1994 und 2001 bis 2004 Vorsitzender des wissenschaftlichen Beirats Globale Umweltveränderungen der Bundesregierung; Mitglied zahlreicher wissenschaftlicher Gremien

DR. THIEMO GROPP

Physiker; Vorstand der DESERTEC Foundation; Gründungsstifter der DESERTEC Foundation

KARL-MARTIN HENTSCHEL

Mathematiker und Systemberater; von 2000 bis 2005 und 2006 bis 2009 Vorsitzender der Grünen-Fraktion im Landtag von Schleswig-Holstein; Autor von „Es bleibe Licht – 100 % Ökostrom für Europa ohne Klimaabkommen" (2010; DWV-Verlag)

PROF. DR. DR. PETER HÖPPE

Leiter des Bereichs „Geo Risks Research/Corporate Climate Centre" von Munich Re; zuvor Wissenschaftler an der Ludwig-Maximilians-Universität München mit den Schwerpunkten „Angewandte Meteorologie und Umweltrisikoforschung"

DR. ULRICH HUECK

Gründungsstifter der DESERTEC Foundation; seit 1994 als Ingenieur im Bereich der fossilen Energieerzeugung tätig

CHRISTIAN JUSSEN

Diplom-Wirtschaftsingenieur; Projektmanager WEREEMa-Projekt (Windenergie, Erneuerbare Energien und Energieeffizienz in Marokko)

DR. GERHARD KNIES

„DESERTEC-Erfinder"; Gründer des Wissenschaftlernetzwerkes Trans-Mediterranean Renewable Energy Cooperation (TREC); ehem. Vorsitzender des Aufsichtsrats der DESERTEC Foundation; Mitglied der Deutschen Gesellschaft CLUB OF ROME

CHRISTOPH KOST

Diplom-Wirtschaftsingenieur; seit 2009 als wissenschaftlicher Mitarbeiter am Fraunhofer-Institut für Solare Energiesysteme ISE in Freiburg tätig

DR. MARITTA KOCH-WESER
Gründerin und Präsidentin von Earth3000; seit 2003 Chief Executive Officer und Vorsitzende des Aufsichtsrates von GEXSI-Global Exchange for Social Investment; 1999/2000 Generaldirektorin der World Conservation Union (IUCN); zuvor über 18 Jahre Umweltarbeit bei der Weltbank

DR. MERIEM REZGAOUI
Biologin; Projektmanagerin MENA (Naher Osten und Nordafrika) und WEREEMa (Windenergie, Erneuerbare Energien und Energieeffizienz in Marokko) bei der DESERTEC Foundation

DR. JÜRGEN SCHÄFER
Mitglied der DESERTEC Foundation; Physiker und Elektrotechniker mit mehr als zehn Jahren Erfahrung auf dem Gebiet der erneuerbaren Energien

DIRK SCHEELJE
Investitionsbank Schleswig-Holstein/Ministerium für Landwirtschaft, Umwelt, ländliche Räume Schleswig-Holstein; Projekt WEREEMa (Windenergie, Erneuerbare Energien und Energieeffizienz in Marokko)

MAX SCHÖN
Familienunternehmer; Präsident der Deutschen Gesellschaft CLUB OF ROME; Vorsitzender des Aufsichtsrats der DESERTEC Foundation; Mitglied im Rat für Nachhaltige Entwicklung der deutschen Bundesregierung

MICHAEL STRAUB
Diplom-Betriebswirt; Kommunikationsleiter und Gründungsstifter der DESERTEC Foundation; von 2006 bis 2009 im Rahmen der Deutschen Gesellschaft CLUB OF ROME für TREC und DESERTEC aktiv

SEINE KÖNIGLICHE HOHEIT PRINZ EL HASSAN BIN TALAL
Vorsitzender des West Asia – North Africa Forum; Vorsitzender des Arab Thought Forum; Vorsitzender des Higher Council for Science and Technology und der Royal Scientific Society von Jordanien

DR. FRANZ TRIEB
Institut für Technische Thermodynamik, Systemanalyse und Technikbewertung des Deutschen Zentrums für Luft- und Raumfahrt (DLR); Studien und Gutachten zu neuen Energiesystemen mit den Schwerpunkten Nachhaltigkeitsszenarien, solarthermische Kraftwerke und solare Kraft-Wärme-Kopplung

Abkürzungen

ADEREE Agence Nationale pour le Développement des Énergies Renouvelables et de l'Éfficacité Énergétique (Marokko)

BIP Bruttoinlandsprodukt

BSP Bruttosozialprodukt

BMU Bundesministerium für Umwelt, Naturschutz und Reaktorsicherheit der Bundesrepublik Deutschland

CDER Centre de développement des énergies renouvelables, Maroque; Zentrum für die Entwicklung erneuerbarer Energien in Marokko

CHP Combined heat and power; Kraft-Wärme-Kopplung

CO$_2$ Kohlendioxid

CPV Concentrated photovoltaics; Konzentrator-Photovoltaik

CSES Center of Solar Energy Studies, Libya

CSP Concentrating Solar Power; konzentrierte Sonnenenergie; Solarthermie

Dii DESERTEC Industrieinitiative

DLR Deutsches Zentrum für Luft- und Raumfahrt

DPG Deutsche Physikalische Gesellschaft

DUN DESERTEC University Network; DESERTEC Universitätsnetzwerk

EE Erneuerbare Energien

EEG Erneuerbare-Energien-Gesetz

eia U.S. Energy Information Administration

EITI Extractive Industries Transparency Initiative; Initiative für Transparenz in der Rohstoffwirtschaft

EREC European Renewable Energy Council; Europäischer Dachverband für erneuerbare Energien

EU Europa (44 Mitgliedstaaten)

EU-27 Europäische Union (27 Mitgliedstaaten)

EUMENA Europe Middle East North Africa; die Region Europa, Naher Osten und Nordafrika

FRONTEX Frontières extérieures; Europäische Agentur für die operative Zusammenarbeit an den Außengrenzen

GDP Gross Domestic Product; Bruttoinlandsprodukt – BIP

GJ Gigajoule oder 1 Joule x 10^9

GJ/t Gigajoule/Tonne

HDI Human Development Index

HGÜ Hochspannungs-Gleichstrom-Übertragung

HVDC High Voltage Direct Current; Hochspannungs-Gleichstrom-Übertragung – HGÜ

IAEA International Atomic Energy Agency; Internationale Atomenergie Organisation (IAEO)

IEA International Energy Agency; Internationale Energie Agentur

IOM International Organisation for Migration

IPCC Intergovernmental Panel on Climate Change; Zwischenstaatlicher Ausschuß für Klimaänderungen (Weltklimarat)

J Joule

kWh Kilowattstunde oder 1 Watt x 1 Stunde x 10^3

kWp Kilowatt peak

MASEN Moroccan Agency for Solar Energy; Marokkanische Agentur für Solarenergie

MDG Millennium Development Goals; Millennium-Entwicklungsziele

MED Multi-Effect-Distillation

MSP	Mittelmeer-Solarplan		Energy Cooperation
MTEP	Million-Ton Equivalent of Petroleum	**UNDP**	United Nations Development Programme; Entwicklungsprogramm der Vereinten Nationen
Mtoe	Million tonnes of oil equivalent (Millionen Tonnen Rohöleinheiten = MtRÖE)	**UNEP**	United Nations Environment Programme; Umweltprogramm der Vereinten Nationen
MW	Megawatt oder 1 Watt x 10^6	**UNHCR**	United Nations High Commisioner for Refugees; Hoher Flüchtlingskommissar der Vereinten Nationen
NEAL	New Energy Algeria; Neue Energie für Algerien		
NERC	National Energy Research Center, Jordan; Nationales Energieforschungszentrum, Jordanien	**USD**	US-Dollar
		VPP	Virtual Power Plant; virtuelles Kraftwerk
NREA	New and Renewable Energy Agency, Egypt; Amt für neue und erneuerbare Energien, Ägypten	**WBGU**	Wissenschaftlicher Beirat Globale Umweltveränderungen der Bundesregierung der Bundesrepublik Deutschland
OECD	Organisation for Economic Cooperation and Development; Organisation für wirtschaftliche Zusammenarbeit und Entwicklung	**WEC**	World Energy Council; Weltenergierat
		WEREEMa	Wind Energy, Renewable Energy and Energy Efficiency – Maroc
OPEC	Organisation of Petroleum Exporting Countries; Organisation Erdöl exportierender Länder	**WHO**	World Health Organization; Weltgesundheitsorganisation
PE	Primärenergie		
PEV	Primärenergieverbrauch		
PV	Photovoltaik		
R & D	Research and Development; Forschung und Entwicklung		
RD & D	Research, Development and Demonstration; Forschung, Entwicklung und Demonstration		
REN21	Renewable Energy Policy Network for the 21st Century		
SHS	Solar Home System; Photovoltaikinselsystem		
SRREN	Special Report on Renewable Energy Sources and Climate Change Mitigation (from IPCC, Working Group III)		
TJ	Terajoule oder 1 Joule x 10^{12}		
TREC	Trans-Mediterranean Renewable		

Energie-Statistiken

Bei der Berechnung des Anteils erneuerbarer Energien an der globalen Energieversorgung werden ganz unterschiedliche Bezugsgrößen benutzt. Entsprechend differieren die Angaben. Als Bezugsgrößen begegnet man der Primärenergie, der Endenergie, der Stromerzeugung, dem Stromverbrauch oder der Kapazität. Und bei den Bezugsgrößen ist wiederum auf die jeweiligen Definitionen zu achten, die keineswegs einheitlich gehandhabt werden. Bei den Stromangaben oder der Kapazität beispielsweise wird Photovoltaik unterschiedlich behandelt. Manchmal wird nur die ins Stromnetz eingebundene Photovoltaik gezählt, manchmal auch die nicht ins Netz eingespeiste. Um bei diesem sensiblen Thema eine gewisse Orientierung zu schaffen, soll ein kurzer Überblick gegeben werden. Dazu ist es hilfreich, sich in einem sehr groben Schema den allgemeinen Energiefluss zu vergegenwärtigen:

Allgemeines Energiefluss-Schema (stark vereinfacht)

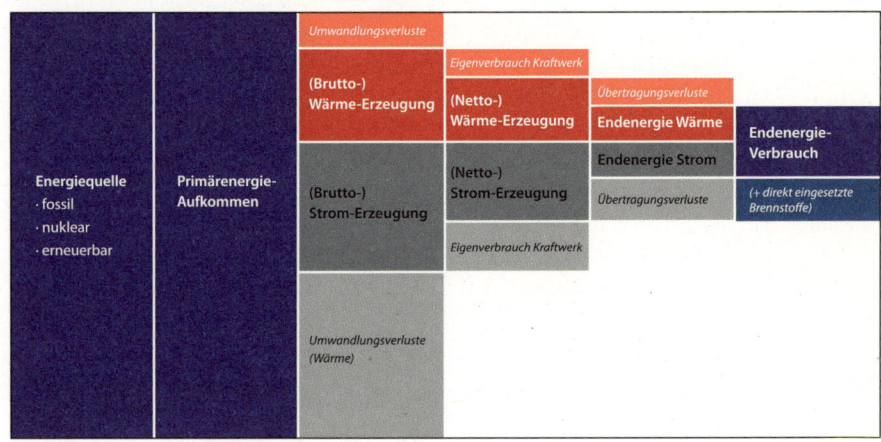

Die gängigste Methode, den Anteil der erneuerbaren Energien an der globalen Energieversorgung zu berechnen, ist der Bezug auf die Primärenergie nach der Methode der Internationalen Energie Agentur (IEA). Sie wird bei den meisten politischen Zielvorgaben und im statistischen Berichtswesen angewandt. Diese Methode wird seit 1995 auch in Deutschland benutzt (Primärverbrauch nach dem Wirkungsgradprinzip). Die IEA-Methode zählt für fossile Brennstoffe und die Nuklearenergie den Kraftwerks-Input, für die regenerativen Energien wie Wasserkraft, Wind oder Solarenergie, für die kein Heizwert qua Verbrennung angegeben werden kann, den Kraftwerks-Output. Dadurch werden die regenerativen Energieträger im Vergleich zu den fossilen oder der Nuklearenergie unterrepräsentiert. Beispiel: 2006 erzeugten Wasserkraft und Nuklearenergie weltweit jeweils etwa die gleiche Menge Nutzstrom. Nach der IEA-Methode lieferte Kernkraft 5-6 % der globalen Primärenergie, während Wasserkraft etwas mehr als 2 % erbrachte (s. REN21, Erneuerbare Energien 2007. Globaler Statusbericht, S. 23, s. auch aaO., S. 53 (Anm.45) sowie Wikipedia, Art. „Primärenergieverbrauch", Zugriff August 2011).

Eine andere Lösung ist die „Substitutionsmethode". Auch diese Methode greift auf die Primärenergie zurück. Sie erfasst für die regenerativen Energien die äquivalente Primärenergie von fossilen Brennstoffen, die benötigt würde, um diesen Regenerativstrom zu erzeugen. BP verwendet diese Methode für seinen jährlichen „Statistical Review of World Energy". Vielfach wird deshalb diese Methode auch „BP-Methode" genannt. Sie wird beispielsweise im Bericht des UNDP und des World Energy Council „2000 World Energy Assessment Report" angewandt. In Deutschland wurde diese Darstellung bis 1994 benutzt. Nach der BP-Methode ist der Anteil der erneuerbaren Energieträger deutlich höher als nach der IEA-Methode.

Um diesen generellen Schwierigkeiten zu entgehen, konzentriert sich eine dritte Methode auf das zahlenmäßige Erfassen des Anteils an der Endenergie. Unter Endenergie wird diejenige Energie verstanden, die am Ende verbraucht wird, sei es als Strom, als Wärme oder als direkt eingesetzter Brennstoff. Hier konzentriert man sich abermals, und zwar nur auf den Anteil von Strom. Alle Formen der Elektrizitätserzeugung werden hier gezählt. Beiträge für die Wärmeerzeugung oder von Kraftstoffen für die Heizung und den Verkehr werden nicht erfasst. Auch lässt diese Betrachtung die Behandlung der traditionellen Biomasse außen vor. Gemeinhin stellt traditionelle Biomasse gänzlich Endenergieverbrauch dar. Strittig ist, ob sie auch zur Primärenergie-Gesamtmenge zu rechnen ist. Die Konzentration auf die Stromerzeugung ist ein geeigneter Indikator, um die Entwicklung des Anteils der erneuerbaren Energien an der weltweiten Energieversorgung anzuzeigen, insofern auch mittelbar davon ein Fortschritt in der CO_2-Reduzierung abgeleitet werden kann (was bei einer Einbeziehung der traditionellen Biomasse am Endenergieverbrauch nicht ohne weiteres erkennbar ist). Die Europäische Kommission übernahm diese Methode 2007, als sie das Ziel des Energieanteils erneuerbarer Energieträger von 20 % bis 2020 vorgab. Mitunter wird daher die Methode auch die „EK-Methode" („EC-method") genannt. Nach dem jüngsten „Global Status Report 2011" der Renewable Energy Policy Network für the 21st Century (REN21) betrug der Anteil der erneuerbaren Energien am Endenergieverbrauch im Jahr 2009 16 % und an der globalen Stromerzeugung im Jahr 2010 nahezu 20 % (aaO., 17, 18). Im Übrigen hat sich REN21 mit Beginn dieses Reports entschlossen, die gesamte Photovoltaik mit einzubeziehen und von der bisherigen Fokussierung auf Netz eingebundene Photovoltaik Abstand zu nehmen (aaO., 17, 93).

Für Deutschland wird der Anteil der erneuerbaren Energien an der Energieversorgung im Jahr 2008 mit 7 % am Primärenergieverbrauch und mit 9,5 % am Endenergieverbrauch angegeben. Der Anteil an der Stromerzeugung im Jahr 2009 betrug knapp 16 %. Ziel ist es, diesen Beitrag bis 2020 auf mindestens 30 % zu erhöhen (s. Bundesministerium für Wirtschaft und Technologie, „Erneuerbare Energien"; www.bmwi.de; Zugriff August 2011).

Energie-Einheiten/Umrechnungen

Die Basiseinheit für Energie ist 1 Joule (J). Sie ist für Deutschland als gesetzliche Einheit seit 1978 verbindlich. Die Steinkohleeinheit (SKE; engl. Mtce = Megatons of coal equivalent = 1 Million Tonnen) und Rohöleinheit (RÖE; engl. Mtoe = Megatons of oil equivalent = 1 Million Tonnen) werden in Statistiken dennoch vielfach verwendet. Da 1 J nur eine geringe Energiemenge darstellt, wird meist mit Vielfachen dieser Einheit gerechnet.

1 Watt (W) ist die Basiseinheit für die Leistung. Sie entsteht durch Division der Energieeinheit durch die Zeit (z.B. 1 J/s oder 1kWh/h).

Joule	J	für Energie, Arbeit, Wärmemenge
	1 Joule (J) = 1 Newtonmeter (NM) = 1 Wattsekunde (Ws)	
Watt	W	für Leistung, Energiestrom, Wärmestrom
	1 Watt (W) = 1 J/s	

	Kilo	Mega	Giga	Tera	Peta	Exa
Numerisches Äquivalent	10^3	10^6	10^9	10^{12}	10^{15}	10^{18}
Sprachlich (deutsch)	Tausend	Million	Milliarde	Billion	Billiarde	Trillion
Abkürzungen	k	M	G	T	P	E
Querbezug		Tausend Kilo	Million Kilo Tausend Mega	Milliarde Kilo Million Mega Tausend Giga	Billion Kilo Milliarde Giga Million Giga	Billiarde Kilo Billion Mega Milliarde Giga

Beispiele:

1 Megawattstunde: 1 MWh = 1.000 kWh
1 Gigawattstunde: 1 GWh = 1 Mio. kWh = 1.000 MWh
1 Terawattstunde: 1 TWh = 1 Mrd. kWh = 1 Mio. MWh = 1.000 GWh

Neben J ist auch die kWh (Kilowattstunde) eine gebräuchliche Einheit für die Energie. Sie wird vor allem für Elektrizität benutzt.

1 Kilowattstunde = 1 kWh = 3.600 kJ = 3,6 MJ

	kJ	kWh	kcal	kg SKE (Mtce)	kg RÖE (Mtoe)
1 kJ	—	0,000278	0,2388	0,0000341	0,0000239
1 kWh	3600	—	860	0,123	0,086
1 kcal	4,1868	0,001163	—	0,000143	0,001
1 kg SKE (Mtce)	29308	8,141	7000	—	0,7
1 kg RÖE (Mtoe)	41868	11,63	10000	1,429	—

Beispiele:

1 Megawattstunde = 1 MWh = 1.000 kWh = 3.600 x 10^6 J = 3.600 MJ = 3,6 GJ
1 Gigawattstunde = 1 GWh = 1 Mio. kWh = 3.600 x 10^9 J = 3.600 GJ = 3,6 TJ
1 Terawattstunde = 1 TWh = 1 Mrd. kWh = 3.600 x 10^{12} J = 3.600 TJ = 3,6 PJ = 0,123 Mio. t SKE
1 Petajoule = 0,2778 TWh = 0,0341 Mio. t SKE = 0,0239 Mio. t RÖE
1 Tonne RÖE = 11.630 kWh = 11,63 MWh

Glossar

Aerosole – Gemisch aus festen oder flüssigen Schwebeteilchen und einem Gas.

Anthropogen – Vom Menschen verursacht.

Arides/semiarides Klima – Trockenes/halbtrockenes Klima; die Verdunstung übersteigt den Niederschlag; bei vollaridem Klima übersteigt die Verdunstung den Niederschlag für zehn bis zwölf Monate im Jahr, bei einem semiariden Klima für sechs bis neun Monate.

AQUA-CSP – 2007 fertiggestellte Studie des → DLR im Auftrag des → BMU, die den Bedarf, das Potenzial und die Auswirkungen solarer Meerwasserentsalzung in → MENA untersucht.

Backbone-Netz – Verbindender Kernbereich eines Telekommunikationsnetzes mit sehr hohen Datenübertragungsraten, in dem sich die Bandbreiten aller Endbenutzer bündeln.

Biomasse, modern – Einsatz von Biomasse (nachwachsenden Rohstoffen/Energiepflanzen und organischem Abfall) zu energetischen Zwecken, also zur Strom-, Wärme- und Treibstofferzeugung.

Biomasse, traditionell – Unbehandelte Biomasse wie Abfälle aus der Land- und Forstwirtschaft, gesammeltes Brennholz und Tierdung, die vor allem in ländlichen Gebieten in Kochherden oder Öfen verbrannt wird, um Wärmeenergie zum Kochen und Heizen und für landwirtschaftliche und industrielle Verarbeitung zu erzeugen.

Biosphäre – Raum, in dem organisches Leben möglich ist.

Blockheizkraftwerk – Anlage zur lokalen Erzeugung von Energie (Wärme/Strom) nach dem Prinzip der → Kraft-Wärme-Kopplung.

Brackwasser – Wasser, das aufgrund des Salzgehaltes weder Salz- (> 1 %) noch Süßwasser (< 0,1 %) ist. Der Salzgehalt von Brackwasser liegt zwischen 0,1 und 1 %.

Checks & Balance Kontrollmechanismen – Gegenseitige Kontrolle (checks) von Verfassungsorganen eines Staates, um ein System partieller Gleichgewichte (balances) herzustellen, das dem Erfolg des Ganzen dient.

Einschulungsquote – (Brutto); altersunabhängige Gesamteinschulung auf einer Bildungsstufe, ausgedrückt als prozentualer Anteil der Bevölkerung im offiziellen Schulalter für dieselbe Bildungsstufe.

Einspeisetarif/Einspeisevergütung – System der Festlegung eines garantierten Festpreises, zu dem Stromerzeuger Strom aus erneuerbaren Energiequellen ins Versorgungsnetz einspeisen können. In manchen Fällen sind feste Tarife vorgesehen, in anderen feste Zuschläge zu Markttarifen oder kostenbasierten Tarifen.

Endenergie – Differenz von → Primärenergie abzüglich aller Umwandlungs- und Verteilungsverluste, des Eigenverbrauchs von Kraftwerken/Raffinerien und des Einsatzes von Rohenergie für nichtenergetische Zwecke.

Energetisches Potenzial – Gesamte Energie, die in einer Masse enthalten ist, z. B. in Form von Biogas, Bioethanol etc. bei der Biomasse, die aus nachwachsenden Rohstoffen gewonnen wird.

Energiebilanz – Rechnerische Korrelation von Primärenergie-Aufwand (incl. Energieaufwand zur Produktion der energieerzeugenden Anlagen) zur Nutzenergie. Sie bildet die Grundlage für einen sparsamen Umgang mit Energie. Bei einer Onshore-Windturbine etwa reichen drei bis zwölf Monate, um die Energie für Produktion, Aufstellung und Abbau wieder „zurückzugewinnen". Offshore-Anlagen der Multimegawattklasse weisen innerhalb von vier bis sechs Monaten eine positive Energiebilanz auf.

Energieeffizienz – Prozentsatz der Energie, die von der primär eingesetzten Energie (100 %) nach Wandlung als Nettoenergie übrigbleibt.

Entsalzung – Umwandlung von Brack- oder Salzwasser in Süßwasser (siehe auch → Umkehrosmose).

Erneuerbare (regenerative) Energien – Energien aus Quellen, die sich von selbst erneuern und deren Nutzung nicht zur Erschöpfung der Quelle führt, insbesondere Wasserkraft, Windenergie, Sonnenenergie, Erdwärme (→ Geothermie). Eine andere Quelle ist das → energetische Potenzial der aus nachwachsenden Rohstoffen gewonnenen Biomasse.

EU-27 – Europäische Union heute mit 27 Mitgliedstaaten (seit 2007).

Evapotranspiration – Gesamtmenge der Verdunstung (Evaporation) und Blattverdunstung (Transpiration).

Extractive Industries Transparency (EITI) – (deutsch „Initiative für Transparenz in der Rohstoffwirtschaft"); sie wurde auf Betreiben des Weltwirtschaftsgipfels 2003 ins Leben gerufen. Zweck dieser Initiative ist es, die Korruption in Entwicklungsländern zu bekämpfen und die sog. Good Governance zu stärken. Hierzu werden Zahlungsströme, die aus rohstofffördernden Unternehmen als Abgaben an den Staat gehen, ebenso transparent gemacht wie deren Verwendung. EITI veröffentlicht auf ihrer Website eine Liste aller Länder, die ihre Zahlungsströme bereits offenlegen, die Offenlegung vorbereiten oder dies angekündigt haben *(www.eiti.org/implementingcountries)*.

Extreme Armut – Zahl der Menschen, die von weniger als 1 USD pro Tag leben (siehe auch → Millennium Development Goals).

Fehlerbalken – Visualisierung der auf systematischen oder statistischen Fehlern beruhenden möglichen Abweichungen der Messwerte (nach oben und nach unten) vom tatsächlichen Wert der betrachteten Messgröße.

Fossile Brennstoffe – Braunkohle, Steinkohle, Erdgas, Erdöl, Torf; fossile Brennstoffe bestehen aus organischen Kohlenstoff-Verbindungen. Bei der Verbrennung wird Energie in Form von Wärme und CO_2 freigesetzt, was ein wichtiger Mitverursacher der globalen Erwärmung ist.

Fossile Energie – Wird aus → fossilen Brennstoffen gewonnen.

Fossiles Grundwasser – Wasser in tiefen Erdschichten, was seit sehr langen Zeiträumen keinen Kontakt mit der Erdatmosphäre oder Oberflächengewässern hatte und sich somit auch nicht erneuert. Fossiles Grundwasser ermöglicht aufgrund seiner Zusammensetzung Rückschlüsse auf seine Entstehungszeit. Die Grundwasserseen unter der Sahara oder der Kalahari beispielsweise bestehen aus fossilem Grundwasser.

Geothermie – Erdwärme; Strom- und Wärmeerzeugung aus Erdwärme durch nach oben dringende Wärmeenergie aus dem Erdinneren (meist in Form von heißem Wasser oder Dampf), die für Gebäude, die Industrie und die Landwirtschaft genutzt werden kann.

Global Compact – Auch United Nations G.C.; weltweiter Pakt zwischen Unternehmen und UNO, um die Globalisierung sozialer und ökologischer zu gestalten.

Grid Parity – Netzparität; sie gilt als erreicht, wenn aus Sicht des Endverbrauchers selbst produzierter Strom dieselben Kosten je kWh verursacht wie der Einkauf von einem Netzbetreiber. Aus Sicht kommerzieller Stromproduzenten ist Netzparität erst dann gegeben, wenn Strom aus erneuerbaren Energien an Spotmärkten genauso günstig eingekauft werden kann wie konventionell erzeugter Strom.

Große Wasserkraft – Elektrizität aus fließendem, meist hinter einem Sperrwerk aufgestautem Wasser; oftmals verbunden mit einem Stausee oder einem Staubecken von beträchtlicher Größe. Sie liegt nach üblicher Definition über 10 MW.

Grundlast – Belastung eines Stromnetzes, die während eines Tages nicht unterschritten wird. 2005 lag sie in Deutschland bei 40 GW; die Jahreshöchstlast betrug 75-80 GW; siehe auch → Spitzenlast.

Hochspannungs-Gleichstrom-Über-tragung (HGÜ) – (englisch HVDC – High Voltage Direct Current); Verfahren der elektrischen Energieübertragung mit hoher Gleichstromspannung von über 100 kV; mit ihr können Energieübertragungen über weite Entfernungen durchgeführt werden, die Übertragungsverluste sind gering (ca. 3 % der Netzleistung auf 1000 km) und deutlich niedriger im Vergleich zu Hochspannungs-Wechselstrom-Übertragung mit einem Vielfachen dieses Verlustes.

Human Development Index (HDI) – Index für menschliche Entwicklung; ein zusammengesetzter Index, der die durchschnittlich erzielten Fortschritte bei drei grundlegenden Dimensionen menschlicher Entwicklung misst: einem langen und gesunden Leben, Wissen und angemessener Lebensqualität.

Investment – In den Statistiken wird zwischen Total Investments und finanziellen Neu-Investments unterschieden. Total Investments umfassen Venture Capital, Forschungs- und Entwicklungsgelder des Staates wie von Unternehmen, Private Equity-Engagements, Anteilserwerb durch Aktienkäufe usf.. Finanzielle Neu-Investments beziehen sich ausschließlich auf Asset-Finanzierungen. Zu ihnen zählen Venture Capital und Private Equity Beteiligungen, Investments durch Börsengänge usw.

Kleine Wasserkraft – Kleine Anlagen, die Strom aus fließendem Wasser gewinnen, meist ohne großes Staubecken.

Konvektion – Durch Temperatureinwirkung erzeugtes Aufsteigen von Flüssigkeiten und Gasen, die thermische Energie transportieren.

Kraft-Wärme-Kopplung – Form der Energieerzeugung in Kraftwerken, bei der elektrische Energie und Wärme in einem gemeinsamen Prozess erzeugt werden; das effizienteste Prinzip zur energetischen Nutzung von Brennstoffen.

Kryosphäre – Bereich der Oberfläche eines Planeten, der von Eis bedeck ist; entscheidend für das Klimasystem eines Planeten, da sie ein großes Reflektionsvermögen hat.

Kyoto-Protokoll – Ein 1997 in Kyoto beschlossenes Zusatzprotokoll zur Ausgestaltung der Klimarahmenkonvention der UNO mit dem Ziel des Klimaschutzes. Das 2005 in Kraft getretene und 2012 auslaufende Abkommen legt erstmals völkerrechtlich verbindliche Zielwerte für den Ausstoß von Treibhausgasen in den Industrieländern fest, die die hauptsächliche Ursache für die globale Erwärmung sind. Bis Anfang 2011 hatten 192 Staaten das Kyoto-Protokoll unterzeichnet.

Lernrate – Kostenentwicklung bei Verdoppelung der kumulierten Kapazität als Prozentsatz der Ausgangskosten.

MED-CSP – 2005 fertiggestellte Studie (Concentrating Solar Power for the Mediterranean Region) des → DLR im Auftrag des → BMU, die die in → MENA verfügbaren Ressourcen an erneuerbaren Energien, den erwarteten Bedarf an elektrischer Energie und Wasser in → EUMENA untersucht. Dabei kommt solarthermischen Kraftwerken eine besondere Rolle zu.

Millennium Development Goals – Millennium-Entwicklungsziele der UNO; acht Entwicklungsziele für das Jahr 2015, die im Jahr 2000 von einer Arbeitsgruppe aus Vertretern der UNO, der Weltbank, der → OECD und mehreren Nichtregierungsorganisationen formuliert worden sind.

Mittelmeer Solarplan – Eine im Jahr 2008 unter der französischen EU-Ratspräsidentschaft gestartete Initiative mit dem Ziel, die Nord-Süd-Beziehungen durch die Förderung von nachhaltigen Energieprojekten zu vertiefen.

Nachhaltigkeit – Nutzung eines Systems

in der Weise, dass dessen ökologisches, kulturelles, soziales und ökonomisches Kapital in seinen wesentlichen Eigenschaften erhalten bleibt und der Bestand auf natürliche Weise regeneriert werden kann.

Nachhaltigkeits-Gipfel – Weltgipfel für nachhaltige Entwicklung (engl. „World Summit on Sustainable Development", WSSD) 2002 in Johannesburg/Südafrika. Ziel war insbesondere die Fortschreibung neuer Ziele und Maßnahmen zur nachhaltigen Entwicklung bis 2015/2017.

Nicht verbessertes Rohwasser – Wasser von Tanklastwagen oder aus ungeschützten Brunnen und Quellen.

Oberflächenwasser – Wasser, das aus offen und ungebunden an der Erdoberfläche befindlichen Quellen (Flüssen, Seen, Reservoirs usw.) gepumpt wird.

OECD – Organisation für wirtschaftliche Zusammenarbeit und Entwicklung (engl. „Organisation for Economic Coopoeration and Development"); internationale Organisation mit 34 Mitgliedstaaten, die sich der Demokratie und Marktwirtschaft verpflichtet fühlen.

Offshore/Onshore – Vor der Küste/auf dem Land liegende Gebiete.

Ökologischer Fußabdruck (des Verbrauchs) – Bioproduktive Land- und Meeresfläche, die ein Land benötigt, um die Ressourcen zu produzieren, die es verbraucht, und den Abfall aufzunehmen, den es erzeugt, ausgedrückt in Hektar pro Kopf.

Osmose – Gerichteter Fluss von Molekülen durch eine spezifische Membran entlang eines Konzentrationsgefälles. Osmose findet als Trennverfahren Anwendung, z. B. bei der Meerwasserentsalzung.

Photovoltaikanlagen – Wandeln Sonnenenergie direkt in Elektrizität um. Der kleinste Baustein sind die Zellen, die zu Modulen und Kollektorfeldern verknüpft werden.

Primärenergie – Zur Gewinnung von nutzbaren Energieträgern (Heizöl, Stauseen, Windanlage usf.) eingesetzte Rohenergie (Kohle, Uran, Biomasse, Sonne usf.).

Primärenergieverbrauch (PEV) – Die insgesamt für die Versorgung einer Volkswirtschaft benötigte Energiemenge.

Rauigkeit – auch Rauheit; Begriff aus der Oberflächenphysik, der die Unebenheit der Oberfläche bezeichnet.

Reserven – Nachgewiesene, zu heutigen Preisen und mit heutiger Technik wirtschaftlich gewinnbare Energierohstoffmenge.

Ressourcen – Nachgewiesene, aber derzeit technisch und/oder wirtschaftlich nicht gewinnbare sowie nicht nachgewiesene, aber geologisch mögliche, künftig gewinnbare Energierohstoffmenge.

Sahelstaaten – Sudan, Tschad, Mali und Niger.

Sahelzone – Die in Afrika liegende, langgestreckte → semiaride Übergangszone vom sich nördlich anschließenden Wüstengebiet der Sahara bis zur Trocken- bzw. Feuchtsavanne im Süden. In der Sahelzone gibt es immer wieder schwerwiegende Dürren, die zu Hungersnöten führen. 2007 kam es hingegen zu Überschwemmungen, die Millionen von Menschen obdachlos machten.

Semiarides Klima – Siehe → arides Klima.

Smart Grid – Intelligentes Stromnetz, das die kommunikative Vernetzung und Steuerung von verschiedenen Energieerzeugern (konventionell wie regenerativ) elektrischen Speichern, elektrischen Verbrauchern und Netzbetriebsmitteln in Energieübertragungs- und -verteilungsnetzen der Elektrizitätsversorgung umfasst. Dieses wird vor dem Hintergrund der zunehmenden dezentralen Stromerzeugung besonders bedeutsam. Ziel ist die Sicherstellung der Energieversorgung auf Basis eines effizienten und zuverlässigen Systembetriebs.

Solaire Méditerranéen – Mediterraner Solarplan.

Solar home system (SHS) – Inselanlage mit Dachkollektor, Batterie und Laderegler, die kleinere Strommengen für nicht an das

Stromnetz angeschlossene Haushalte, z. B. in ländlichen Gebieten, erzeugt.

Solarthermie – (englisch „Concentrating Solar Power" (CSP)); Sonnenstrahlung, die mit Hilfe konzentrierender Spiegel gebündelt und in Wärmeenergie umgewandelt wird. Die erzeugten hohen Temperaturen werden in der Regel für den Antrieb konventioneller Dampf- und Gasturbinen verwendet (solarthermische Kraftwerke).

Solar(thermisch)e Warmwasserbereitung/Heizung –Sonnenkollektoren (zumeist auf dem Dach angebracht), die Warmwasser erzeugen, das in Tanks gespeichert und für die häusliche Warmwasserversorgung und/oder die Beheizung genutzt wird.

Spitzenlast – Kurzfristige Maximallast eines Stromnetzes, das diese Maximallast auch noch bedienen muss.

Spurengase – Siehe → Treibhausgase.

Stromgestehungskosten – Kosten, die für die Energieumwandlung von einer Energieform in elektrischen Strom notwendig sind. Sie werden in der Regel in €/MWh angegeben.

Subsahara-Afrika – Südlich der Sahara gelegene Teil Afrikas.

Thermosolare Kraftwerke – Auch solarthermische Kraftwerke; Kraftwerke, die die → Solarthermie nutzen; die Wärme der Sonne wird über Absorber als primäre Energiequelle genutzt.

TRANS-CSP – 2006 fertiggestellte Studie (Trans-Mediterranean interconnection for Concentrating Solar Power) des → DLR im Auftrag des → BMU, die den Aufbau eines Stromverbundes zwischen Europa, dem Nahen Osten und Nordafrika (→ EUMENA-Connection) untersucht.

Treibhauseffekt – Höhere Oberflächentemperatur eines Planeten durch die Treibhauswirkung der → Treibhausgase einschließlich Wasserdampf in der Atmosphäre. Der durch menschliche Eingriffe bewirkte Anteil am atmosphärischen Treibhauseffekt wird → anthropogener Treibhauseffekt genannt.

Treibhausgase – Gase, die die Strahlungsbilanz der Erde beeinflussen und deren Anteil weniger als 1 % an der Zusammensetzung der Atmosphäre beträgt; auch Spurengase.

Umkehrosmose – Verfahren bei der Meerwasserentsalzung; Meerwasser wird zur Überwindung des osmotischen Drucks unter hohem Druck durch eine Membran gepresst. Diese wirkt wie ein Filter und lässt nur bestimmte Ionen und Moleküle durch. Man erhält eine Auftrennung der ursprünglichen Lösung. Durch den Membranfilter lassen sich Salze, Bakterien, Viren etc. zurückhalten.

Virtuelles Kraftwerk (VPP) – Zusammenschaltung von kleinen, dezentralen Stromerzeugern zu einem Verbund, der zur Verfügung stehende Kraftwerksleistung aus Großkraftwerken ersetzen kann.

Zertifikatehandel für Strom aus erneuerbaren Energien – Jedes Zertifikat entspricht der zertifizierten Erzeugung einer Einheit erneuerbarer Energie, in der Regel 1 MWh. Die Zertifikate sind ein Instrument für den Handel mit erneuerbaren Energie-Verpflichtungen zwischen Verbrauchern und/oder Erzeugern und für die Erfüllung dieser Verpflichtungen und ebenso ein Mittel für den freiwilligen Bezug von Strom aus erneuerbaren Energiequellen.

Quellen

Für im Internet zugängliche Quellen wird in den meisten Fällen die Hauptadresse angegeben. Um die Quelle direkt einzusehen, wird empfohlen, den Seiten oder Dokumententitel in die Suchmaske der jeweiligen Webseite oder einer Suchmaschine einzugeben.

DESERTEC-KONZEPT

Ressourcenverbrauch/Das Konzept
DESERTEC Foundation (o.A.): Red Paper – Das DESERTEC-Konzept im Überblick. *http://www.desertec.org* Wackernagel, M. und Beyers, B. (2010): Der Ecological Footprint. Die Welt neu vermessen. EVA Europäische Verlagsanstalt

Die Bevölkerungsentwicklung nach Regionen
Bundeszentrale für politische Bildung (2010) nach Daten der United Nations – Department of Economic and Social Affairs (UN/DESA). World Population Prospects: The 2008 Revision (Stand: Mai 2010). *http://www.bpb.de*

Bevölkerungsentwicklung
Deutsche Stiftung Weltbevölkerung (2011) nach den Vereinten Nationen: World Population Prospects: The 2010 Revision.
http://www.weltbevoelkerung.de

Migration
Bundeszentrale für politische Bildung (2010) nach Daten der United Nations – Department of Economic and Social Affairs (UN/DESA): International Migrant Stock: The 2008 Revision (Data Base: May 2010).
http://www.bpb.de

Reduktion der weltweiten CO_2-Emissionen um 80 %
Greenpeace and European Renewable Energy Council (eds.) (2010): Energy[R] evolution – A Sustainable World Energy Outlook.
http://www.energyblueprint.info

CO_2-Bilanz ausgewählter Kraftwerkstypen
Die Vorteile von DESERTEC.
http://www.desertec.org/de/konzept/vorteile/. (Zugriff September 2011) Fritsche, U. R. (2007): Treibhausgasemissionen und Vermeidungskosten der nuklearen, fossilen und erneuerbaren Strombereitstellung. Arbeitspapier. Öko-Institut Darmstadt.
http://www.oeko.de

DESERTEC-EUMENA
DESERTEC-EUMENA Karte. Webseite der DESERTEC Foundation.
http://www.desertec.org

KLIMA

Anteil der Treibhausgase an der Atmosphäre
IPCC (2007): Synthesis Report. Contribution of Working Groups I, II and III to the Fourth Assessment Report of the Intergovernmental Panel on Climate Change. Core Writing Team Pachauri, R. K. and Reisinger, A. (eds.). IPCC

Grundlagen
Universität Hamburg. Einführung in das globale Klimaproblem.
http://www1.uni-hamburg.de/Klima/deu/deu_heft07.html (Zugriff Mai 2011) IPCC (2007): Synthesis Report. Contribution of Working Groups I, II and III to the Fourth Assessment Report of the Intergovernmental Panel on Climate Change. Core Writing Team Pachauri, R. K. and Reisinger, A. (eds.). IPCC

Zusammensetzung der Erdatmosphäre
Zusammensetzung der Erdatmosphäre. *http://www.geo.fu-berlin.de/fb/e-learning/pg-net/themenbereiche/klimageographie/erdatmosphaere/zusammensetzung/index.html* (Zugriff Juli 2011)

Anteil der Treibhausgase an den Gesamtemissionen
IPCC (2007): Synthesis Report. Contribution of Working Groups I, II and III to the Fourth Assessment Report of the Intergovernmental Panel on Climate Change. Core Writing Team Pachauri, R.K. and Reisinger, A. (eds.). IPCC

Klimazonen
Wikipedia-Eintrag „Klimazone".
http://de.wikipedia.org
(Zugriff August 2011)

Wärmehaushalt der Erde
National Oceanic and Atmospheric Administration (NOAA).
http://www.noaa.gov/index.html

Konzentration von CO_2 in der Atmosphäre
Institut für Umweltphysik Bremen. *http://www.iup.uni-bremen.de/deu/*

Globale Kohlenstoffbilanz
IPCC (2007): Contribution of Working Group I to the Fourth Assessment Report of the Intergovernmental Panel on Climate Change. Solomon, S. et al. (eds.). Cambridge University Press. Cambridge

Dampfdruck schematisch/ Wasserdampf
Hamburg Ocean Atmospheric Parameters and Fluxes from Satellite Data (HOAPS). Vertically integrated water vapour. *http://www.hoaps.org* (Zugriff Mai 2011)

Mittlere globale Erwärmung seit 1900
Zwischenstaatlicher Ausschuss für Klimaänderungen (2007): Klimaänderung 2007. Zusammenfassung für politische Entscheidungsträger. Vierter Sachstandsbericht des IPCC (AR4).Pro-Clim – Forum for Climate and Global

Change, Umweltbundesamt, deutsche IPCC Koordinierungsstelle (Hrsg.)

Der Eisbär
Gauldin, M. and Wood, K. (2007): Future Retreat of Arctic Sea Ice Will Lower Polar Bear Populations and Limit Their Distribution. US Department of the Interior. US Geological Survey.
http://www.usgs.gov/newsroom/article.asp?ID=1773 (Zugriff Juli 2011)
Kehse, U. (2010): Ein Refugium für den Eisbären. Süddeutsche.de vom 16. Dezember 2010.
http://www.sueddeutsche.de (Zugriff Juli 2011)

Der erhöhte Treibhauseffekt
Callendar, G. S. (1938): The Artificial Production of Carbon Dioxide and its influence on Climate. Quarterly J. Royal Meteorological Society 64: 223-40
IPCC (2007): Contribution of Working Group I to the Fourth Assessment Report of the Intergovernmental Panel on Climate Change; Solomon, S. et al. (eds.). Cambridge University Press
IPCC (2007): Contribution of Working Group II to the Fourth Assessment Report of the Intergovernmental Panel on Climate Change. Parry, M. L. et al. (eds). Cambridge University Press
IPCC (2007): Contribution of Working Group III to the Fourth Assessment Report of the Intergovernmental Panel on Climate Change. Metz, B. et al. (eds). Cambridge University Press
IPCC (2007): Synthesis Report: Contribution of Working Groups I, II and III to the Fourth Assessment Report of the Intergovernmental Panel on Climate Change. Core Writing Team Pachauri, R. K. and Reisinger, A. (eds.). IPCC

Energiebilanz der Erde
Trenberth, K. E., Fasullo, J. T. and Kiehl, J. (2009): Earth's global energy budget. In: Bulletin of the American Meteorolo-

gical Society. Preprint

Meeresspiegelanstieg um 18 cm
National Oceanic and Atmospheric Administration (NOAA).
http://www.noaa.gov/index.html

Fleischkonsum
Gashydrate und Methankreislauf. Klimawirksamkeit von Methan aus Gashydraten.
http://www.ifm-geomar.de/index.php?id=gh_klima
(Zugriff Juli 2011)

CO_2-Ausstoß und Schäden
Edenhofer, O. et al. (2010): Global aber gerecht: Klimawandel bekämpfen, Entwicklung ermöglichen. Beck Verlag

Meerespiegelanstieg 4-6 m
Zwischenstaatlicher Ausschuss für Klimaänderungen (2007): Klimaänderung 2007. Zusammenfassung für politische Entscheidungsträger. Vierter Sachstandsbericht des IPCC (AR4). ProClim – Forum for Climate and Global Change, Umweltbundesamt, deutsche IPCC Koordinierungsstelle (Hrsg.)

Anstieg des Meeresspiegels
Nach Angabe der FAZ wird der Meeresspiegel gar um bis zu zwei Meter steigen: Faz.net (o.A.): Unser Klima – eine Bestandsaufnahme.
http://www.faz.net/s/RubC5406E11422 84FB6BB79CE581A20766E/Doc~ED064B 4E3038044DA92AAB5BBCAA03020~ATp l~Ecommon~SMed.html
(Zugriff Juli 2011)

Projizierte Änderungsmuster der Niederschläge
Zwischenstaatlicher Ausschuss für Klimaänderungen (2007): Klimaänderung 2007. Zusammenfassung für politische Entscheidungsträger. Vierter Sachstandsbericht des IPCC (AR4). ProClim – Forum for Climate and Global Change, Umweltbundesamt, deutsche IPCC Koordinierungsstelle (Hrsg.)

Kabinettsitzung der Malediven
Sondersitzung zum Klimawandel. Kabinett der Malediven taucht ab. Spiegel Online vom 17. Oktober 2009.
http://www.spiegel.de
(Zugriff Juli 2011)

Mögliche Erwärmung bis 2100/ Das 2°C-Ziel
IPCC (2007): Contribution of Working Group I to the Fourth Assessment Report of the Intergovernmental Panel on Climate Change. Solomon, S. et al. (eds.). Cambridge University Press
Meinshausen, M. et al. (2009): Greenhouse-gas emission targets for limiting global warming to 2°C; Nature 458, 1158-1162 (30 April 2009) | doi: 10.1038/nature08017

ENERGIE

Weltweite Stromproduktion aus fossilen Energieträgern
BP (2011): BP Statistical Review of World Energy.
http://www.bp.com
(Zugriff August 2011)

Speicherplätze von 1 kWh Strom
Grimm, H. (o.A.): Was ist Energie? Energie, Leistung, Einheiten und Umrechnung, Faktoren und Formeln.
http://www.wissenschaft-technik-ethik.de
(Zugriff Juli 2011)

Erneuerbare Energien an der weltweiten Stromerzeugung/ Anteil der erneuerbaren Energien an der Gesamtstromerzeugung/ Anteil der erneuerbaren Energien an der Gesamtwärmeerzeugung
Renewables and Waste in World in 2008 (Generation).
http://www.iea.org/stats/
(Zugriff Mai 2011) und Electricity/ Heat in World 2008 (Total Production).
http://www.iea.org/stats
(Zugriff Mai 2011)

Globale Nutzung erneuerbarer Energien
Renewable Energy Policy Network for the 21st Century (REN) (2010): Renewables 2010. Global Status Report
Wikipedia Eintrag „Erneuerbare Energien". http://de.wikipedia.org/wiki/Erneuerbare_Energie (Zugriff Mai 2011)
Bundesministerium für Umwelt, Naturschutz und Reaktorsicherheit (BMU) (2010): Erneuerbare Energien in Zahlen. Nationale und internationale Entwicklung

Photovoltaik und Solarthermie
Bundesministerium für Umwelt, Naturschutz und Reaktorsicherheit (BMU) (2006): Solarthermische Kraftwerke Grundlagen zum Thema Solarstrom bzw. Photovoltaik. http://www.solarstromerzeugung.de/grundlagen.html (Zugriff September 2011)

Energie, die die Menschheit jährlich benötigt
Grassl, H. (2007): Why we have to act. Climate Change is accelerating, but we must slow it down rapidly. in: DESERTEC White Book. Clean Power from Deserts. The DESERTEC Concept for Energy, Water and Climate Security

Weltweit installierte Kapazität solarthermischer Anlagen
International Energy Agency (2010): Technology Roadmap. Concentrating Solar Power. http://www.iea.org

Grundsteinlegung für das größte Solarkraftwerk der Welt in Kalifornien
Browns Laud Job Creation At World's Largest Solar Energy Project. 17. Juni 2011. http://gov.ca.gov/news.php?id=17090 (Zugriff Juli 2011)
US-Innenminister Salazar und Kaliforniens Gouverneur Brown legen Grundstein für das größte Solarkraftwerksprojekt der Welt im kalifornischen Blythe. Presseerklärung vom 18. Juni 2011.

http://www.solarmillennium.de (Zugriff Juli 2011)

Globales Potenzial für solarthermische Energienutzung
Surface Meteorology and Solar Energy. A renewable energy resource website. http://eosweb.larc.nasa.gov/ (Zugriff Mai 2011).
Trieb, F. et al. (2009): Global Potential of Concentrating Solar Power. Conference Paper „Solar Paces Conference". http://www.dlr.de

Leistung des Windes
Bundesverband Windenergie e.V. http://www.wind-energie.de/de/technik/physik-der-windenergie/ (Zugriff Juli 2011)

Windenergie
Renewable Energy Policy Network for the 21st Century (REN) (2010): Renewables 2010. Global Status Report
Wissenschaftlicher Beirat der Bundesregierung Globale Umweltveränderungen (WBGU) (2003): Welt im Wandel. Energiewende zur Nachhaltigkeit. Springer Verlag
Bundesverband Windenergie e.V.. http://www.wind-energie.de/ (Zugriff Juli 2011)

Globale Windgeschwindigkeit und atmosphärische Zirkulation
3Tier Wind Dataset. http://www.3tier.com/en/support/wind-prospecting-tools/what-were-3tiers-data-validation-procedures-prospecting/ (Zugriff August 2011)

Globale Windsysteme
Wikipedia Eintrag „Planetarische Zirkulation". http://www.wikipedia.org (Zugriff Mai 2011)

Höhenprofil des Windes
Gasch, R. und Twele, J. (2005): Windkraftanlagen. Grundlagen, Entwurf, Planung und Betrieb. Teubner Verlag

Geothermie

Bundesverband Geothermie e.V. http://www.geothermie.de/ (Zugriff Mai 2011)
Renewables and Waste in World in 2008 (Generation). http://www.iea.org/stats/ (Zugriff Mai 2011) und Electricity/Heat in World 2008 (Total Production). http://www.iea.org/stats (Zugriff Mai 2011)

Staufen im Breisgau
Wikipedia Eintrag „Staufen im Breisgau". http://de.wikipedia.org/wiki/Staufen_im_Breisgau (Zugriff April 2011)

Das Nesjavellir-Kraftwerk
Wikipedia Eintrag „Geothermale Energie in Island". http://de.wikipedia.org (Zugriff Juli 2011)
Energy Statistics in Iceland 2010. http://www.os.is/ (Zugriff Juli 2011)

Direkte Nutzung von Geothermie
Geothermie in Zahlen weltweit (Stand 2010). Bundesverband für Geothermie. http://www.geothermie.de/aktuelles/geothermie-in-zahlen/weltweit.html (Zugriff Mai 2011)
climatelab (beta). Geothermal Energy. http://climatelab.org/geothermal_energy (Zugriff Juli 2011)

Schweden
Wikipedia Eintrag „Geothermie". http://de.wikipedia.org (Zugriff Juli 2011)

Jährlich in den Wäldern produzierte Biomasse
Morris, C. (2006): Zukunftsenergie – Die Wende zum nachhaltigen Energiesystem. Heise Zeitschriften Verlag GmbH & Co. KG

Biokraftstoffe
Deutsches BiomasseForschungsZentrum (DBFZ). Infothek Bioenergie. http://www.dbfz.de/web/forschung/infothek-bioenergie/article/0.html?tx_ttnews[backPid]=34&tx_ttnews[calendarYear]=2011&tx_ttnews[

calendarMonth]=8&cHash=d405a3efe3
3747e5c0e7033b55e784f0
(Zugriff Juli 2011)

Biomasse
Wissenschaftlicher Beirat der Bundesregierung Globale Umweltveränderungen (WBGU) (2003): Welt im Wandel.
Energiewende zur Nachhaltigkeit.
Springer Verlag
Renewable Energy Policy Network for
the 21st Century (REN) (2010): Renewables 2010. Global Status Report
Renewables and Waste in World in
2008 (Generation).
http://www.iea.org/stats/
(Zugriff Mai 2011) und Electricity/Heat
in World 2008 (Total Production).
http://www.iea.org/stats
(Zugriff Mai 2011)

Biogas- und Biomassekraftwerke
EnviTec Biogas. Newsletter.
http://www.envitec-biogas.de/
(Zugriff Mai 2011)
Scinexx – Das Wissensmagazin. Springer
Verlag. *http://www.scinexx.de/*
(Zugriff Mai 2011)
VDE Verband der Elektrotechnik Elek-
tronik Informationstechnik e.V. Bio-
massekraftwerke. *http://www.vde.de*
(Zugriff Mai 2011)

Die Bildung von Biomasse
Biomasse. Der Kreislauf. *http://www.
provinz.bz.it/wasser-energie/energie/
biomasse.asp* (Zugriff Juli 2011)

**Anteil der Wasserkraft an der welt-
weit erzeugten elektrischen Energie/
Beitrag der übrigen Renewables an
der weltweit erzeugten elektrischen
Energie**
Renewable Energy Policy Network for
the 21st Century (REN) (2011): Renewables 2011. Global Status Report

Wasserkraft
World Commission on Dams. About
Dams. *http://www.internationalrivers.org*

Clean Energy Council (CEC). Hydro-
electricity.
http://www.cleanenergycouncil.org

**Wasserkraft – prozentualer Anteil
an der gesamten produzierten
Elektrizität 2009**
U.S. Energy Information Administration. International Energy Statistics.
*http://www.eia.gov/cfapps/ipdbproject/
iedindex3.cfm?tid=2&pid=2&aid=12&ci
d=regions&syid=1999&eyid=2009&unit
=BKWH* (Zugriff August 2011)

Problematik großer Wasserkraftwerke
Black, M. und King, J. (2009): Der
Wasseratlas. Ein Wasseratlas zur
wichtigsten Ressource des Lebens.
EVA Europäische Verlagsanstalt

**CO_2-Emissionen aus Stromerzeugung
und Stromverbrauch/Smart-Grids**
International Energy Agency (IEA)
(2010): Energietechnologische Per-
spektiven. Szenarien und Strategien
bis 2050. Zusammenfassung in
Deutsch. *http://www.iea.org*

EU Nordseenetz
Internationale Zusammenarbeit
entscheidend für Erfolg von Offshore-
Windenergie: Nordseeanrainer rufen
Nordsee-Offshore-Initiative ins Leben
*http://bmwi.de/BMWi/Navigation/Pres-
se/pressemitteilungen,did=325496.html*
(Zugrifff August 2011)

Alternative Stromnetze
Greenpeace and European Renewable
Energy Council (eds.) (2010): energy[r]
evolution – a Sustainable World Energy
Outlook. *http://www.energyblueprint.info*

WASSER
**Austrocknung der Oasen/Das Wasser-
problem – ein Entwicklungsproblem**
Foster, S. and Loucks, D. P. (eds.) (2006):
Non-Renewable Groundwater Resources – A guidebook on socially-sus-
tainable management for water policy

makers. United Nations Educational,
Scientific and Cultural Organisation
(UNESCO). *http://unesdoc.unesco.org*

**Bevölkerungswachstum der Länder
des Nahen Ostens und Nordafrikas/
Das Wasserdefizit der MENA Länder**
Trieb, F. et al. (2007): Concentrating
Solar Power for Seawater Desalinati-
on. German Aerospace Center (DLR).
Study for the German Ministry of
Environment, Nature Conservation
and Nuclear Safety. (Aqua-CSP 2007).
http://www.dlr.de

**Das Wasserproblem –
ein Kostenproblem**
World Bank (2007): Making the Most
of Scarcity – Accountability for Better
Water Management in the Middle East
and North Africa. The World Bank.
http://web.worldbank.org
O. A. (2010): Combined Solar Power
and Desalination Plants: technico-
economic potential in Mediterranean
Partner countries. (MED-CSP 2010).
http://www.med-csd-ec.eu/eng/

**Wasserverfügbarkeit pro Kopf
in der MENA-Region**
World Bank (2008): Dealing with Water
Scarcity in MENA. The World Bank.
http://web.worldbank.org

**Abhängigkeit der Wasserversorgung
eines Landes von erneuerbaren
Wasserressourcen/Wasserarmut/
Erneuerbare Wasserressourcen**
Trieb, F. et al. (2005): Concentrating
Solar Power for the Mediterranean Re-
gion. Final Report. German Aerospace
Center (DLR). Study for the German
Ministry of Environment, Nature
Conversation and Nuclear Safety.
(MED-CSP 2005). *http://www.dlr.de*

**Das Wasserproblem –
ein Energieproblem**
Trieb, F. et al. (2007): Concentrating
Solar Power for Seawater Desalination.

German Aerospace Center (DLR). Study for the German Ministry of Environment, Nature Conservation and Nuclear Safety. (Aqua-CSP 2007). *http://www.dlr.de*

Trinkwassergewinnung in Saudi-Arabien

Harvard International Revue (2010): Saudi Arabia and Desalination, December 23, 2010. *http://hir.harvard.edu/pressing-change/saudi-arabia-and-desalination-0*

Umweltwirkungen

Trieb, F. et al. (2005): Concentrating Solar Power for the Mediterranean Region. Final Report. German Aerospace Center (DLR). Study for the German Ministry of Environment, Nature Conversation and Nuclear Safety. (MED-CSP 2005). *http://www.dlr.de*

Meerwasserentsalzung für Barcelona

Borja Corominas Fisas. International Development Department (o.A.): Water Ressources of the City of Barcelona. *http://foromundialagua.files.wordpress.com/2009/05/2009-03-21-stand-desalacion-b-corominas.pdf*

Vollkommen umweltfreundliche Entsalzungsanlage

Wikipedia Eintrag zur „Meerwasserentsalzung". *http://www.wikipedia.org* (Zugriff August 2011)

A Floating Wind Turbine/Desalination Plant, developed at the University of the Aegean. *http://www.investingreece.gov.gr/newsletter/newsletter.asp?nid=613&id=642&lang=1* (Zugriff August 2011)

Das Wasserproblem – ein Umweltproblem

Trieb, F. et al. (2007): Concentrating Solar Power for Seawater Desalination. German Aerospace Center (DLR). Study for the German Ministry of Environment, Nature Conservation and Nuclear Safety. (Aqua-CSP 2007). *http://www.dlr.de*

Lattemann, S. und Höpner, T. (2008): Environmental impact and impact assessment of seawater desalination. Desalination 220. p. 1–15. *http://www.desline.com*

Solarenergie für sauberes Trinkwasser

Solares Trinkwasser. in: Technology Review vom 12. April 2010. *http://www.heise.de/tr/artikel/Solares-Trinkwasser-974228.html* (Zugriff August 2011)

KACST Unveil Research Initiative to Desalinate Seawater Using Solar Power. Presseerklärung IBM. *http://www-03.ibm.com/press/us/en/pressrelease/29828.wss* (Zugriff August 2011)

Umweltwirkungen solarthermischer Meerwasserentsalzungsanlagen

Trieb, F. et al. (2005): Concentrating Solar Power for the Mediterranean Region. Final Report. German Aerospace Center (DLR). Study for the German Ministry of Environment, Nature Conservation and Nuclear Safety. (MED-CSP 2005). *http://www.dlr.de*

Entsalzungsanlagen weltweit/ Millionen Kubikmeter Trinkwasser/ Versorgung von 500 Millionen Menschen

Ziegler, H. (2010): Meerwasserentsalzung: Riesenmarkt mit Chancen für grüne Energien. *http://www.suite101.de/content/meerwasserentsalzung-riesenmarkt-mit-chancen-fuer-gruene-energien-a80046?template=article_print.cfm* (Zugriff August 2011)

DESERTEC und die Meerwasserentsalzung/DESERTEC und Trinkwasserdefizite

Trieb, F. et al. (2007): Concentrating Solar Power for Seawater Desalination. German Aerospace Center (DLR). Study for the German Ministry of Environment, Nature Conservation and Nuclear Safety. (Aqua-CSP 2007). *http://www.dlr.de*

Trieb, F. et al. (2005): Concentrating Solar Power for the Mediterranean Region. Final Report. German Aerospace Center (DLR). Study for the German Ministry of Environment, Nature Conservation and Nuclear Safety. (MED-CSP 2005). *http://www.dlr.de*

Meerwasserentsalzung und Qualitätssicherung

World Health Organisation (WHO)/ Water Sanitation and Health (WSH) (2011): Safe drinking-water from desalination. Guidance on risk assessment and risk management procedures to ensure the safety of desalinated drinking-water. *http://www.who.int/*

Globale Wasserknappheit

Groundwater Resources Management in Egypt in the Concept of IWRM. *http://www.emwis.org/*

Molden, D. (2007): Water for food. Water for life. A Comprehensive Assessment of Water Management in Agriculture. International Water Management Institute (IMWI). *http://www.fao.org* (Zugriff September 2011)

SOZIALE IMPLIKATIONEN

Zugang zu elektrischem Strom/ Energieverbrauch New York und Subsahara/Energiearmut/Nahrungszubereitung an offenen Feuerstellen/ Senkung der extremen Armut/ Zugang zu sauberen Kochmöglichkeiten

Organisation for Economic Cooperation and Development (OECD)/ International Energy Agency (IEA)

(2010): Energy Poverty – How to make modern energy access universal? *http://www.iea.org*

Die Millennium-Entwicklungsziele der Vereinten Nationen
Wikipedia Eintrag „Millennium-Entwicklungsziele". *http://de.wikipedia.org/wiki/Millennium-Entwicklungsziele#Millenniums-Gipfel_2010* (Zugriff Juli 2011)

Die Millennium-Entwicklungsziele (Millennium Development Goals)
United Nations Regional Information Centre (UNRIC). *http://www.unric.org/html/german/mdg/index.html* (Zugriff Juli 2011)

Stromsituation in Afrika und Naher Osten
International Energy Agency (IEA) (2010): The Electricity Access Database. World Energy Outlook. *http://www.worldenergyoutlook.org* International Energy Agency (IEA). Databases and Analysis. *http://www.iea.org* The World Bank. Africa Development Indicators. *http://data.worldbank.org/datacatalog/africa-development-indicators* (Zugriff August 2011)

Die Maghreb Staaten
Schliephake, K. (o.A.): Arabische Maghrebstaaten – Informationen zur politischen Bildung, *http://www.bpb.de* Kartenmaterial Grand Maghreb. *http://www.luventicus.org/karten/afrika/grandmaghreb.html* (Zugriff Juli 2011) Wikipedia Eintrag „Maghreb". *http://de.wikipedia.org/wiki/Maghreb* (Zugriff Juli 2011)

Die Mashrek Staaten
Wikipedia Eintrag „Mashrek". *http://de.wikipedia.org/wiki/Maschrek* (Zugriff Juli 2011)

Subsahara-Afrika

Karte von Subsahara-Afrika. *http://www.luventicus.org/karten/afrika/subsaharaafrika.html* (Zugriff Juli 2011) Subsahara-Afrika. KfW Entwicklungsbank. *http://www.kfw-entwicklungsbank.de* (Zugriff Juli 2011)

Krankenhausbetten auf 10.000 Menschen
United Nations Development Programme (UNDP) und Deutsche Gesellschaft für die Vereinten Nationen (2010): Bericht über die menschliche Entwicklung 2010: Der wahre Wohlstand der Nationen. Wege zur menschlichen Entwicklung. Jubiläumsausgabe zum 20. Erscheinen. *http://hdr.undp.org*

Das soziale Potenzial/ Human Development Index
United Nations Development Programme (UNDP) und Deutsche Gesellschaft für die Vereinten Nationen (2010): Bericht über die menschliche Entwicklung 2010: Der wahre Wohlstand der Nationen. Wege zur menschlichen Entwicklung. Jubiläumsausgabe zum 20. Erscheinen. *http://hdr.undp.org* World Health Statistics 2010. WHO Statistical Information System. *http://www.who.int/whosis/whostat/en/index.html* (Zugriff Juli 2011) Datenbank der Weltbank. The World Bank. *http://data.worldbank.org/country* (Zugriff Juli 2011)

Einwohner Marokkos, die das Internet nutzen
International Bank for Reconstruction and Development/World Bank (2008): World Development Indicators 2008. *http://data.worldbank.org* (Zugriff August 2011)

Zugang zu Informationstechnologien/ Zugang zu Bildung und Informations-

technologie
African Economic Outlook – Measuring the pulse of Africa, Technology Infrastructure and Services in Africa. *http://www.africaneconomicoutlook.org* (Zugriff Juli 2011) United Nations Development Programme (UNDP) und Deutsche Gesellschaft für die Vereinten Nationen (2010): Bericht über die menschliche Entwicklung 2010: Der wahre Wohlstand der Nationen. Wege zur menschlichen Entwicklung. Jubiläumsausgabe zum 20. Erscheinen. *http://hdr.undp.org/*

Erneuerbare Energien in ländlichen Gegenden
Organisation for Economic Cooperation and Development (OECD) / International Energy Agency (IEA) (2010): Energy Poverty – How to make modern energy access universal? *http://www.iea.org* Organisation for Economic Cooperation and Development (OECD) and International Energy Agency (IEA) (2010): Technology Roadmap. Concentrating Solar Power. *http://www.iea.org*

Solarprojekt im ländlichen Norden Benins
Solar Electric Light Fund. *http://www.self.org/benin.shtml* (Zugriff August 2011)

Wertschöpfung in der MENA-Region durch CSP
Gazzo, A., Kost, C., Ragwitz, M. et al. (2011): Middle East and North Africa Region. Assessment of the Local Manufacturing Potential for Concentrated Solar Power (CSP) Projects. Ernst & Young, Fraunhofer Institute for Systems and Innovation Research (ISI) & Fraunhofer Institute for Solar Energy Systems (ISE) (eds.). *http://isi.fraunhofer.de*

Implementierung des

DESERTEC-Konzepts
World Commission on Dams.
http://www.internationalrivers.org
DESERTEC University Network (DUN)
DESERTEC Foundation. Pressemitteilung „DESERTEC University Network gegründet" vom 3. November 2010.
http://www.desertec.org
(Zugriff Juli 2011)
Durchfallerkrankung und unsauberes Wasser
World Health Organisation (WHO) (2010): Facts and Figures on Water Quality and Health.
http://www.who.int/water_sanitation_health/facts_figures/en/
(Zugriff August 2011)
Kenia
United Nations Development Programme (UNDP) (2011): UNDP Chief: Poorest Countries must have a say in shaping their future. Erklärung von Helen Clark vom 11. Mai 2011. 4. UN-Conference on the Least Development Countries. Istanbul.
http://www.beta.undp.org/undp/en/home/presscenter/speeches/2011/05/11/undp-chief-poorest-countries-must-have-a-say-in-shaping-their-future.html (Zugriff August 2011)
United Nations Development Programme (UNDP) (2011): Introductory remarks by Rebeca Grynspan. UNDP Associate Administrator and Under Secretary General. Erklärung vom 7. April 2011. Bloomberg New Energy Summit. Roundtable Day on Energy Access and Climate Finance in Association with UN-Energy. *http://content.undp.org/go/newsroom/2011/april/grynspan-.en* (Zugriff August 2011)
Turkana-Wind-Projekt.
http://laketurkanawindpower.com/gallery.asp?f=0 (Zugriff August 2011)
Global Compact/Die zehn Prinzipien

des Global Compact
Deutsches Global Compact Netzwerk.
Ansatz. *http://www.globalcompact.de*
Leitlinien für den CSP-Ausbau in den Entwicklungsländern
Organisation for Economic Cooperation and Development (OECD) and International Energy Agency (IEA) (2010): Technology Roadmap. Concentrating Solar Power. *http://www.iea.org*

SICHERHEIT UND FRIEDEN
Flüchtlinge durch Armut und Wassermangel
Petermann, J. (2006): Sichere Energie im 21. Jahrhundert. Hoffmann und Campe Verlag
Czisch, G. (2005): Szenarien zur zukünftigen Stromversorgung. Kostenoptimierte Variationen zur Versorgung Europas und seiner Nachbarn mit Strom aus erneuerbaren Energien. Dissertation
The International Bank for Reconstruction/World Bank (2011): Global Monitoring Report 2011. Improving the Odds of Achieving the MDGs. Heterogeneity, Gaps, and Challenges.
http://www.worldbank.org
200 Mio. Klimaflüchtlinge/
Mexiko – Migration als Antwort auf Dürre und Katastrophen
Brown, O. (2008): Migration and Climate Change. International Organization for Migration (IOM): Research Series No. 31
Warner, K. et. al. (2009): Obdach gesucht. Auswirkungen des Klimawandels auf Migration und Vertreibung.
http://www.care.de
Afrikanische Völkerwanderung
Le Monde Diplomatique (LMD) (2009): Atlas der Globalisierung. Sehen und verstehen, was die Welt bewegt. TAZ Verlag
Flüchtlingsströme

Krienke, P. von (2011): Afrikanische Völkerwanderung. Millionen Menschen sind in Afrika auf der Flucht. Bundeszentrale für Politische Bildung. Fluter vom 30. Mai 2011. *http://www.fluter.de*
Wasserknappheit
United Nations Environment Programme (UNEP) (2008): Africa Atlas of our changing environment. *http://www.unep.org/dewa/africa/africaAtlas*
Die Grenze zwischen Spanien und Marokko
DW-world.de – Deutsche Welle (2005): Europe gets tough on immigrant crisis.
http://www.dw-world.de
(Zugriff Juni 2011)
Die TOP 10 Länder, auf die die meisten Asylanträge entfallen/ Asylsuche in Europa
The UN Refugee Agency (UNHCR) (2011): Asylum Levels and Trends in industrialized countries 2010. Statistical overview of asylum applications lodged in Europe and selected non-European countries. *http://www.unhcr.org*
Stromimporte/Importabhängigkeit der deutschen Energieversorgung/ Energieträger: Reserven und Ressourcen
Bundesanstalt für Geowissenschaften und Rohstoffe (Hrsg.) (2010): Reserven, Ressourcen und Verfügbarkeit von Energierohstoffen 2010. Kurzstudie
Bundesanstalt für Geowissenschaften und Rohstoffe (Hrsg.) (2009): Reserven, Ressourcen, Verfügbarkeit Erdöl, Erdgas, Kohle, Kernbrennstoffe, Geothermische Energie
Hentschel, K.-M. (2010): Es bleibe Licht. 100 % Ökostrom für Europa ohne Klimaabkommen. Deutscher Wissenschafts-Verlag. Baden-Baden
Öl- und Gaspipeline-Projekte
United Nations Environment Programme (UNEP)/Grid Arendal (2007): Major oil

pipeline projects. Kartographie von Philippe Rekacewicz. *http://maps.grida.no/go/graphic/major-oil-pipeline-projects* (Zugriff Juni 2011)

Sonnenenergie aus den Wüsten im Vergleich zu den Ölreserven

Knies, G. (2006): Mit der Energie der Wüsten gegen Klimawandel und Energieknappheit. *http://www.desertec.org*

Energiebörsen

Energiebörse Deutschland. *http://www.energieboerse-deutschland.de/* (Zugriff Juli 2011)

Agentur für erneuerbare Energien. Stromerzeugung und Börsenpreis am 25./26. Dezember 2009 in Deutschland. *http://www.unendlich-viel-energie.de* (Zugriff Juli 2011)

Wikipedia Eintrag „Strombörse". *http://de.wikipedia.org* (Zugriff Juli 2011)

Potenzial der erneuerbaren Energien/ Die erneuerbaren Energien ergänzen sich. USA, Europa, Japan, China.

Czisch, G. (2005): Szenarien zur zukünftigen Stromversorgung. Kostenoptimierte Variationen zur Versorgung Europas und seiner Nachbarn mit Strom aus erneuerbaren Energien. Dissertation

Lehmann, H. (2003): Energy Rich Japan. Kurzstudie. Institute for Sustainable Solutions and Innovations (ISUSI). *http://www.energyrichjapan.info/de/welcomegerman.html*

HGÜ-Leitung China

Working Group on HVDC and FACTS Bibliography and Records (2011): HVDC PROJECTS LISTING. *http://www.abb.de/cawp/seitp202/710cae699408589fc125765d00351274.aspx* (Zugriff August 2011)

Hochspannung-Gleichstrom-Übertragung (HGÜ)

Webseite von ABB.

http://www.abb.com/industries/ge/9AAC30100013.aspx?country=DE (Zugriff August 2011)

Szenario: HGÜ-Leitungen in EUMENA und den USA

DESERTEC-EUMENA Karte. *http://www.desertec.org*

U.S. Department of Energy – Energy Efficiency and Renewable Energy (Hank Price): DLR Trans-CSP Study Applied to North America. March 8, 2007. USA Kartenmaterial.

http://www.nrel.gov/gis/solar.html

Millionäre aus den Entwicklungsländern

The International Bank for Reconstruction and Development/World Bank (2005): World Development Report 2006. Equity and Development

Ressourcenfluch, Monopolisierung, Good Governance

Czisch, G. (2005): Szenarien zur zukünftigen Stromversorgung. Kostenoptimierte Variationen zur Versorgung Europas und seiner Nachbarn mit Strom aus erneuerbaren Energien. Dissertation.

Gazzo, A., Kost, C., Ragwitz, M. et al. (2011): Middle East and North Africa Region. Assessment of the Local Manufacturing Potential for Concentrated Solar Power (CSP) Projects. Ernst & Young, Fraunhofer Institute for Systems and Innovation Research (ISI) & Fraunhofer Institute for Solar Energy Systems (ISE) (eds.).

http://isi.fraunhofer.de

Extractive Industries Transparency Initiative/EITI zertifizierte Staaten und Kandidaten

Extractive Industries Transparency Initiative. The EITI Principles and Criteria. *http://eiti.org* (Zugriff Juni 2011)

Extractive Industries Transparency Initiative (2011): EITI Rules. 2011 Edition.

Version 4, 2011. *http://eiti.org*

Ressourcenfluch – Beispiel Nigeria

amnesty international (2009): Nigeria: Petroleum, Pollution and Poverty in the Niger Delta. *http://www.amnesty.org*

Central Intelligence Agency (CIA): World Factbook - Nigeria Economy 2010. *http://www.geographic.org/*

Wikipedia Eintrag „Nigeria". *http://www.wikipedia.org* (Zugriff Juni 2011)

Wikipedia Eintrag „Liste der Pipelineunglücke". *http://www.wikipedia.org* (Zugriff Juni 2011)

ÖKONOMIE

Die Ausführungen basieren auf der Studie „Stromgestehungskosten" des Fraunhofer Instituts für Solare Energiesysteme: Kost, C. und Schlegl, T. (2010): Studie Stromgestehungskosten erneuerbare Energien. Fraunhofer-Institut für solare Energiesysteme (ISE) (Hrsg.). *http://www.ise.fraunhofer.de*

Investitionen in erneuerbare Energien/Der Markt für erneuerbare Energien

United Nations Environment Programme (UNEP) and Bloomberg New Energy Finance (2011): Global Trends in Renewable Energy Investment 2011. Analysis of Trends and Issues in the Financing of Renewable Energy. *http://www.fs-unep-centre.org/*

Global Wind Energy Council (GWEC) (2010): Global Wind Report 2010. Annual market update 2010. *http://www.gwec.net*

Jährliche Summe der direkten Sonneneinstrahlung

World Map – Annual global versus direct irradiance. *http://www.greenrhinoenergy.com/solar/radiation/empiricalevidence.php*

Standortbedingungen und Investi-

tionen/Investitionen in erneuerbare Energien in Entwicklungsländern
United Nations Environment Programme (UNEP) and Bloomberg New Energy Finance (2011): Global Trends in Renewable Energy Investment 2011. Analysis of Trends and Issues in the Financing of Renewable Energy. *http://www.fs-unep-centre.org/*

Marktentwicklung der erneuerbaren Energien in MW
Sarasin (2009): Solarwirtschaft – grüne Erholung in Sicht. Studie der Sarasin Bank. *http://www.sarasin.de*
Greenpeace (2009): Concentrating Solar Power Global Outlook 09. Why Renewable Energy is Hot. *http://www.greenpeace.de*
European Renewable Energy Council (EREC) (2009): Renewable Energy Scenario to 2040. Half of the Global Energy Supply from Renewables in 2040. Studie. *http://www.censolar.es/erec2040.pdf* (Zugriff August 2011)

Installierte Kapazitäten/Neuinvestitionen
United Nations Environment Programme (UNEP) and Bloomberg New Energy Finance (2011): Global Trends in Renewable Energy Investment 2011. Analysis of Trends and Issues in the Financing of Renewable Energy. *http://www.fs-unep-centre.org/*
European Photovoltaic Industry Association (EPIA) (2011): Global Market Outlook for Photovoltaics until 2015. *http://www.epia.org*
Global Wind Energy Council (GWEC). *http://www.gwec.net/fileadmin/images/Publications/Global_installed_wind_power_capacity_-_regional_distribution.jpg* (Zugriff Juli 2011)
U.S. Energy Information Administration. International Energy Statistics (EIA) (2011): Datenbank zu internationalen

Strommarktdaten und installierten Kraftwerksleistungen, Wasserkraft weltweit. *http://www.eia.gov*

Stromgestehungskosten von Windkraftwerken/solarthermischen Kraftwerken und Photovoltaik
Kost, C. und Schlegl, T. (2010): Studie Stromgestehungskosten erneuerbare Energien. Fraunhofer-Institut für solare Energiesysteme (ISE) (Hrsg.). *http://www.ise.fraunhofer.de*

Wind als Standortvorteil für Europa
United Nations Environment Programme (UNEP) and Bloomberg New Energy Finance (2011): Global Trends in Renewable Energy Investment 2011. Analysis of Trends and Issues in the Financing of Renewable Energy. *http://www.fs-unep-centre.org/*
Renewable Energy Policy Network for the 21st Century (REN) (2011): Renewables 2011. Global Status Report. *http://www.ren21.net*
Gsänger, S. (2011): World Wind Outlook: Down but not out. *http://www.renewableenergyworld.com* (Zugriff August 2011)

UK – Boom bei Kleinen Windsystemen
United Nations Environment Programme (UNEP) and Bloomberg New Energy Finance (2011): Global Trends in Renewable Energy Investment 2011. Analysis of Trends and Issues in the Financing of Renewable Energy. *http://www.fs-unep-centre.org/*
Renewable Energy Policy Network for the 21st Century (REN) (2011): Renewables 2011. Global Status Report. *http://www.ren21.net*
UK Market Report. April 2010. *http://www.bwea.com/* (Zugriff August 2011)

Belgien – Größte Windturbine der Welt mit internationaler Beteiligung

United Nations Environment Programme (UNEP) and Bloomberg New Energy Finance (2011): Global Trends in Renewable Energy Investment 2011. Analysis of Trends and Issues in the Financing of Renewable Energy. *http://www.fs-unep-centre.org/*

Spanien – Europameister bei Neuinstallationen
Renewable Energy Policy Network for the 21st Century (REN) (2011): Renewables 2011. Global Status Report. *http://www.ren21.net*

Wind Ressourcen in Höhe von 50 m über Grund für vier topographische Bedingungen
The World of Wind Atlases – Wind Atlases of the World. *http://www.windatlas.dk/Europe/Index.htm*

Dänemark – HGÜ Verbindung für Windlieferung nach Norwegen
Wikipedia Eintrag „Cross-Skagerrak" *http://www.wikipedia.org* (Zugriff August 2011)

Deutschland – Erster kommunaler Offshorepark Europas mit vollständiger Projektfinanzierung
Presseerklärungen von Trianel. *http://www.trianel-borkum.de* (Zugriff August 2011)

Prognose zur Entwicklung der Stromgestehungskosten
Kost, C. und Schlegl, T. (2010): Studie Stromgestehungskosten erneuerbare Energien. Fraunhofer-Institut für solare Energiesysteme (ISE) (Hrsg.). *http://www.ise.fraunhofer.de*

REALISIERUNG
Der Anfang „Sun of 1913"
Hemauer, C. und Keller, R. (2008): Sun of 1913. Mit einem Text von Wageh George. Bundesamt für Kultur Webseite zur Biennale und Ausstellung Sun 1913. *http://www.sun1913.*

info (Zugriff Juli 2011)

Das schwarze Quadrat
Scientific American 1914.
http://www.scientificamerican.com/

Frank Shuman
Buch der Synergien. Geschichte der Solarenergie.
http://www.buch-der-synergie.de
Wikipedia Eintrag „Frank Shuman".
http://www.wikipedia.org

Memorandum of Understanding
DESERTEC Foundation.
http://www.desertec.org

Länderinitiative Spanien
Balser, M. (2011): Reif für die Sonne –
(…) In Andalusien üben Unternehmen und Forscher für das Jahrhundert-projekt Desertec, Europa mit grüner Energie zu versorgen, in: Süddeutsche Zeitung vom 2./3. April 2011
Deutsche Energie-Agentur GmbH (dena): Solarthermische Kraftwerke in Spanien. *http://www.thema-energie. de/energie-erzeugen/erneuerbare-energien/solarthermische-kraftwerke/ projekte-weltweit/solarthermische-kraftwerke-in-spanien.html*
(Zugriff April 2011)
Deutsches Zentrum für Luft- und Raumfahrt (DLR). Mehr Leistung und Flexibilität für solarthermische Kraft-werke durch Direktverdampfung und Speicherung. Mitteilung vom 31. März 2011. *http://www.dlr.de*
Deutsches Zentrum für Luft- und Raumfahrt (DLR). Standort Almería.
http://ww.dlr.de/
Energyprofi GmbH. Die Almeria Hoch-temperatur Solar Anlage in Spanien.
http://www.energyprofi.com/jo/Die-Almeria-Anlage.html
Gazzo, A., Kost, C., Ragwitz, M. et al. (2011): Middle East and North Africa Region. Assessment of the Local Manufacturing Potential for Concen-

trated Solar Power (CSP) Projects. Ernst & Young, Fraunhofer Institute for Systems and Innovation Research (ISI) & Fraunhofer Institute for Solar Energy Systems (ISE) (eds.).
http://isi.fraunhofer.de
Laing D., Bahl, C. und Fiß, M. (2010): Commissioning of a thermal energy storage system for direct steam gene-ration. DLR Stuttgart und Ed. Züblin AG. SolarPACES. 21.-24. September 2010. Perpignan
Protermo Solar, Localización de Centrales Solares Termoélectricas en España.
http://www.protermosolar.com/boleti-nes/32/mapa.html
(Zugriff Februar 2011)
Quaschning, V. (2003): Spanien bringt Erneuerbare in Fahrt. Sonne, Wind & Wärme vom 19. April 2003.
http://www.solarenergie.com/content/ view/59/66
Red Eléctrica de España (2009): New wind power production record. Press release. 8. November 2009.
http://www.ree.es/ingles/sala_prensa/ web/notas_detalle.aspx?id_nota=117
Red Eléctrica de España (2010): The Spanish electricity system. Preliminary Report.
http://www.ree.es/ingles/sistema_elec-trico/informeSEE-avance2010.asp
Röttger, J. (2011): Licht aus für spani-sche Solarfonds? in: VDI nachrichten vom 18. Februar 2011
Solar Novus Today (2010): Spain Redu-cing Support for Renewables. Novus Media Today vom 6. Juli 2010.
http://www.solarnovus.com

Länderinitiative Marokko
La nouvelle stratégie energétique nationale. Ministère de l'energie, des mines, de l'eau et de environnement, département de l'energie et des

mines.
http://www.mem.gov.ma
(Zugriff Juli 2011)
Le Maroc: strategie de transition énergetique pour un développement durable. Présentation Dr. Amina Benkhadra, Ministre de l'énergie, de mines, de l'eau et de l'environment. Forum sur le Secteur Marocain des Energies Renouvelables. 28. Januar 2011. Hamburg
Moroccan Agency for Solar Energy (MASEN).
http://www.masen.org.ma
(Zugriff Juli 2011)
Office National de l'Electricité, Maroc.
http://www.one.org.ma/
(Zugriff Juli 2011)
Programme Energies Renouvelables du Maroc. Présentation au DII Renew-able Energy. 26.-27. Oktober 2010
Royaume du Maroc. Ministère de l'Energie, de Mines, de l'Eau et de l'Environnement.
http://www.mem.gov.ma
(Zugriff Juli 2011)
Central Intelligence Agency (CIA): The World Factbook. *https://www.cia. gov/library/publications/the-world-factbook/geos/mo.html#top*
(Zugriff Juli 2011)

Windenergie und Solaranlagen
Carte d'irritation solaire.
http://www.masen.org.ma/index. php?Id=15&lang=fr#/_
(Zugriff September 2011)
Programme Energies Renouvelables du Maroc. Présentation au DII Renew-able Energy. 26./27. Oktober 2010

HÄUFIG GESTELLTE FRAGEN
DESERTEC Foundation (o.A.): Fragen und Bedenken zur Technologie.
http://www.desertec.org/de/konzept/ fragen-antworten/#c806

(Zugriff August 2011)
Deutsches Zentrum für Luft- und Raumfahrt (DLR) (2006): Trans-Mediterraner Solarstromverbund. Zusammenfassung. *http://www.dlr.de/tt/trans-csp*
Deutsches Zentrum für Luft- und Raumfahrt (DLR)(2007): Solarthermische Kraftwerke für die Meerwasserentsalzung. Zusammenfassung. *http://www.dlr.de/aqua-csp*
Deutsches Zentrum für Luft- und Raumfahrt (DLR)(2007): Solarthermische Kraftwerke für die Meerwasserentsalzung. Zusammenfassung. *http://www.dlr.de/med-csp*
Deutsches Zentrum für Luft- und Raumfahrt (DLR)(o.A.): Solarstromimporte aus der Wüste. *http://www.dlr.de/tt/Portaldata/41/Resources/dokumente/institut/system/publications/Fragen_zum_Wuestenstrom_2009_06.pdf*
Deutsches Zentrum für Luft- und Raumfahrt (DLR) (o.A.): Strom aus der Wüste. DESERTEC und das Deutsche Zentrum Luft- und Raumfahrt. *http://www.dlr.de/tt/desktopdefault.aspx/tabid-2885/4422_read-18168/* (Zugriff August 2011)
Dii GmbH (o.A.): Answers on Dii and DESERTEC. *http://www.dii-eumena.com/dii-answers/dii-and-desertec.html* (Zugriff August 2011)
German Aerospace Centre (2005): Concentrating Solar Power for the Mediterranean Region. Final Report. *http://www.dlr.de/med-csp*
German Aerospace Centre (2006): Trans-Mediterranean Interconnection for Concentrating Solar Power. Final Report. *http://www.dlr.de/tt/trans-csp*
German Aerospace Centre (2007): Concentrating Solar Power for Seawater Desalination. Final Report. *http://www.dlr.de/tt/Portaldata/41/Resources/do-kumente/institut/system/projects/aqua-csp/AQUA-CSP-Full-Report-Final.pdf*
German Aerospace Centre (o.A.): Global Concentrating Solar Power Potentials. Presentations and Materials. *http://www.dlr.de/tt/desktopdefault.aspx/tabid-2885/4422_read-16596/*
Greenpeace (2009): FAQ Wüstenstrom. *http://www.greenpeace.de*
Vallentin, D. und Viebahn, P. (2009): Ökonomische Chancen für die deutsche Industrie resultierend aus einer weltweiten Verbreitung von CSP (Concentrated Solar Power) – Technologien. Studie im Auftrag von Greenpeace Deutschland, der Deutschen Gesellschaft CLUB OF ROME und der DESERTEC Foundation. *http://www.wupperinst.org/uploads/tx_wiprojekt/Chancen_Verbreitung_CSP.pdf*

ENERGIE-STATISTIKEN
Arbeitsgemeinschaft Energiebilanzen e.V. (AGEB) (2010): Vorwort zu den Energiebilanzen für die Bundesrepublik Deutschland. August 2010. *http://www.ag-energiebilanzen.de*
Bundesministerium für Wirtschaft und Technologie (BMWI). Erneuerbare Energien. *http://www.bmwi.de* (Zugriff August 2011)
Extractive Industries Initiative (EITI). *http://www.eiti.org*
International Panel on Climate Change (IPCC) (2011): Special Report on Renewable Energy Sources and Climate Change Mitigation. Final Release. Working Group III. Mitigation of Climate Change.
International Panel on Climate Change (IPCC) (2011): Special Report on Renewable Energy Sources and Climate Change Mitigation. Final Release. Working Group III. Mitigation of Climate Change. Annex II (A.II.4 Primary energy accounting)
Martinot, E. et al. (2011): Renewable Energy Futures: Targets, Scenarios, and Pathways. in: Annual Review of Environment and Resources. Vol. 32
Renewable Energy Policy Network for the 21st Century (REN) (2007): Globaler Statusbericht 2007. Erneuerbare Energien. *http://www.ren21.net*
Renewable Energy Policy Network for the 21st Century (REN) (2010): Globaler Statusbericht 2010. Erneuerbare Energien. *http://www.ren21.net*
Renewable Energy Policy Network for the 21st Century (REN) (2011): Globaler Statusbericht 2011. Erneuerbare Energien. *http://www.ren21.net*
BP (2011): Statistical Review of World Energy 201. *http://www.bp.com* (Zugriff August 2011)
United Nations Development Programme: World Energy Assessment: Energy and the challenge of Sustainability. *http://www.undp.org* (Zugriff September 2011)
Wikipedia Eintrag „Primärenergieverbrauch". *http://www.wikipedia.org* (Zugriff August 2011)

Bildnachweis

Wir danken den folgenden Fotografen und Organisationen, die uns Fotos zur Verfügung gestellt haben:

Cover DESERTEC Foundation, based on Data from NASA and German Aerospace Center (DLR) | **14-15** Weltkarte © JUNGMUT Communication |**16** Globen © Illustrious, iStockphoto | **17** Bevölkerungsentwicklung – Sandor Jackal, Fotolia.com | **21** EUMENA-Karte © JUNGMUT Communication | **22** © European Space Agency | **24** Lachgas © Peter38, Fotolia.com | **25** Methan © Goran Mulic, Fotolia.com | Kohlendioxid © Sergiy Serdyuk, Fotolia.com | **26** Polare Zone © Karsten Thiele, Fotolia.com | Subpolare Zone © Dave, Fotolia.com | Gemäßigte Zone © Carsten Meyer, Fotolia.com | Subtropen © Tetastock, Fotolia.com | Tropen © guentermanaus, Fotolia.com | **27** Icons © dutchicon, iStockphoto | **28** Eisbär © outdoorsman, Fotolia.com | **32** Anstieg des Meeresspiegels © Kindernothilfe e.V. | Kabinettsitzung der Malediven © dieter76, Fotolia.com | **34** Klimapolitische Maßnahmen © tarei, Fotolia.com | **35** Klimapolitische Maßnahmen © Elenathewise, Fotolia.com | Staudamm © superleknong, Fotolia.com | **36-37** NASA/courtesy of nasaimages.org | **39** Steckdose © typomaniac, Fotolia.com | Sonne © Andreas Karelias, Fotolia.com | Batterien © diego cervo, Fotolia.com | Zapfsäule © klick, Fotolia.com | Brennholz © mahey, Fotolia.com | Steinkohle © Katarzyna M. Wächter, Fotolia.com | Erdgas © GaToR-GFX, Fotolia.com | Wasserstoffgas © Jürgen Fälchle, Fotolia.com | Stausee © Rudi van der Walt,

Fotolia.com | **40** Icons © dutchicon, iStockphoto | **41** red extension plug © Marc Dietrich, Fotolia.com Flammen © Bifi, Fotolia.com | Stromzähler © kaipity, Fotolia.com | BronzeFire flame © Valeev, Fotolia.com | **42** Photovoltaik © Thaut Images | Solarturmkraftwerke © DLR | **43** Parabolrinnenkraftwerke © Schott Solar | Dish-Anlagen © DLR | **44** Grundsteinlegung Solarmillenium AG | **45** Solarmillenium AG | **46** Windrad © Nadine Platzek, Fotolia.com | Windkarte © 2011 3TIER, Inc. | **48-49** Offshore-Anlage © zentilia, Fotolia.com | **50** Staufen im Breisgau © LinusV aus de.wikipedia.org | Nesjavellir-Kraftwerk © Gretar Ívarsson aus de.wikipedia.org | **52** Biomasse – Anlage © Thomas Otto, Fotolia.com | **57** Grafik Alternative Stromnetze © Greenpeace | **58-59** © European Space Agency | **60** Oase © Christian Knospe, Fotolia.com | **62** Wasserarmut © africa, Fotolia.com | **63** Wasserressourcen oben © africa, Fotolia.com | Wasserressourcen unten © carma49, Fotolia.com | **64-65** Desalination Plant © Irina Belousa, Fotolia.com | **66-67** Salzberge © Beat Bieler, Fotolia.com | **66** Solarenergie für sauberes Trinkwasser © All rights reserved by IBM | **68** © memsys.eu | **70-71** © Wouter Roesems | **72-73** Welt bei Nacht © NASA/courtesy of nasaimages.org | **73** Nahrungszubereitung © africa, Fotolia.com | **77** Bildungssysteme © mamahoohooba, Fotolia.com | Wirtschafts- und Administrationssysteme © raimond siebesma | Rolle der Frau © poco_bw, Fotolia.com | Gesundheitsbereich © victor zastol'skiy, Fotolia.com | Trinkwasserversorgung © piccaya, Fotolia.com | **78**

Zugang zu Informationstechnologien © AM29-, iStockphoto | **78-79** Schule Afrika © Living Legend, Fotolia.com | **79** Erneuerbare Energien in ländlichen Gegenden und Solarprojekt im ländlichen Norden © Solar Electric Light Fund | **80** © Solar Electric Light Fund | **82** Kenia © christophe_cerisier, iStockphoto | **84-85** © UNHCR/A.Branthwaite |Mexiko © Ragne Kabanova, Fotolia.com | **88** Zaun © Klaus Zehner, Fotolia.com | Flüchtlinge © ullstein bild - AP | **92** Energiebörsen © Ralph Koch | **94** Hochspannungs-Gleichstrom-Übertragung © ABB | **97** Ressourcenfluch © ullstein bild - AP | **98-99** © Hero, Fotolia.com | **104** Windkraftwerke © gradt, Fotolia.com | Solarthermische Kraftwerke © 2011 SolFocus, Inc. | Photovoltaik © 2011 SolFocus, Inc. | **108** Die konzentrierende Photovoltaik © 2011 SolFocus, Inc. | **112** Frank Shuman © Achmed Khammas (www.buch-der-synergie.de) | Parabolrinnenkollektor © Achmed Khammas (www.buch-der-synergie.de) | **119** Tagesschau © ARD-aktuell | **124** Andasol 1 und 2 © protermosolar.com

Wir haben uns bemüht, für alle Materialien eine Genehmigung einzuholen. Sollten dennoch Rechte verletzt worden sein, bitten wir um Entschuldigung und werden gern in den folgenden Auflagen eine angemessene Danksagung einfügen.